含油气盆地生烃增压定量化评价

——以东营凹陷和准噶尔盆地腹部为例

郭小文 何 生 杨 智 著

科学出版社

北 京

内 容 简 介

　　本书系统论述含油气盆地 I 型和 III 型干酪根烃源岩生烃增压定量化评价模型的建立,同时以渤海湾盆地东营凹陷和准噶尔盆地腹部两个地区为例,详细阐述利用生烃增压定量化评价模型恢复烃源岩生烃增压演化过程的工作流程。

　　本书可供从事油气地质勘探和开发研究的企业单位研究人员和相关院校师生参考。

图书在版编目(CIP)数据

含油气盆地生烃增压定量化评价:以东营凹陷和准噶尔盆地腹部为例/郭小文,何生,杨智著. —北京:科学出版社,2016.10
ISBN 978-7-03-050505-7

Ⅰ.①含… Ⅱ.①郭… ②何… ③杨… Ⅲ.①含油气盆地-成因-研究-中国 Ⅳ.①P618.130.2

中国版本图书馆 CIP 数据核字(2016)第 267812 号

责任编辑:闫　陶　何　念/责任校对:肖　婷
责任印制:彭　超/封面设计:苏　波

科学出版社 出版
北京东黄城根北街 16 号
邮政编码:100717
http://www.sciencep.com

武汉市中远印务有限公司印刷
科学出版社发行　各地新华书店经销
*
开本:787×1092　1/16
2016 年 11 月第 一 版　印张:11
2016 年 11 月第一次印刷　字数:261 000
定价:89.00 元
(如有印装质量问题,我社负责调换)

前　言

含油气盆地超压的研究自 20 世纪 50 年代开始,到目前为止已有 60 多年的历史,在超压特征、超压成因以及超压与油气成藏关系方面取得了许多研究成果。在超压演化研究方面还相对比较薄弱,对于地史过程中形成的超压很难实现定量化评价。

超压是沉积盆地中地史时期普遍存在的现象,指地层孔隙流体压力高于静水压力的现象。超压的发育与多种因素有关,包括压实不均衡、孔隙流体热膨胀、黏土矿物脱水、烃类生成和构造挤压等。另外,由超压流体的流动而产生的压力传递可以实现地下剩余压力的重新分配,也可以使渗透性地层,如砂岩层形成超压。超压与油气生成、运移和聚集都具有重要关系,而油气运移和聚集往往发生在地史时期,因此与古压力场的关系更为密切。经过长时间的研究,目前提出了很多恢复古压力的方法,其中压实方法、盆地模拟方法和流体包裹体方法应用得相对比较广泛。压实方法适合研究与压实不平衡有关的超压演化规律,但是只能获得地层处于最大埋深的古压力;流体包裹体方法只能求取储层的古流体压力,而无法恢复非渗透性地层的压力发育特征;盆地模拟软件中所采用的超压计算数学模型都不是基于不同超压成因机理上建立起来的,是影响地层压力模拟的关键因素。所以,建立含油气盆地孔隙流体压力定量化评价模型,对恢复古压力状态和研究超压与油气成藏的关系都具有重要的理论和实际意义。

含油气盆地烃源岩生烃作用是超压形成的一个重要成因机制,而且与油气运移和聚集关系密切。研究表明烃源岩的生油、生气以及原油裂解成气作用都可以使地层孔隙流体达到强超压状态。本书针对不同类型干酪根生烃的特征,建立 I 型干酪根烃源岩生油作用和 III 型干酪根烃源岩生气作用而导致超压发育的定量化评价模型,系统论述生烃增压定量化评价模型的建立。本书还给出渤海湾盆地东营凹陷和准噶尔盆地腹部两个研究实例,利用建立的生烃增压定量化评价模型恢复烃源岩生烃增压演化过程,系统阐述生烃增压模型应用流程,供读者参考。

本书所取得的研究成果主要是在国家科技重大专项专题"渤海湾盆地南部不同凹陷成藏动力系统划分与动力作用方式研究"(No.2011ZX05006),国家自然科学基金面上项目"准噶尔盆地昌吉凹陷超压顶封层砂岩中碳酸盐胶结物成因及相关流体信息"(No.41072093)和中国地质大学(武汉)摇篮计划项目"异常高压页岩残留烃量定量评价"(No.CUGL140405)资助下完成。感谢中国石化胜利油田分公司地质科学研究院和中国石化石油勘探开发研究院西部分院所提供的基础资料。本书中涉及的生烃增压热模拟实验由中国石化石油勘探开发研究院无锡石油地质研究所郑伦举教授帮助完成;在澳大利亚联邦科学与工业研究组织(CSIRO)进行流体包裹体测试过程中得到了刘可禹教授、

Peter Eadington 博士和 Julien Bourdet 博士的悉心指导;在图件编辑、生烃增压计算程序编写和参考文献整理等工作过程中得到了黎娜、刘明亮、王冰洁、杨兴业、罗胜元、杨姣、于春勇、费雯丽、高连杰、赵文等研究生的帮助,在此一并表示感谢。由于作者的知识水平和研究能力有限,书中难免存在不足之处,敬请读者批评指正。

作　者

2016 年 6 月

目　　录

含油气盆地超压研究现状 第1章

孔隙流体异常高压是沉积盆地中地史时期普遍存在的现象,与油气生成、运移、聚集具有密切关系,已经成为盆地分析与研究中不可缺少的组成部分,在油气资源勘探与远景预测中起着越来越重要的作用。

1.1 超压的基本概念

孔隙流体和岩石骨架是含油气盆地两个重要的组成部分,在研究地层压力过程中涉及的相关专业名词包括:地层压力、孔隙流体压力、上覆地层压力、有效应力、静水压力、破裂压力、异常流体压力、异常低压、负压、异常高压和超压。

地层流体压力(formation fluid pressure)是作用在孔隙流体上的压力,也称孔隙流体压力(pore fluid pressure),与上覆地层压力和有效应力之间存在以下关系:

$$\sigma = S - P_f \tag{1-1}$$

式中,σ 为有效应力(effective pressure),是指作用在固体岩石框架上的力;p_f 为地层流体压力,S 为上覆地层压力(overburden pressure),等于上覆岩石格架和孔隙流体的重量之和,也被称为静岩压力(lithostatic pressure),可以采用式(1-2)表示:

$$S = g \int_0^z \rho_b(Z) \mathrm{d}Z \tag{1-2}$$

式中,ρ_b 为随深度变化的体积密度;Z 为深度。

静水压力(hydrostatic pressure)是指在地下某一深度作用点之上受到的压力等于静水柱的重量,可以采用式(1-3)进行计算:

$$P_h = \rho_w g Z \tag{1-3}$$

式中,P_h 为在深度为 h 处的静水压力;ρ_w 为地层水的密度;g 为重力加速度。

静水压力大小主要受地层水的密度和受矿化度的影响,其变化范围主要为 $0.97 \sim 1.14 \ \mathrm{g/cm^3}$。含油气盆地地层压力状态一般通过孔隙流体压力与同深度静水压力的比值,即压力系数来表示。实际的孔隙流体压力可以高于或者低于静水压力,当孔隙流体压力高于或者低于静水压力时的状态称为异常流体压力(abnormal fluid pressure),包括异常高压(abnormal high pressure)和异常低压(abnormal low pressure)。异常高压是指孔隙流体压力明显高于同深度静水压力的现象,也称为超压(overpressure)。异常低压是指孔隙流体压力明显低于同深度静水压力的现象,也称为负压(underpressure)。地层孔隙流体压力、有效应力和上覆地层压力之间的关系如图 1-1 所示。在相同深度条件下,孔隙流体

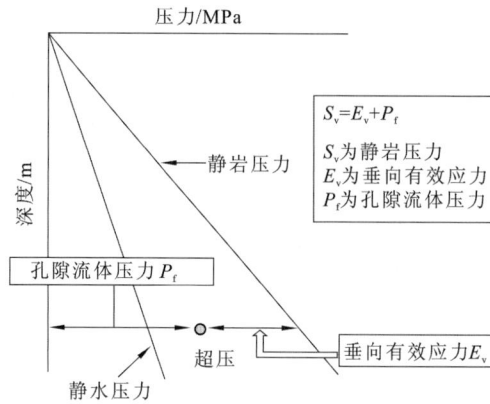

图 1-1　孔隙流体压力、有效应力和上覆地层压力之间的关系图

压力的增加将使岩石颗粒之间的有效应力减小,此原理是目前大多数超压预测方法的基础。

1.2　超压成因

　　超压的发育与多种因素有关,包括压实不均衡(Dickinson,1953)、孔隙流体热膨胀(Magara,1975;Barker,1972)、黏土矿物脱水(Freed et al.,1989)、烃类生成(Guo et al.,2016;Mark et al.,2013;Guo et al.,2011,2010;Spencer,1987,1983;Law et al.,1985;Meissner,1978,1976)和构造挤压(Yassir et al.,1996;Hubbert et al.,1959),另外,由超压流体的流动而产生的压力传递可以实现地下剩余压力的重新分配(Yardley et al.,2000),也可以使渗透性地层如砂岩层形成超压。Osborne等(1997)将超压成因机制总结为三大类:压应力的增加、孔隙或者岩石骨架体积的改变和流体流动或者浮力作用。

1.2.1　压实不均衡

　　压实不均衡是指沉积物在快速沉积埋藏过程中,孔隙水未能及时排出而阻止岩石被压实,从而使岩石颗粒之间保持相对比较低的有效应力,导致沉积物孔隙流体压力增加。快速连续埋藏和低渗透率是产生压实不均衡现象的有利条件,因此压实不均衡一般出现在快速连续埋藏的厚层泥岩、页岩等渗透性差的地层中(Osborne et al.,1997),超压层具有高孔隙度和低密度特征。由于压实、埋藏过程中颗粒的重新分布及颗粒接触点处的化学溶蚀作用,砂岩孔隙度从开始沉积时的 39%～49%下降到埋深 2～3 km 时的 15%～25%;泥岩孔隙度从初始的 65%～80%下降到埋深 4～6 km 时的 5%～10%。在埋藏速率较低时,负荷应力增大引起的孔隙体积降低与孔隙流体的排出达到平衡,孔隙流体压力保持静水压力,这种压实状态为正常压实。相反,在埋藏速率较高时,流体的排出速率较低,负荷应力的增大与流体的排出达不到平衡,孔隙流体承担着部分负荷应力导致孔隙流体压力增加,这种压实状态称为压实不均衡。不均衡的压实和排水速率是欠压实产生流体压力的关键,压实速率一旦高于对应的排水速率,地层中就容易产生超压。另外,岩石性质也是影响异常流体压力的重要因素。尽管泥岩和砂岩具有随着有效应力的增大,孔隙度按指数关系减小的特征,但泥岩变化速率大于砂岩,这就导致在相同负荷加载速率下,泥质岩层更容易产生异常流体压力。通常,沉积速率越快,泥质岩层厚度越大,保持上述平衡越难。因此,在巨厚泥质岩层中,流体不易排出的中部地层常保持较大压力,而向上、下两个边部地层压力逐渐降低,直到接近相邻输导层的孔隙压力。所以,只要具备一定的地层条件,欠压实作用就可能在整个沉积过程中导致流体压力的增大,成为大面积异常流体压力的主导因素。

压实不均衡机制被广泛用于解释新生代盆地中由于快速沉积在低渗透率泥页岩中形成的异常高压,如我国的莺歌海盆地(Xie et al.,1999)、中国渤海湾盆地中的渤中拗陷(郝芳等,2004)、东营凹陷(鲍晓欢等,2007;卓勤功等,2005;隋风贵,2004;Xie et al.,2001;陈中红等,2006;郑和荣等,2000)、东濮凹陷(苏玉山等,2002)、大民屯凹陷(史建南等,2006,2005;谢文彦等,2004)等均存在不均衡压实作用形成的超压。

1.2.2　孔隙流体热膨胀

随着埋藏深度的增加,地层温度不断增加,孔隙水和岩石将产生膨胀,且前者大于后者。如果孔隙水无法逸出,孔隙压力必将升高,此过程称为水热增压。任何水体,当温度高于 4 ℃ 时体积就会稍有增加;如果水体是在一个封闭性的容器内,则体积膨胀很小,而压力上升很快。Barker(1972)将淡水从 54.4 ℃ 加热至 93.3 ℃,发现体积仅增加 1.65%,而压力上升 55.1 MPa,并认为孔隙水的热膨胀对异常高压的形成具有一定的贡献。在一个近于封闭完好的、随温度增加体积仍保持恒值的岩石系统内,可以发生水热增压,水热增压作用程度因孔隙流体性质的不同而不同(Daines,1982)。Luo 等(1992)对 5.9 km 厚的泥岩序列所进行的一维数值模拟结果显示在真实地质环境中,水热压力对异常高压的形成没有明显的影响。

1.2.3　黏土矿物脱水

蒙脱石晶体结构中含有丰富的层间水,脱水释放出的层间水比正常水具有更紧密的结构,当成为孔隙水时,就会使体积增加,并因密度变化而产生异常压力。蒙脱石脱水可以分为两个或三个脉冲(Burst,1969;Powers,1967)。在超高压岩石中(有效应力接近于零),蒙脱石在低于 200 ℃ 的温度下作为含两层或三层水的复合体是稳定的(Colton-Bradley,1987)。但是,在高有效应力(静水压力)的条件下,蒙脱石变得不稳定,即在 60 ℃以下,排出第一层水;在 67~81 ℃ 的温度范围内排出第二层水;最后一层水的排出则需要更高的温度,为 172~192 ℃(Colton-Bradley,1987)。因此,在沉积盆地的正常温度范围内,蒙脱石脱水作用只可能发生在高有效应力的条件下。低渗透性页岩中超压的形成实际上会抑制蒙脱石的脱水作用(Osborne et al.,1997)。层间水密度大于孔隙水密度,因此蒙脱石脱水过程中由层间水的膨胀可以导致超压的形成,该机制往往形成穿时、穿层位的超压封闭层,对超压封存箱的形成有积极意义。

尽管黏土矿物脱水作用对异常地层压力的形成具有一定的贡献,但因其自身机理尚不完善。如排水过程中离子交换的自抑制作用,即排水过程产生的大量阳离子(K^+、Al^{3+}等),若无法及时排出,则会抑制黏土矿物层间水的脱附作用。此类因素的存在,使黏土矿物脱水作用增压机制难以成为区域范围内(盆地或拗陷)地层压力形成的主要原因。Bruce(1984)的计算结果表明,蒙脱石脱水作用理论上可使孔隙水增加6.6%。但Osborne等(1997)计算蒙脱石脱水过程中体积或者增大0.1%～4.1%或者减小0.7%～8.4%,认为蒙脱石脱水作用不可能是沉积盆地中重大超压现象的主要成因,因为它所释放的流体体积小,而且脱水作用还受到压力增加的抑制。石膏向硬石膏转变过程中将释放39%体积的束缚水,因此对蒸发岩系中超压的形成有重要作用,但石膏转变为硬石膏通常发生在40～60 ℃,对深部超压的形成作用不大。碳酸盐岩和石英沉淀可以明显降低砂岩的孔隙度和渗透率。类似的过程也可发生于泥岩中,孔隙度、渗透率和流体排出迟滞的共同作用可以产生超压。

1.2.4　烃类生成

烃类生成是有机质热演化的结果,有机质演化一般经历热降解和油气热裂解两个阶段,不同演化阶段对超压的贡献程度不一致。目前学术界对有机质裂解生气或者原油裂解成气造成压力的急剧增加认识较为一致。Meissner(1978)和Ungerer等(1983)计算表明Ⅱ型干酪根在镜质体反射率(R_o)达到2%时,生气引起的体积膨胀可达50%～100%。Barker(1990)认为在理想封闭系统内,1%体积的原油裂解成气就可能使储层压力达到静岩压力,进一步的裂解将导致岩石破裂和气体的泄漏。在标准温度、压力条件下,单位体积的标准原油可裂解产生534.3体积的气体(Barker,1990)。然而在实际情况下,由于气体的可压缩性及在盐水中的可溶解性,原油裂解的体积膨胀效应可能明显低于理论计算结果,且地下不同的封闭条件及不同的构造抬升都可能使不同地区产生的体积膨胀效应不一致。除了因密度差异引起的体积膨胀增压外,生烃使地层由单相流动的水变成水和烃类一起的多相流动,引起流体渗透率的降低,最终也会导致超压异常(刘震等,2002)。

干酪根生油增压定量研究目前还比较少,生油增压强度与有机质丰度、有机质类型和有机质成熟度以及封闭条件有关(Osborne et al.,1997)。Bredehoeft等(1994)认为由生油作用产生的孔隙流体超压可以在低渗透性烃源岩中保持比较长的时期,其超压大小可以达到静岩压力。Robert(1999)认为由生油作用产生的超压可以足以大到超过低渗透性烃源岩毛细管压力,将油从烃源岩中驱动到储层。生油增压不像由压实不均衡所形成的超压那样具有特定的判断依据,但已有的研究证明生油增压沉积盆地存在一些与超压相关的特殊现象。Meissner(1978,1976)注意到威利斯顿(Williston)盆地中超压由生油作用产生,其特征包括:①现今超压层最低温度为74 ℃;②超压泥岩为有机质丰度高的成熟烃源岩;③岩石致密;④超压储层含油;⑤烃源岩具有异常低的声波时差;⑥饱含油的烃源岩具有高电阻率。Spencer(1983)发现落基山(Rocky Mountain)地区超压特征包括:①大部分超压储层和烃源岩现今最低温度约为 93 ℃;②油型干酪根烃源岩中超压顶界面镜质体反射率最小为 0.5%,气型干酪根烃源岩中超压顶界面镜质体反射率最小为 0.7%;③储层致密;④高有机质丰度烃源岩现今还具有生烃能力;⑤超压水储层很少。

1.2.5 构造挤压

侧向挤压作用可以增加孔隙压力。构造活动强烈的地区,特别是前陆盆地的山前部分,巨大的构造挤压力作用于岩体上,其表现形式有两种:以岩体的破裂强度为界,超过破裂极限时岩石(体)发生刚性破裂和位移,形成褶皱、断裂、断层或裂缝系统等明显的构造现象;而未达到岩石破裂强度时,则岩石发生塑性变形,岩石体积减小(这种变形主要表现为孔隙体积的减小),应力转移加载于流体上,产生异常流体压力。如加利福尼亚州萨克拉门托(Sacramento)盆地(McPherson et al.,1999)、塔里木盆地(石万忠等,2007,2005;张洪等,2006,2005;王震亮等,2005;周兴熙,2003;徐士林等,2002;夏新宇等,2001;朱玉新等,2000)、准噶尔盆地(Luo et al.,2007;杨智等,2006;罗晓容等,2004)。

构造作用可以极为迅速地增加压力。但是,如果沿断层面有大量流体向上排出,那么压力同样会迅速地降低(Sibson,1990)。断层带尤其容易产生破裂泄压,因为断层带的塑性蠕变所产生的压实作用可以增加流体压力,从而使断层变得薄弱(Sleep et al.,1992)。关于构造增压有不同的认识,一种观点认为超压的产生是由于封闭的压力箱快速被抬升和剥蚀,压力箱中孔隙流体的压力保持不变,但上覆压力却减小了,相应地,有效压力也减小了,所以能够产生超压。反对者认为构造的抬升和剥蚀能够使孔隙度反弹增大,不应该产生超压,而是异常低压(Bachu et al.,1995;Luo et al.,1995;Dickey et al.,1977;Brandley,1975;Russell,1972;Barker,1972)。另一种观点认为,构造挤压增压的本质是通过围压的增大而造成圈闭发生体变,造成岩石孔隙体积缩小,从而引起孔隙流体增压(赵靖舟,2003)。盐底辟作用也可以产生超压,尽管盐底辟之上沉积物的拱升也可能产生张性破裂而导致超压降低。因此,构造作用可以产生短暂而迅速变化的超压现象,除非压应力很小以致沉积岩既不发生弯曲也不产生破裂。

1.3 超压演化

沉积盆地古压力场演化已经成为盆地分析与研究中不可缺少的组成部分,对油气运移和成藏规律的研究起着越来越重要的作用。而沉积盆地的古压力研究方法也正受到日益广泛的关注与重视。盆地中的古地温-地压体系对于油气生成和运移的研究是非常重要的,是目前该领域研究的前沿课题。恢复古压力的方法有很多,根据流体包裹体均一温度和流体成分之间的平衡关系可用来确定古压力(陈勇等,2002;李昌存等,1999;柳少波等,1997;刘斌等,1987;刘斌,1986);根据黏土矿物形成温度及实际曲线估算黏土矿物的形成压力(邹海峰,2000);从泥岩声波时差资料出发,利用压实方法也可推导出古压力(刘福宁,1994);利用盆地模拟方法结合研究地区的实际地质资料,也可以恢复古压力。其中,压实方法、盆地模拟方法和流体包裹体方法,在石油地质领域的应用相对比较广泛。

1.3.1　压实方法

有效应力原理将岩石所受上覆负荷应力分解为由岩石骨架颗粒承担的有效应力和由孔隙流体承担的流体压力两部分。流体压力为上覆负荷应力与骨架有效应力的差值。岩石的形变主要体现在岩石孔隙的变形和压缩上,这样压实研究的重点就集中于岩石孔隙度在负荷作用下的变化规律。确定岩石骨架颗粒受到的负荷应力大小后,可以利用有效应力原理分析地下孔隙流体的受力情况。泥岩沉积后,随着上覆负荷的增加,地层开始压实排水。正常压实情况下,泥岩孔隙度随着深度的增加而不断减小,密度则相应增加,但变化幅度在各层段不一定均匀。一般浅层的泥岩压实速率比深度增加递减速率快,而随埋深增加逐渐减缓。孔隙度与深度之间的关系一般处理为指数变化规律。正常排水情况下,地层中的流体维持静水压力状态。随着压实作用的进行,岩层边部的渗透率迅速降低,造成内部流体无法正常排出,地层出现欠压实现象。欠压实地层中,流体承担了一部分本属骨架承担的上覆负荷,减小了骨架受到的有效应力,阻碍了岩石孔隙的正常压实,导致岩石孔隙度随深度的变化偏离了正常演化规律。压实规律主要通过地球物理测井系列中的孔隙度测井判断,并结合密度测井和电阻率测井资料综合分析。

此方法适合于研究由欠压实作用形成的超压演化规律。欠压实在压实曲线上的反映为孔隙度曲线偏离正常压实趋势,表现为密度和声波时差异常。因此,依据孔隙度测井曲线的综合效应可以判断欠压实现象的存在。确定沉积物压实特征及欠压实的分布规律后,可利用等效深度法计算流体压力。等效深度法的原理是,两个不同深度下的地层具有相同的孔隙度,则深度差引起的负荷增量理论上全部转加于流体上,岩石承担的有效应力相等。此时,与异常段具有相同孔隙度的正常段深度点被称为等效深度点。通过计算等效深度点的上覆负荷可获得对应异常段的骨架应力,从而进一步求取流体压力。

由于岩石体积压缩的不可逆性,地层现今的压实情况反映了该层处于最大埋深时期岩石的受力情况。因此,压实研究结果就反映了地层最大埋深时期流体的压力情况。尽管由于封闭流体压力的能力不同,砂岩和泥岩中的地层压力存在一定的差异(陈荷立等,1988)。但现今研究普遍认为,砂岩的区域性异常高压主要来源于相邻泥岩层的高压(罗晓容等,2000),因此,二者间的压力有很大的相关性。特别对大套泥岩封闭的砂岩体而言,泥岩压实研究恢复的古压力可以视为砂岩段在最大埋深时期的古压力。刘士忠等(2008)利用声波时差资料,采用压实方法研究东营凹陷沙三段泥岩盖层超压的形成时期、释放次数及深度,进而研究其与油气成藏的关系。

1.3.2　盆地模拟方法

所谓盆地模拟方法,就是从石油地质的物理化学机理出发,首先建立地质模型,然后建立数学模型,最后编制相应的软件,从而在时空概念下由计算机定量地模拟油气盆地的形成和演化,以及烃类的生成、运移和聚集。在软件的工业化应用方面,目前在国际商品软件市场上活跃的主要有四套盆地模拟软件:①德国有机地球化学研究所(IES)的PetroMod,由剖面二维油气系统分析软件 PetroFlow,平面二维油气系统分析软件Finesse 和沉积作用分析软件 Sedpak 三个相对独立的系统组成;②法国石油研究院(IFP)的 TemisPack(二维)、Genex(一维)和 Temis3D(三维)系列软件;③美国PlatteRiver 公司(PRA)的 BasinMod,其主打产品是 BasinMod1-D,剖面二维油气系统分析软件 BasinMod2-D,特色产品是平面二维油气系统分析软件 BasinFlow;④美国伊利诺斯大学研制的 Basin2 软件,均已经运用于石油地质研究。谢文彦等(2004)、史建南等(2006,2005)均利用 Basin2 盆地模拟软件模拟了辽河拗陷大民屯凹陷压力演化史;石万忠等(2006)应用 IES 盆地模拟软件对珠江口盆地白云凹陷深水区的地层压力演化和油气运移进行了研究;鲍晓欢等(2007)利用 IES 盆地模拟软件一维模块模拟了牛庄洼陷的地层超压发育过程;徐国盛等(2007)采用盆地模拟技术恢复了渤南洼陷沙四段-孔店组超压演化过程;何惠生等(2009)利用 BasinMod 盆地模拟软件动态恢复了准噶尔盆地腹部超压演化历史。要计算盆地压力演化史,就必须先建立可靠的埋藏史、热史和成熟生烃史模型。

压实是在埋藏史恢复中必须考虑的一个重要因素,压实校正对热史恢复具有重要影响,因此也影响到烃源岩的成熟度史以及油气的生排烃史。压实校正是指把某一地层单元的现今实测厚度恢复到沉积时或埋藏中途某一时刻的厚度,因此压实校正实际上是"去压实"过程。虽然地层压实校正的数学模型有多种,但均基于如下假设:①在压实过程中,地层骨架体积始终不变,地层体积变小是由地层孔隙体积变小引起。②在压实过程中,地层横向宽度保持不变,仅纵向厚度随地层体积的变小而变小。③地层压实程度由埋深所决定,具不可逆性,即在埋深不超过最大古埋深时,地层压实程度保持不变。基于压实前后地层骨架体积不变原理,Perrier 和 Quilbier(1974)首次采用反演回剥技术研究压实过程中地层厚度的变化。随后 Watts 和 Ryan(1976)、Steckler 和 Watts(1982)、Bessis(1986)先后对此进行完善并应用于盆地沉降史和沉积速率的研究。目前盆地模拟中所运用的压实校正模型主要有:①Athy(1930)基于正常压力提出了孔隙度-深度关系方程,认为孔隙度与埋深呈指数关系即所谓的指数模型;②Falvey 和 Middleton(1981)提出的倒数模型,认为孔隙度的减小是上覆层负载的函数,假设孔隙度的增量与负载变化和排出率乘积成比例关系。

热史恢复技术可归纳为三大类,即地球热力学法(正演技术)、古温标法(反演技术)和综合法(热史模拟技术)(胡圣标和汪集旸,1995)。地球热力学法主要基于岩石圈尺度,通过建立动力学模型来揭示热演化的动态特征,对探讨区域热演化背景比较适用,对含油气盆地来说误差较大。古温标法主要是利用能记录研究对象所经历温度条件的矿物、岩石、包裹体等来恢复古地温。综合法主要是将正演技术与反演技术结合起来，将地史恢复和热史恢复结合起来，通过建立数学模型，利用已知的地层信息和古温标资料作为约束条件，对盆地的热演化史进行模拟（程本合等，2002）。

不同类型的沉积盆地形成的地球动力学背景和形成机制的差异，导致盆地演化过程存在区别，因而描述不同类型盆地构造热演化过程的数学模型也是不同的。几种主要的盆地类型包括：与裂谷作用有关的弧后和大陆裂谷盆地、与非造山期花岗岩侵入或变质作用有关的克拉通盆地、与造山带前陆区岩石圈缩短和挠曲有关的前陆盆地、与走滑或滑脱作用有关的拉分盆地。

弧后和大陆裂谷盆地是目前研究较广泛且研究程度较高的盆地类型，其主要的构造热作用过程包括岩石圈的伸展减薄、地幔侵位、热膨胀和冷却收缩以及沉积负载相关的均衡调整。自 1978 年 McKenizie 提出瞬时均匀伸展模型后，为解释盆地边缘的抬升问题，岩石圈非均匀伸展模型相继出现（Rowley et al.，1986；Royden et al.，1980），体现同裂谷期非绝热过程的非瞬时拉张的有限拉张速率模型亦被提出（Cochran，1983；Jarvis et al.，1980），鉴于众多裂谷盆地玄武岩岩墙发育，Royden 等（1980）提出岩墙侵入模型，并引入了一个新的参量来表征地壳被软流圈和地幔物质置换的比率。

热流史计算模型主要有三种：稳态热流模型（steady-state heat flow）、瞬变热流模型（transit heat flow）和裂谷热流模型（rifting heat flow）。稳态热流模型即用热流/热导率模型计算热流，模型中的每个时间间隔独立计算，瞬变热流模型考虑了不同岩石单元的热容和热流随时间的变化。而裂谷热流模型的热流值因裂谷拉张的时代不同有不同的地热显示，裂谷期地壳减薄，地幔上涌，深部热流随着深大断裂上传，同时伴随岩浆热液上涌。此时，盆地的沉积盖层较薄，地表热流很高。裂谷后期岩浆上涌减弱直至消失，此时由地壳深处传上来的热逐渐降低，致使盆地地表热流逐渐降低。裂谷盆地瞬时拉张，热流突然增加，达到最大，而后盆地沉降，热流呈指数递减；在裂谷盆地持续伸展发育期间，热流呈近似线性增加。

镜质体反射率（R_o）是表征烃源岩有机质成熟度最常用的指标，其主要受埋藏时间、埋藏深度和地温等因素的影响。Lopatin 于 1971 年首先提出用 TTI 法来定量计算烃源岩有机质的成熟度，后经 Waples（1980）修改，因其基于温度每升高 10 ℃反应速度增加一倍的这个基本假设，未考虑实际的反应动力学过程（Bastow et al.，1998；Hunt et al.，1991），不适合运用于整个油气生成过程。Lerche 等（1984）基于干酪根裂解化学动力学特征提出了一种计算 TTI 的新方法，后者比前者可更精确地反映源岩成熟度，但其要求古热流值在地史中呈线性变化，具有一定的局限性（Burnham et al.，1989）。Wood（1988）提出的基于单一表观活化能的阿伦尼包斯（Arrhenius）化学动力学一级反应模型，虽然考虑了化学动力学过程，但用于模拟有机质成熟度时不适合较高温度和加热速率范围（Sweeney et al.，1990）。Sweeney 等（1990）提出的 EASY%R_o 模型不仅考虑了众多一级平行化学反应及其相应反应的活化能，而且还考虑了加热速率，适用范围广（R_o 为 0.3%～4.5%），能比较精确地模拟地质过程中有机质成熟度演化。因此，本书选用 EASY%R_o

模型计算烃源岩成熟度演化史。

　　尽管盆地模拟方法能够在盆地尺度上连续地再现盆地流体压力演化过程,但涉及过多的参数都很难确定,而且现今所存在的盆地模拟软件都没有针对不同成因类型的超压分别建立模型(如欠压实成因超压、生油增压、生气增压等),因此较难准确地恢复沉积盆地超压演化过程。对于欠压实成因超压可以采用等效深度法恢复古压力,徐思煌等(1998,1995)以及 Robert 等(1999)都建立过生烃增压模型,但对于生油增压方程没有考虑生油作用产生的压力对孔隙水压缩和干酪根的压实作用,对生气增压方程没有考虑孔隙水和残留原油对甲烷的溶解作用以及重烃在高温高压条件下的相态变化。

1.3.3　流体包裹体方法

　　流体包裹体是指在矿物结晶生长时,被捕获在矿物晶格的缺陷或空穴内的那部分成矿液体。它至今仍保存在主矿物中,并与主矿物有着明显的相界限(含有包裹体的矿物称为主矿物)。由于包裹体形成后,没有外来物质的加入和自身物质的溢出,因而可作为原始的成矿液体来研究。流体包裹体保留了成矿流体的成分、性质,可反映成矿时的物理化学条件,加之包裹体在矿物中普遍存在,因而通过研究包裹体,可获得成矿时的温度和压力、成矿溶液的盐度和密度及成矿流体的组分和稳定同位素组成等数据,在石油地质及其他地学领域有着重要意义。应用流体包裹体恢复古压力的方法现在有很多(刘斌等,1999;李昌存等,1999;Zhang et al.,1987;刘斌等,1987;刘斌,1986),包括 CO_2 容度法、盐度-温度法、利用 $NaCl$-H_2O 溶液包裹体的密度式和等容式法、不混溶流体包裹体法和流体包裹体 PVT 模拟方法,不同方法具有不同的适用条件及范围(李善鹏等,2004)。

　　CO_2 容度法是按 CO_2-H_2O 体系和具有 CO_2 比值等值线 P-T 图解及有关资料测定压力的方法。该方法所需要的参数包括:CO_2 包裹体的部分均一化温度;CO_2 包裹体中 H_2O 和 CO_2 的体积分数;盐水溶液包裹体的均一温度。所以此方法首要条件是具有 CO_2 包裹体,但往往很多样品中检测不到 CO_2 包裹体,限制了 CO_2 容度法的应用范围。

　　均一温度-盐度法是用 $NaCl$-H_2O 体系中 H_2O 密度及均一温度求取古压力,弥补有的样品检测不到 CO_2 包裹体的不足。李善鹏等(2004)采用均一温度-盐度法,利用沸腾流体包裹体恢复了东营凹陷包裹体被捕获时的异常压力(李善鹏等,2004)。此方法首先是测出盐水溶液包裹体的盐度及均一温度,再用盐度及均一温度在 $NaCl$-H_2O 体系的盐度-温度关系图中求得该盐水的密度,最后用该体系的标有密度等容线 P-T 相图求得古压力。该方法的不足之处在于实测盐水包裹体盐度与理论均一盐度-温度关系常常不吻合而造成一定的误差。

　　刘斌等(1987)根据 $NaCl$-H_2O 溶液的实验数据,采用最小二乘法、数值插值等计算方法,得到含盐度(质量分数)≤25 的 $NaCl$-H_2O 溶液包裹体的密度式和等容式。只要测定包裹体的均一温度和含盐度即可计算出包裹体中流体的密度值。再由密度、含盐度的等容式,从包裹体的形成温度可以求出它的形成压力。

　　不混溶流体包裹体是指在某一时刻、一个较小地质范围内捕获的不同流体包裹体,可以认为其捕获的温度和压力是相同的。列出各流体包裹体的热力学方程,由于成分、体积不变,因此各个式中只有温度、压力两个变量,并且在包裹体捕获时它们有相同的值。求得除这两个变量以外的其他参数,联立两式求解,就可以获得流体包裹体捕获时的温度和压力(刘斌,1986)。流体包裹体 PVT 模拟方法是目前应用最广泛的一种获得包裹体捕获压力的方法。通常,烃类流体包裹体的均一温度低于同期形成的盐水溶液包裹体的均一温度,这是由于碳氢化合物流体的压缩性比盐水溶液大。因此,烃类包裹体与盐水包裹体(的等容线)在 P-T 相图上就会具有不同的斜率,在单相区会相交于一点,该点的温压值即可代表不混溶包裹体组合捕获时的温压值。因此,在获得了烃类包裹体及同期捕获的盐水包裹体的均一温度、成分、气液比等参数后,就可按等容封闭体系进行热力学性质的计算。现已开发出商业应用软件,如 VTflinc、PVTsim、PIT 等,这些软件的应用大大增加了流体包裹体热力学参数的计算速度,并可将结果以图像的形式显示出来,在定量评价油气包裹体捕获温度和压力方面得到广泛应用(Pironon et al.,2008;刘建章等,2008;陈红汉等,2004;米敬奎等,2003;Liu et al.,2003;Hsin-Yi et al.,2002;Teinturiera et al.,2002;Thiery et al.,2002;Aplin et al.,1999)。

1.4　超压与油气运移和聚集的关系

含油气盆地烃源岩、储层和盖层中均可以发育超压,且超压的形成与多种因素有关,不同成因机制所形成的超压对油气聚集的作用不尽相同。油气成藏动力学理论中,超压是油气运移的重要驱动力(Hindle,1997;陈荷立,1995),无论是油气从烃源岩到输导层中的运移(初次运移)还是从输导层到储层中聚集成藏(二次运移),流体压力都具有重要的作用。Schegga 等 (1999)通过油气模拟研究的方法,对瑞士默拉西兹(Molasses)盆地的油气运移成藏特征进行了研究,其结果表明超压驱动油气作用比浮力驱动油气作用在运移过程中更为重要,是油气运移和聚集的主要驱动机制。Pang(2003)的油气运移物理模拟实验表明超压驱动机制对油气运移具有重要影响及决定作用。

1.4.1　超压对油气运移的影响

当烃源岩中的超压累积到一定程度时,地层压力达到岩石的破裂压力,地层发生水力破裂,超压流体通过水力破裂所形成的裂缝发生突发性释放;若地层中具有先存的裂隙,则超压的累积会使得封闭的裂隙开启,超压流体发生突发性释放。当烃源岩中的超压流体释放后,地层压力便会降低,各种裂隙闭合,流体暂时停止排放,而后,地层超压便再次累积,之前闭合的裂隙再次开启,形成超压流体排放。上述过程周期性发生,使得超压流体的排放具有幕式瞬态的特征。超压流体导致地层发生垂向破裂的临界值为上覆静岩压力的 70%～90%,在盆地数值模拟中,这个临界值一般被设置为 85%(解习农等,1997)。

在油气二次运移的过程中,油气的流动方向受流体势的控制,而流体势在很大程度上取决于地层压力的空间分布,进而影响油气的运移方向和有利聚集区(Ye et al.,2003)。

　　油气在二次运移的过程中由高流体势区流向低流体势区。油、气和水的流动分别由油势、气势和水势分布所控制,油势、气势和水势的计算公式分别如下。

　　水势:

$$\varphi_{w} = gZ + \frac{P}{\rho_{w}} \tag{1-4}$$

　　烃势:

$$\varphi_{h} = gZ + \frac{P}{\rho_{h}} + \frac{P_{c}}{\rho_{h}} \tag{1-5}$$

式中,φ_{w} 和 φ_{h} 分别为水势和烃(油或气)势;ρ_{w} 和 ρ_{h} 分别为水和烃类流体的密度;P_{c} 为油气在充满水的孔隙中流动的毛细管力。由式(1-4)和式(1-5)可知,地层压力是水势的重要组成部分,而在储层岩石结构横向变化不大且高程起伏不大的前提下,流体压力相对值即大体代表油势、气势的相对值。利用流体势模拟油气的运移具有如下优点:流体势本身计算的是流体的势能,因此其结果不受油气运移模式的影响;但是流体势并不能描述油气运移的整体过程,只是对流体运移趋势的定性判断(周波等,2008),在构建地质模型的基础上可以对流体势进行计算(Karsten et al.,2009)。

1.4.2　超压对油气聚集的影响

　　超压对油气聚集有明显的影响与控制作用,油气聚集关系和超压的成因具有联系。当盆地中超压的形成与油气生成密切相关时,超压体系和油气分布特征具有直接或者间接的关系(杜栩等,1995);当超压成因以欠压实作用为主时,油气分布与超压的关系还需具体分析,可能只作为区域盖层。如 Song(2002)在分析库车拗陷和准噶尔盆地超压成因的基础上提出了油气聚集的三种模式,都受超压的影响。Pi(2002)在对库车拗陷超压分析时也得到相同结论,认为不同的超压形成机制对油气藏聚集分布具有不同的影响。石万忠等(2005)分析认为某些超压体的分布和形成特征能够阻止油气成藏,超压在油气聚集的过程中具有反作用。

　　根据流体系统超压的发育程度可以将流体系统划分为超压系统、压力过渡系统和常压系统,油气分布可以出现在大规模的超压系统内部,也可以出现在压力过渡系统和常压系统中。根据 Leach 在 1993 年的统计资料,美国墨西哥湾沿岸地区钻遇古近系和新近系的多口钻井揭示了超压顶界面即超压封存箱的边缘之上 300 m 和之下 200 m 的深度是有利的油气藏分布带,因此压力过渡系统是油气聚集的有利场所。Hunt(1990)认为压力过渡系统的存在是由于流体封存箱微渗漏的结果;当封隔层在超压作用下破裂之后,超压系统内部的油气以水溶相向外运移,随着此过程中温压条件的改变而析出,并在压力封闭层所夹的储层或封闭层之上的储层中聚集。同时,流体释放所造成的流体损失会改变封存箱的封闭状态,从而引起超压流体在瞬间压差作用下的流动。

1.4.3　超压对储层物性的影响

储层存在超压是普遍存在的现象,其形成机制可归纳为自源、邻源和他源三类(罗晓容,2004;王振峰等,2004),超压的存在使颗粒之间的有效应力降低,因此超压对深层储层影响的一方面是可以减小上覆地层对砂岩的机械压实作用,使储层原生孔隙在深层得以保存。早在20世纪70年代Stuart等就认识到孔隙流体的超压可以显著减小上覆地层对砂岩的机械压实作用,随地层超压的增加,孔隙度和渗透率随埋深的衰减速率减慢,当压力系数接近2.0时,储层的孔隙度不再减小(Stuart et al.,1977)。而Ramm等(1994)研究表明,只有当压力系数大于1.6时,超压才能对孔隙度起保护作用。超压降低地层对砂岩储层的机械压实作用的现象在我国渤海湾盆地板桥凹陷(陈纯芳等,2002)、歧北凹陷(张立新等,2002;陈纯芳等,2002)、歧口凹陷(蒲秀刚等,2013)和莺歌海盆地(肖丽华等,2011)都有报道。但Bloch等(2002)认为超压对储层孔隙度的保护取决于超压发育的时间、压力系数的大小和储层的岩性。这一观点在墨西哥湾的研究中得到支持,超压并非对所有地层的机械压实作用均有抑制(Ehrenberg et al.2008),砂岩压实、胶结程度很高时发育的晚期超压对砂岩的孔隙度、渗透率的影响较弱(郝芳等,2002)。超压系统流体的流动性较差,使胶结作用减缓,可以抑制石英自生加大和黏土矿物转化,降低颗粒间的压溶作用,有利于深层超压带优质储集层的发育(蒽克来等,2014;雷振宇等,2012;Bjørlykke et al.,2012;Becker et al.,2010;Bjørlykke,2010;Taylor et al.,2010;李会军等,2004;李忠等,2003;陈振岩等,2003;郝芳等,2002;Osborne et al.,1999)。孟元林等(2013)对超压抑制自生石英形成进行定量化研究,结果表明在压力系数为1.7~2.0的超压储层中可使自生石英含量降低2.72%~4.72%。

超压在另一方面对深层储层物性起改善作用的是超压流体的释放引起溶解物质的带出和长石溶解作用的增强,导致深部超压砂岩发生深层淋滤,形成次生孔隙(Nguyen et al.,2013;雷振宇等,2012;郝芳等,2002;陈纯芳等,2002;Wilkinson et al.,1997)。但异常超压并不是形成有效次生孔隙的直接原因,次生孔隙的前提条件是存在流体的释放,将砂岩体中的溶解物质搬运出储层,从而形成次生孔隙,而且这种影响范围可能较小(崔勇等,2002)。超压系统不存在流体排放的情况下可能阻碍流体渗流与物质交换,将不利于长石溶蚀作用的发生和次生孔隙的形成(蒽克来等,2014)。

生油增压定量化评价模型 第 2 章

沉积盆地压力场的演化是目前的研究难点,已经成为盆地分析中不可缺少的组成部分,在油气成藏过程中起着越来越重要的作用。目前恢复古压力的方法主要有根据流体包裹体均一温度和流体成分之间的平衡关系来确定古压力和盆地模拟方法。采用流体包裹体只能恢复储层油气充注时的古压力,但对泥岩古压力的恢复却很难实现。盆地模拟方法可以用于恢复泥岩古压力,但由于目前的商业软件中压力模型不是很完善,因此很难定量恢复泥岩古压力。如 PetroMod 盆地模拟软件中的超压模型可以表述如下。

沉积物颗粒间的有效应力的增加促使孔隙度的减小,其表达式为

$$\partial_t \phi = -(1-\phi) \cdot C \cdot \partial_t u^\sigma \tag{2-1}$$

式中,ϕ 为孔隙度;C 为岩石骨架压缩因子;u^σ 为有效应力。孔隙度的减小是因为孔隙中的流体排出。

$$\partial_i v_i + \partial_t \phi = 0 \tag{2-2}$$

式中,v_i 为孔隙流体的平均流动速率。流体的平均流动速率主要和孔隙流体压力、流体黏度和岩石渗透率有关,因此可以表示为

$$v_i = \frac{k_{ij}}{\nu} \partial_j u \tag{2-3}$$

式中,k_{ij} 为岩石渗透率;ν 为流体黏度;u 为孔隙流体压力。

将式(2-3)和式(2-1)联立就得到孔隙流体压力计算表达式:

$$\partial_i \frac{k_{ij}}{\nu} \partial_j u - C \partial_t u = -C \partial_t u^\sigma \tag{2-4}$$

可见此模型反映孔隙流体压力的计算和岩石渗透率、流体黏度具有密切的关系,而在模拟过程中岩石古渗透率和流体黏度这两个参数都很难获取,而且此模型中没有考虑到新的流体注入(如生烃作用)的情况。

BasinMod 软件中生油增压计算表达式为

$$\Delta P = \frac{\dfrac{1}{C_p} \dfrac{\Delta \rho_o}{\rho_o}}{1 + \dfrac{\Delta \rho_o}{\rho_o}} \tag{2-5}$$

式中,ΔP 为由生油作用所增加的孔隙流体压力;C_p 为石油压缩系数;ρ_o 为石油密度;$\Delta \rho_o$ 为石油受压之后引起的密度的变化。

生气增压方程为

$$\Delta P = 0.5 \times f_g \times \Delta N_g \times k \times T \tag{2-6}$$

式中,ΔP 为天然气生成导致的增压;f_g 为天然气分子的自由度;ΔN_g 为天然气的数密度;k 为玻耳兹曼(Boltzmann)常量;T 为热力学温度。此软件中的生油增压方程认为产

生压力的大小只和生油量有关,而与孔隙空间无关,显然不是很合理;生气增压方程也是只和温度以及天然气量有关,而与孔隙空间无关。基于上述原因,因此需要对生烃增压方程进行完善。

含油气盆地烃源岩在埋藏过程中温度升高可以生成烃类物质,有机质转化成相同质量的油和气是使烃源岩孔隙空间膨胀的过程。因为油和气的密度小于有机质的密度,所以造成生成的烃类物质体积大于减小的有机质体积,当从烃源岩孔隙空间增加的体积大于由于渗漏而减小的体积时便可以产生超压,以下生烃增压方程将基于此原理而建立。

2.1　生油增压数学模型的建立

烃源岩生烃增压是因为高密度的干酪根转化成低密度的油和气而使孔隙流体发生膨胀的结果,因此干酪根生气以及原油裂解成气作用被认为可以使含油气盆地形成大规模超压的主要成因机制(Barker,1990;Ungerer,1983),而生油作为超压主要成因机制还存在一些争议。Bredehoeft 等(1994)认为生油作用所产生的超压可以在低渗透性烃源岩中保持相对较长的时间,其大小可以和静岩压力相当。Robert 等(1999)认为生油作用形成的超压可以超过低渗透性烃源岩的毛细管力。而 Mudford 等(1989)计算干酪根生油导致孔隙流体增加的体积为 15%,认为生油作用不能产生超压。

生油作用能产生多大的压力一直是大家在探索的问题,Osborne 等(1997)提出石油生成是否能产生超压与烃源岩有机质丰度、类型、成熟度及封闭能力有关系。徐思煌等(1998)在遵循质量守恒、体积守恒、压力平衡三个原则的基础上对生油增压方程进行了推导,其方程如下:

$$\Delta P = \frac{\rho_{\mathrm{k}} - \rho_{\mathrm{o}}}{\rho_{\mathrm{k}}\left(C_{\mathrm{o}} + \dfrac{C_{\mathrm{w}}\varphi\rho_{\mathrm{o}}}{M_{\mathrm{o}}}\right)} \tag{2-7}$$

式中,ΔP 为由生油作用所增加的孔隙流体压力;ρ_{k} 为干酪根的密度;ρ_{o} 为石油密度;C_{o} 为石油的压缩系数;C_{w} 为水的压缩系数;φ 为岩石孔隙度;M_{o} 为生成油的质量。此模型建立的前提条件为封闭体系,认为生成的油都储存在烃源岩孔隙中。Robert 等(1999)也建立了封闭体系条件下的生油增压方程,其表达式为

$$\Delta P = \frac{\upsilon F(D-1)}{(C_{\mathrm{w}}+C_{\mathrm{p}}) + \upsilon[(1-F)(C_{\mathrm{k}}+C_{\mathrm{p}}) + FD(C_{\mathrm{o}}+C_{\mathrm{p}})]} \tag{2-8}$$

$$\upsilon = \frac{V_{\mathrm{k}}}{V_{\mathrm{w}}} \tag{2-9}$$

$$D = \frac{\rho_{\mathrm{k}}}{\rho_{\mathrm{o}}} \tag{2-10}$$

式中,ΔP 为由生油作用所增加的孔隙流体压力;ρ_{k} 为干酪根的密度;ρ_{o} 为石油密度;C_{o} 为石油的压缩系数;C_{w} 为水的压缩系数;C_{p} 为孔隙度的压缩系数;C_{k} 为干酪根的压缩系数;F 为干酪根转化率;V_{k} 为原始干酪根的体积;V_{w} 为孔隙水的体积。由于此模型是在

封闭体系的前提条件下建立起来的,因此没有考虑孔隙流体排出的影响,而且采用了孔隙
压缩系数这个参数。但由于干酪根转化为烃类可以造成孔隙空间的增大,因此会影响到
孔隙压缩系数。计算过程中的油密度为地表情况下的测定值,在地下高压条件下应该会
增加,此模型也没有考虑。本书在考虑生油过程中孔隙水和油的渗漏、原油裂解成气、生
油作用产生的超压对孔隙水压缩和干酪根的压实作用等因素的基础上,建立了烃源岩排
烃前后的生油增压模型。

　　I 型干酪根烃源岩生油增压是一个复杂过程,随着埋藏深度的增加,地层温度逐渐升
高,使有机质向烃类转化,从而使烃源岩孔隙流体压力增加。烃源岩有机质丰度、类型、成
熟度、岩石孔隙度和渗透率等都是影响生油增压的重要参数。本次建立的生油增压模型
采用与正常压实状态下没有烃类生成相比较的方法,并遵循以下原则:①地层为正常压
实,没有烃类生成时孔隙流体压力为常压;②油气水共存于烃源岩孔隙中,具有统一的压
力系统;③I 型干酪根烃源岩所生成的天然气均溶解在孔隙水和液态石油中;④干酪根减
少的质量和生成石油的质量相同;⑤不考虑孔隙水的热膨胀。图 2-1 为建立烃源岩生油
增压模型示意图,在无烃类生成和有烃类生成条件下各取一个相同深度为 Z 的状态点①
和②。假设状态点①的孔隙流体压力为静水压力 P_h,孔隙水的体积为 V_{w1},孔隙度为 ϕ_1,
干酪根的体积为 V_{k1};干酪根的质量为 M_{k1}[图 2-1(a)];状态点②的孔隙流体压力为($P_h +$
ΔP),孔隙水的体积为 V_{w2},干酪根的体积为 V_{k2},干酪根的质量为 M_{k2},生成油的体积为
V_o,油的质量为 M_o,油的密度为 ρ_{o2},干酪根的转化率为 F[图 2-1(b)];泥岩初始孔隙度为
ϕ_0,标准状态下原油密度为 ρ_o,干酪根的原始氢指数为 HI。

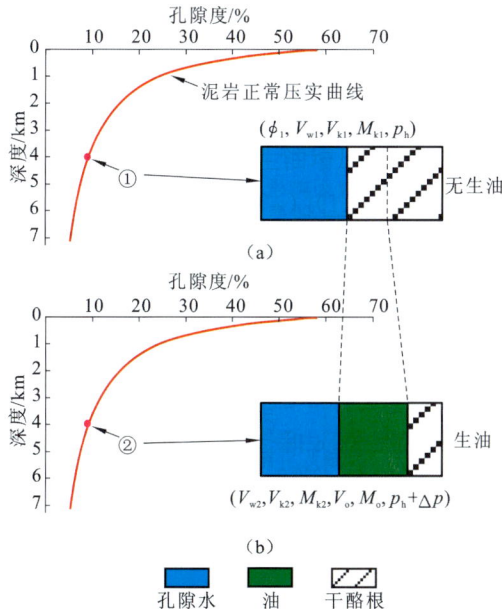

图 2-1　烃源岩生油增压概念模型

由于烃源岩属于正常压实,孔隙度计算采用倒数压实模型,在没有烃类生成的情况下,泥岩孔隙全被水充满,则

$$\phi_1 = V_{w1} \tag{2-11}$$

由于干酪根氢指数是反映烃源岩生烃潜力的一个重要指标,相同有机碳含量而不同氢指数的烃源岩生烃潜力不同。为了表述氢指数对烃源岩生烃的影响,可以令 $A = \dfrac{HI}{1000}$,则在状态点②处生成液态油的质量 M_o 可以写成

$$M_o = AFM_{k1} \tag{2-12}$$

生成的液态油使孔隙流体膨胀将产生一定的超压 ΔP,使孔隙水和干酪根压缩更强烈,压缩后的孔隙水和干酪根的体积分别为

$$V_{w2} = (1 - C_w \Delta P) V_{w1} \tag{2-13}$$

$$V_{k2} = (1 - AF)(1 - C_k \Delta P) V_{k1} \tag{2-14}$$

式中,C_w 和 C_k 分别为水和干酪根的压缩系数。所生成油的体积为减少的干酪根体积和状态点②相对于状态点①的水和干酪根被压缩的体积之和。结合式(2-13)和式(2-14)得到

$$V_o = C_w \Delta P V_{w1} + AF V_{k1} + (1 - AF) C_k \Delta P V_{k1} \tag{2-15}$$

且有:

$$V_{k1} = \frac{M_{k1}}{\rho_{k1}} \tag{2-16}$$

式中,ρ_{k1} 为状态点①处干酪根的密度。假设生烃过程中从烃源岩中渗漏出油的质量为 M_1,则存在于烃源岩孔隙中的石油质量为

$$M_2 = M_o - M_1 \tag{2-17}$$

式中,M_2 为存在于烃源岩孔隙中的石油质量。为了表述烃源岩对液态油的封闭能力,定义 α 为石油残留系数,其表达式为

$$\alpha = \frac{M_2}{M_o} \tag{2-18}$$

可见 $0 < \alpha \leq 1$,是反映烃源岩封闭能力的参数,其大小受烃源岩渗透率的影响,渗透率越低,α 值越大,反之越小。则存在于烃源岩孔隙中的石油体积为

$$V_o = \frac{\alpha M_o [1 - (P_h + \Delta P) C_o]}{\rho_o} \tag{2-19}$$

式中,C_o 为石油压缩系数。联立式(2-15)和式(2-19)得到:

$$\frac{\alpha AFM_{k1} [1 - (P_h + \Delta P) C_o]}{\rho_o} = C_w \Delta P V_{w1} + \frac{AFM_{k1}}{\rho_{k1}} + \frac{(1 - AF) C_k \Delta P M_{k1}}{\rho_{k1}} \tag{2-20}$$

考虑到干酪根的质量 M_{k1} 是通过实测 TOC 计算得到,所测值为压实之后的结果,因此:

$$M_{k1} = M_k \tag{2-21}$$

$$\rho_{k1} = \rho_k \tag{2-22}$$

将式(2-20)整理得到:

$$\Delta P = \frac{AFM_k[\alpha D(1-P_hC_o)-1]}{C_wV_{w1}\rho_k+(1-AF)C_kM_k+\alpha AFM_kDC_o} \tag{2-23}$$

式中，$D=\dfrac{\rho_k}{\rho_o}$。此模型考虑了生油过程中水和油的渗漏、生油作用产生的超压对孔隙水的压缩和干酪根的压实作用，同时考虑了压实作用产生的石油密度的变化。

　　生油能使烃源岩孔隙流体压力增加，而排油必将导致孔隙流体压力减小。为了建立烃源岩排油后的生油增压模型。假设烃源岩排烃结束时烃源岩的转化率为 $F_{排}$，排油后孔隙流体压力为 $(P_h+\Delta P_{排})$，则残留油的质量为

$$M_{o残留}=\frac{V_{o排}\rho_o}{1-(P_h+\Delta P_{排})C_o} \tag{2-24}$$

式中，$M_{o残留}$ 和 $V_{o排}$ 分别为烃源岩排油后孔隙中石油的质量和体积，$V_{o排}$ 可以采用式(2-25)计算得到。当烃源岩排油结束后，再生油后残留在烃源岩孔隙中的石油质量为

$$M_2=M_{o残留}+\alpha AM_k(F-F_{排}) \tag{2-25}$$

存在于烃源岩孔隙中的石油体积为

$$V_o=\frac{[M_{o残留}+\alpha AM_k(F-F_{排})][1-(P_h+\Delta P)C_o]}{\rho_o} \tag{2-26}$$

如果排油后烃源岩孔隙度保持不变，则由式(2-15)和式(2-26)得到烃源岩排油后的生油增压计算公式为

$$\Delta P=\frac{D[M_{o残留}+\alpha AM_k(F-F_{排})](1-P_hC_o)-AFM_k}{C_wV_{w1}\rho_k+(1-AF)C_kM_k+DC_o[M_{o残留}+\alpha AM_k(F-F_{排})]} \tag{2-27}$$

但烃源岩排油后使孔隙流体压力降低，上覆地层的压实作用使烃源岩孔隙度减小，减小的孔隙空间为排油前减少的干酪根体积，则排油后石油体积也可以表示为

$$V_o=C_w\Delta PV_{w1}+A(F-F_{排})V_{k1}+(1-AF)C_k\Delta PV_{k1} \tag{2-28}$$

则由方程(2-26)和(2-28)得到烃源岩排油后生油增压计算公式为

$$\Delta P=\frac{D[M_{o残留}+\alpha AM_k(F-F_{排})](1P_hC_o)A(F-F_{排})M_k}{C_wV_{w1}\rho_k+(1-AF)C_kM_k+DC_o[M_{o残留}+\alpha AM_k(F-F_{排})]} \tag{2-29}$$

随着烃源岩热演化程度的增加，残留在烃源岩中的原油将发生裂解成天然气而使孔隙流体压力增加。烃源岩中的原油和天然气的体积为总的孔隙体积之和，可以采用以下方程表示：

$$\frac{M_o}{\rho_{o1}}+\frac{M_g}{\rho_{g1}}=C_wV_w\Delta P+(1-AF)C_kV_k\Delta P+AF\frac{m_k}{\rho_k} \tag{2-30}$$

式中，M_o 和 M_g 分别为原油和天然气的质量；ρ_{o1} 和 ρ_{g1} 分别为油和天然气的密度，可以采用以下方程计算得到：

$$\rho_{o1}=\frac{\rho_o}{1-C_o(\Delta P+P_h)} \tag{2-31}$$

$$\rho_{g1}=\frac{\rho_g}{1-C_g(\Delta P+P_h)} \tag{2-32}$$

式中，C_g 为天然气压缩因子，通过式(2-30)~式(2-32)可以得到超压计算表达式

$$\Delta P = \frac{(1-C_\text{o}P_\text{h})\dfrac{M_\text{o}}{\rho_\text{o}} + (1-G_\text{g}P_\text{h})\dfrac{M_\text{g}}{\rho_\text{g}} - IF\dfrac{m_\text{k}}{\rho_\text{k}}}{C_\text{w}V_\text{w} + (1-IF)\dfrac{m_\text{k}}{\rho_\text{k}}C_\text{k} + \dfrac{M_\text{o}}{\rho_\text{o}}C_\text{o} + \dfrac{M_\text{g}}{\rho_\text{g}}C_\text{g}} \tag{2-33}$$

压缩因子的计算采用 Standing（1952）图版拟合成与温度和压力的关系式，得到：

$$C_\text{g} = 0.217\,3a(\Delta P + P_\text{h}) + b \tag{2-34}$$

式中，

$$a = 0.021\,8\left(\frac{T_\text{D}}{T_\text{c}}\right)^2 - 0.124\,5\left(\frac{T_\text{D}}{T_\text{c}}\right) + 0.209\,1 \tag{2-35}$$

$$b = -0.231\,5\left(\frac{T_\text{D}}{T_\text{c}}\right)^2 + 1.333\frac{T_\text{D}}{T_\text{c}} - 1.063\,4 \tag{2-36}$$

式中，T_c 为天然气的临界温度 190.4 K。由式（2-34）和式（2-36）就可以得到。

$$A\Delta P^2 + B\Delta P - C = 0$$

式中，

$$A = \frac{0.217\,3aM_\text{g}}{\rho_\text{g}}$$

$$B = C_\text{w}V_\text{w} + (1-IF)\frac{M_\text{k}C_\text{k}}{\rho_\text{k}} + \frac{C_\text{o}M_\text{o}}{\rho_\text{o}} + 0.434\,6\frac{aM_\text{g}P_\text{h}}{\rho_\text{g}} + \frac{M_\text{g}b}{\rho_\text{g}}$$

$$C = (1-C_\text{o}P_\text{h})M_\text{o}/\rho_\text{o} - IFM_\text{k}/\rho_\text{k} + (10.217\,3aP_\text{h}^2 - bP_\text{h})\frac{M_\text{g}}{\rho_\text{g}}$$

$$\Delta P = \frac{\sqrt{B^2 + 4AC} - B}{2A}$$

2.2　生油增压物理模拟实验

2.2.1　实验仪器

为了验证生油增压的可能性以及所建立的生油增压方程的可靠性，在中石化无锡石油地质研究所开展了生油增压物理模拟实验。使用的地层孔隙热压生排烃模拟实验仪属于可控生排烃体系，能够在尽可能保留样品的原始孔隙和有限的生烃空间里，同时考虑地层流体压力、上覆静岩压力条件下进行烃源岩加温加压密闭或可控生排烃模拟实验。实验仪器的原理结构如图 2-2 所示。该仪器的主要技术特点为：①在施加上覆静岩压力与围压的同时，能进行较高孔隙流体压力的烃源岩生排烃模拟实验，上覆静岩压力最高可以达到 200 MPa，孔隙流体压力最高可以达到 150 MPa；②既可以进行一定流体压力下的密闭生排烃模拟，也可以进行幕式排烃条件下的生排烃模拟；③在水的超临界温度之前进行生烃模拟时，水是以液态存在于岩石孔隙之中的，是真正意义上的加水生排烃模拟。

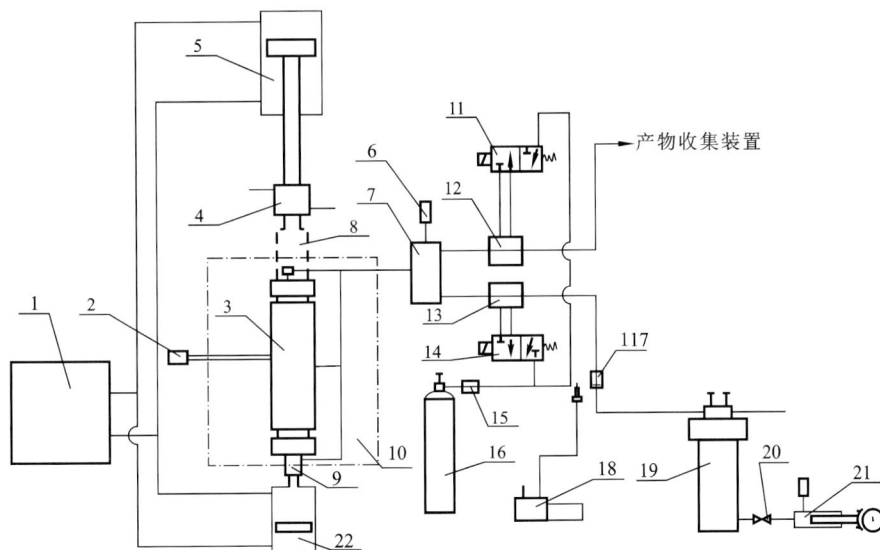

图 2-2　地层孔隙热压生排烃模拟实验仪原理图

1.液压控制系统;2.温度变送器;3.高压釜;4.冷水套;5.大油缸 A;6.压力变送器;7.四通;8.上中间压力套 A;9.下中间压力套 B;10.加热炉;11.二位三能电磁阀;12.高压气动阀;13.高压气动阀;14.二位三通电磁阀;15.减压阀;16.气源瓶;17.快速节头;18.真空泵;19.活塞容器;20.截止阀;21.高压器;22.小油缸 B

2.2.2　实验样品和流程

选取的烃源岩样品为东濮凹陷王 24 井黑色泥岩,样品的地球化学参数见表 2-1,反映实验样品刚达到成熟门限,有机质类型为 I 型。

表 2-1　模拟实验样品地球化学参数表

地区	井号	岩性	S_1/(mg/g)	S_2/(mg/g)	T_{max}/℃	TOC/%	HI/(mg/g)	R_o/%
东濮凹陷	王 24	黑色泥岩	0.74	36.39	438	4.77	763	0.48

生油增压实验流程分为以下几个步骤:

(1)空白实验。在样品室放一铁块,再用水将剩余空间充满,分别加热到 250 ℃ 和 275 ℃,恒温 24 h,观察孔隙流体压力变化。

(2)装样与高压试漏。将 100 g 样品粉碎至 100 目放入特制的样品室中,整体安装在反应釜中后启动液压机进行密封,首先充入氮气,放置试漏,待不漏后,放出氮气并用真空泵抽真空再充氮气,反复 3~5 次,最后抽成真空。再用高压泵将饱和盐水充注到生烃反应釜中直到体系流体压力大于 80 MPa,在 2 h 左右系统流体压力没有明显地下降,表明整个生烃系统不漏。

(3)不同温度生烃增压模拟实验。为了使模拟的烃源岩成熟度和温度对应关系和实际地质情况相同,首先将样品加温到 96 ℃,恒温 4 h,调节体系流体压力在 20~24 MPa,

再按 1 ℃/min 的升温速率将生烃反应体系升温到 300 ℃并恒温 24 h 进行生烃模拟。由于在升温与恒温生烃反应过程中,整个生烃系统的流体压力会升至很高,超过仪器所承受压力最大值,因此所用的样品没有压实,而且通过特制的调节装置将压力维持在 30 MPa 左右,等到体系降温过程中,再将部分排出的流体通过高压装置压回生烃反应体系,恒温生烃结束后再逐渐将温度降到 96 ℃,当体系流体压力稳定之后,记录下此时生烃体系的地层流体压力,二者之差为此演化阶段烃源岩在封闭体系生烃作用形成的增压。再将整个生烃反应体系的温度升至 104 ℃,恒温 4 h,记下此时的地层压力。按 1 ℃/min 的升温速率将生烃反应体系升温到 325 ℃并恒温 24 h,进行 325 ℃的生烃模拟,生烃结束后再将温度降到 104 ℃,体系流体压力稳定之后,记录下此时地层流体压力。其他温度点的生烃增压模拟实验依次类推,模拟不同成熟度烃源岩生烃增压结果,所用的水为饱和盐水且充满样品孔隙空间。

2.2.3　实验结果分析

空白实验的目的主要是为了检验水在烃源岩生烃过程中是否会产生超压。从实验结果显示,水在恒温到 250 ℃和 275 ℃的过程中随着时间的增加孔隙流体压力和初始设定值几乎相同(图 2-3),波动不到 2 MPa。说明在烃源岩恒温生烃过程中,孔隙水不会对烃源岩产生额外的孔隙流体压力。但在中石化无锡石油地质研究所开展的烃源岩样品常规生烃热模拟实验中发现,在恒温生烃过程中孔隙流体压力随着恒温生烃时间逐渐增大(图 2-4)。在开始生烃的前 400 min 孔隙流体压力增加得比较快,接着随着恒温生烃时间的增加孔隙流体压力增加得比较慢,到最后孔隙流体压力基本保持恒定,主要是因为没有更多的烃类生成。模拟过程中超压最大可以达到 50 MPa,而且在实验过程中还排出部分烃。所用的烃源岩有机质类型为 I 型,主要以生油为主,证实生油作用可以产生大幅度超压,也说明生油作用可以成为盆地产生大规模超压的一种成因机制。

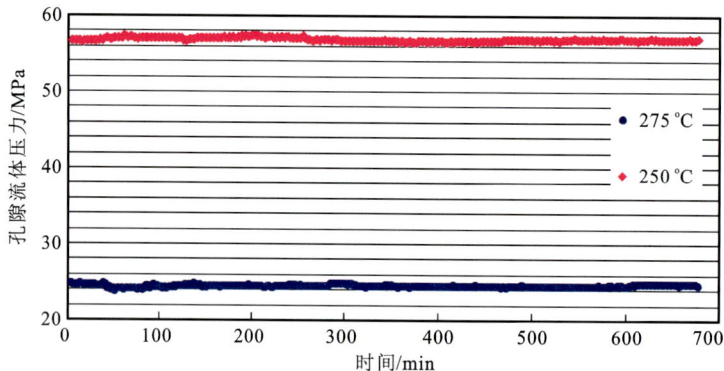

图 2-3　水在恒温过程中孔隙流体压力随时间变化特征

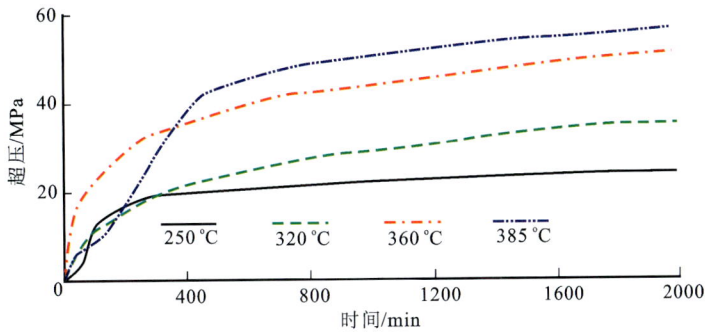

图 2-4　烃源岩生烃过程中增压量随模拟时间变化关系图

生烃增压实验共模拟了 300 ℃、325 ℃、350 ℃、375 ℃ 四个不同温度点，对应的烃源岩成熟度 R_o 分别为 0.70%、0.75%、0.85% 和 1.00%（表 2-2），对应烃源岩大量生油阶段。生油增压模拟实验结果显示样品生油作用产生的超压在 R_o 为 0.7% 时为 14.8 MPa，到 R_o 为 1.00% 时，超压达到 54.0 MPa（表 2-2）。在实验过程中烃源岩未经压实，孔隙度和地表孔隙度相同，从而使模拟的超压比实际地质条件下可能偏低。当已知烃源岩类型和成熟度，就可以模拟烃源岩对应的转化率。利用 BasinMod 盆地模拟软件中的 LLNL 干酪根生烃动力学模型，设置有机质类型为 I 型，模拟烃源岩对应的转化率分别为 27.4%、44.8%、82.9% 和 99.6%，转化率的明显变化必然将导致生油增压强度的变化。为了验证建立的生油增压方程的准确性，采用生油增压方程计算的超压值与生油增压物理模拟结果进行比较。计算时所用到的烃源岩地球化学参数和模拟样品一致；岩石孔隙度取地表泥岩的孔隙度 62%，因为岩石孔隙度高，所以取密度为 1 700 kg/m³；石油残留系数（α）取 1，因为生油增压物理模拟实验是在封闭条件下进行的；干酪根的密度取 1 200 kg/m³，压缩系数为 1.4×10^{-3} MPa^{-1}（DuBow，1984）；石油密度取 900 kg/m³，压缩系数取 2.2×10^{-3} MPa^{-1}（McCain，1990）；地层水的压缩系数取 0.44×10^{-3} MPa^{-1}（Amyx et al.，1960）。

表 2-2　生油增压模拟实验结果数据表

生烃模拟温度/℃	R_o/%	模拟地层温度/℃	转化率/%	实测累计超压/MPa	计算累计超压/MPa	相对误差/%
300	0.70	96	27.4	14.8	16.586 22	12.069 08
325	0.75	104	44.8	26.3	26.022 63	1.054 628
350	0.85	116	82.9	43.6	44.237 18	1.461 431
375	1.00	128	99.6	54.0	51.319 21	4.964 431

由于模拟的样品孔隙流体是连通的，因此和单位质量的样品产生的超压效果相同，在相同的孔隙度条件下，计算的生油增压量和物理模拟结果具有可比性。计算得到烃源岩成熟度 R_o 分别在 0.70%、0.75%、0.85% 和 1.00% 时由于生油作用产生的累计增压量见表 2-2，生烃增压模拟实验得到的生油增压值与计算结果关系如图 2-5 所示。采用建立的生油增压方程计算得到的生油增压量和物理模拟结果非常接近，实测的超压与计算结果

相差都在 3 MPa 以内,相对误差也比较小。只有一个点(生烃模拟温度为 300 ℃)的生油增压物理模拟结果与计算的生油增压值误差达到 12%,其余的三个点相对误差都小于 5%,说明所建立的生油增压模型比较可靠,可以用于计算烃源岩生油增压演化过程。

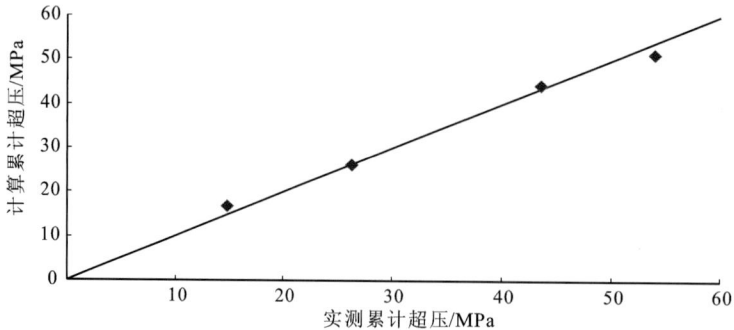

图 2-5　模拟生油增压值与计算结果关系图

2.3　生油增压模型参数敏感性分析

生油增压模型反映烃源岩生油作用产生的超压大小与烃源岩有机碳含量、转化率、氢指数、石油残留系数(α)以及干酪根和石油的密度等参数均具有密切关系。为了分析烃源岩有机碳含量、氢指数和石油残留系数(α)对烃源岩生油增压的影响,选取东营凹陷 A 井基于成熟生烃史模拟的基础之上计算不同参数条件下烃源岩生油增压特征。烃源岩生油增压计算所用的干酪根、石油和水的密度、压缩系数等参数和上述相同。烃源岩孔隙度计算采用倒数压实模型,现今热流采用瞬态热流模型计算得到,烃源岩成熟度模拟采用EASY%R_o模型(Sweeney et al.,1990),I 型干酪根的转化率计算采用 LLNL 干酪根生烃动力学模型,没有考虑烃源岩生油增压造成的岩石破裂以及排烃作用。模拟东营凹陷 A 井的现今地层温度和成熟度曲线与实测资料相当吻合[图 2-6(a)],从而保证了烃源岩转化率模拟结果的可靠性。模拟的东营凹陷 A 井 I 型干酪根烃源岩转化率随深度变化关系如图 2-6(b)所示,反映 I 型干酪根开始转化的深度约为 2 200 m,对应的 R_o 约为 0.5%;2 200~3 200 m 为有机质缓慢转化阶段,烃源岩转化率从 0 增加到 10%。而 3 200~3 900 m 为烃源岩有机质快速转化阶段,此阶段烃源岩转化率从 10% 增加到大约 95%,大量的烃类在此阶段形成,此阶段所对应的烃源岩成熟度为 0.7%~1.0%;当烃源岩埋藏深度达到 4 000 m,生烃基本结束,转化率接近 100%,对应的烃源岩成熟度 R_o 大约为 1.2%。

采用生油增压模型计算由生油作用形成的超压与深度的关系如图 2-7 所示。生油增压随深度变化曲线特征表明烃源岩转化率是控制生油超压强度的一个重要因素。不同的参数条件下,生油增压曲线均和转化率曲线形态类似。随着深度的增加和烃源岩转化率的增大,生油增压强度逐渐增大,大约在 4 000 m 处达到最大,生油增压量快速增加的深度范围为 3 200~3 900 m。烃源岩转化率主要由有机质类型和成熟度决定,因此 I 型干酪

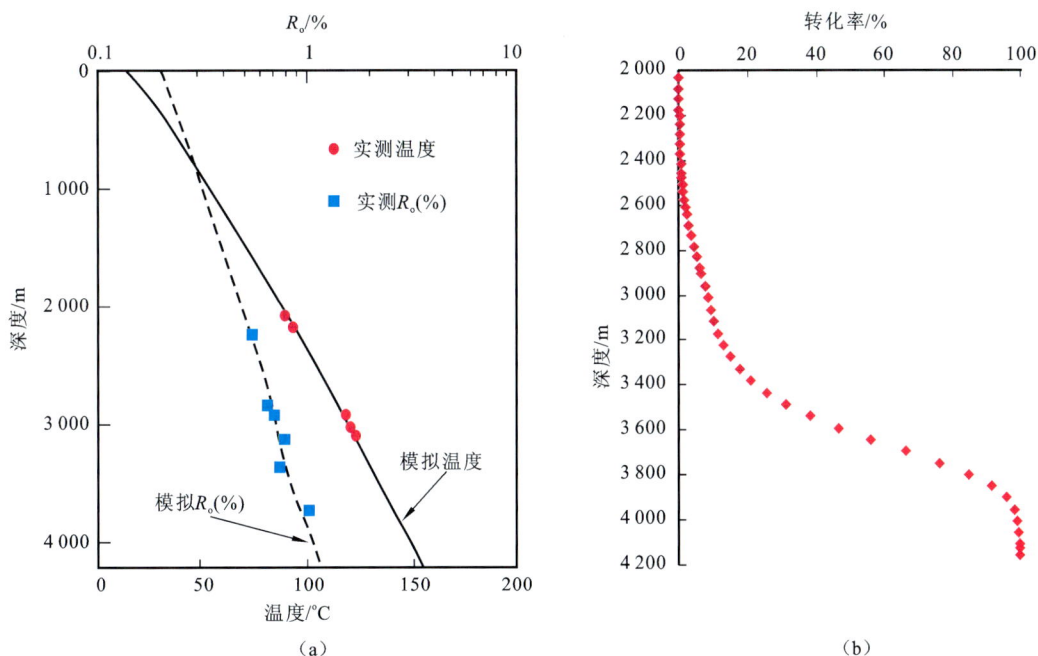

图 2-6　东营凹陷 A 井模拟 $R_o(\%)$ 和温度与实测值的关系(a)以及 I 型干酪根转化率随深度变化关系图(b)

　　根烃源岩成熟度是影响生油增压的一个重要参数。烃源岩有机碳含量、氢指数和石油残留系数(α)对生油增压强度都有影响,以氢指数的影响最小,有机碳含量的影响次之,石油残留系数(α)的影响最大。大约在 3 900 m 处,氢指数每增加 100 mg/g,压力增加不到 7 MPa,压力系数增加不到 0.2。在烃源岩有机碳含量为 5%,石油残留系数(α)为 1(完全封闭,无排烃)的前提下,在深度为 3 900 m 处,氢指数为 600 mg/g、700 mg/g、800 mg/g、900 mg/g、1 000 mg/g 所对应的生油增压量分别为 66 MPa、72 MPa、78 MPa、83 MPa、88 MPa,压力系数分别为 2.69、2.85、3.00、3.13、3.26。在烃源岩氢指数为 800 mg/g,石油残留系数(α)为 1 时,有机碳含量从 0.5% 增加到 1%、2%、5%、10%,所增加的压力最大分别为 36 MPa、51 MPa、65 MPa、78 MPa、83 MPa,最大压力系数也从 1.92 分别增加到 2.31、2.67、3.00、3.13。因为石油残留系数(α)的大小直接决定烃源岩孔隙中的残留油饱和度,所以对生油增压影响最大。

　　计算结果表明,当烃源岩有机碳含量为 5%,氢指数为 800 mg/g 时,石油残留系数(α)小于 0.75 就不能产生超压,而当石油残留系数(α)每增加 0.05,所增加的压力最大在 14 MPa 以上,压力系数最大增加 0.35 以上。在深度为 3 900 m 处,石油残留系数(α)为 0.8、0.85、0.9、0.95 和 1.0 所对应的生油增压量分别为 16 MPa、34 MPa、50 MPa、64 MPa、78 MPa,压力系数分别为 1.41、1.87、2.28、2.64、3.00,充分说明烃源岩封闭条件对生油增压具有非常重要的影响。当烃源岩发生幕式排烃时,如果考虑环境压力为常压,那么排烃量应占生烃量的 20%~30%,如果考虑环境压力高于常压,那么排烃量应该会相应减少,但是烃源岩排油后使孔隙流体压力降低,上覆地层的压实作用使烃源岩孔隙度减小,也会导致更多的烃类排出。

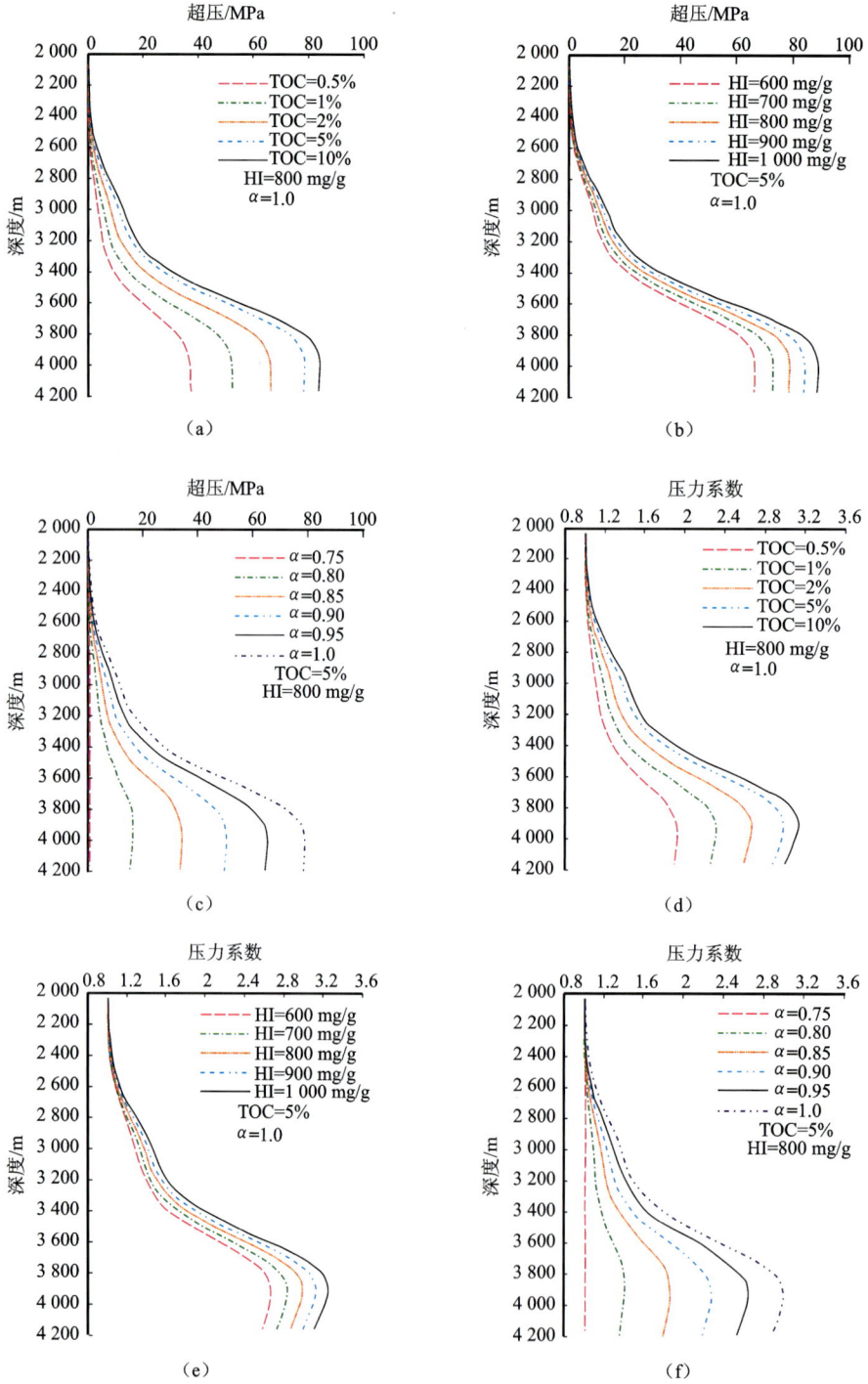

图 2-7　生油作用形成的超压和压力系数随深度变化关系

东营凹陷生油增压演化 第 3 章

为了阐述生油增压演化史恢复过程,选取以生油为主且发育大规模超压的东营凹陷为研究对象。在对东营凹陷超压特征和成因、烃源岩生烃演化史恢复和排烃时间分析的基础上,利用建立的生烃增压定量评价模型计算烃源岩生烃增压演化过程。

3.1 东营凹陷区域地质概况

3.1.1 区域地理位置

东营凹陷是渤海湾盆地济阳拗陷的一个次级构造单元。渤海湾盆地位于我国东部,是叠置于华北地台之上的古近纪大型断拗式盆地,为太平洋板块向亚洲大陆板块俯冲形成的"Z"型盆地,面积约为 18 万 km^2,是中国最大的含油气盆地之一。盆地北缘、东缘和南缘分别以燕山隆起、辽东隆起、鲁东-鲁西南隆起为界,西部紧邻太行山隆起。盆地内部包括冀中拗陷、临清拗陷、黄骅拗陷、济阳拗陷、渤中拗陷、辽东湾拗陷、辽河拗陷和几个大隆起(图 3-1),每一个拗陷都是由若干个凹陷和凸起组成。根据凹陷(凸起)的走向和构造特征可以把渤海湾盆地分为三个构造区:中部为近南北向伸展构造区,构造走向以近东西向或北东东向为主,为凸凹相间的构造格局,凹陷以北断南超或双断为特点;西部为北西向伸展构造区,构造走向为北东、北北东向,凹陷以北西断南东超为主;东部为北北东向走滑构造区,沿郯庐断裂带分布,在北部形成北北东向狭长深凹的单断凹陷,在南部形成拉分盆地样式的菱形凹陷。

济阳拗陷位于渤海湾盆地东南部,属于渤海湾盆地的一个次级构造单元,走向近东西向。拗陷向西收敛向东撒开,其西部、北部以埕宁隆起为界,东部为郯庐断裂所隔,南部以齐广断裂与鲁西隆起分界,主体包括东营凹陷、惠民凹陷、沾化凹陷和车镇凹陷及其间的凸起(图 3-2)。济阳拗陷东西长 200 km、南北宽 124 km,总面积 2.62 万 km^2。

东营凹陷位于济阳拗陷东南部,为济阳拗陷的一个次级构造单元(图 3-2),东西长约 90 km、南北宽 65 km,面积约 5 700 km^2,是我国油气资源丰度最大、勘探程度高的地区之一。凹陷东接垦东青坨子凸起,南部地层与鲁西隆起、广绕凸起呈超覆接触,西与惠民凹陷毗邻,北以滨县凸起和陈家庄凸起为界,是一个四周为隆起环绕的晚白垩世—新近纪时期的断-拗复合盆地,新近纪以后属于华北近海拗陷盆地的一部分,不再构成独立盆地。从伸展构造角度看,它是陈南断裂上盘的掀斜半地堑盆地(图 3-3)。该凹陷是在印支运

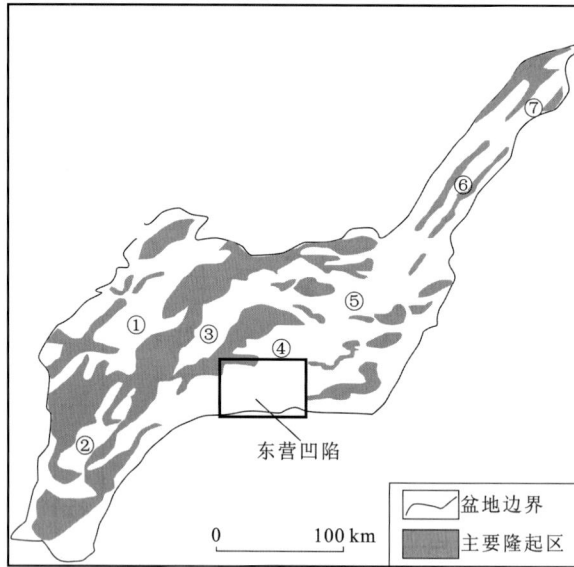

图 3-1　渤海湾盆地构造单元划分图
①冀中拗陷;②临清拗陷;③黄骅拗陷;④济阳拗陷;⑤渤中拗陷;⑥辽东湾拗陷;⑦辽河拗陷

动时期区域隆起背景上、由走向近东西向的陈南大型铲式扇形正断层上盘发育形成的以半地堑构造样式为基本特征的箕状盆地,具有北断南超、北陡南缓的构造特点(图 3-4)。东营凹陷是一个北断南超、北陡南缓的半地堑式断陷盆地。平面上可划分为利津洼陷、民丰洼陷、中央背斜带、牛庄洼陷和博兴洼陷(图 3-3)。根据构造及成因特点,可划分为北部陡坡带、中央背斜带、洼陷带和南部缓坡带四个构造带,不同构造带发育的断层特征有所不同。

　　沙四上亚段、沙三下亚段和沙三段中亚段是本区主要的生油层系。沙四上亚段烃源岩岩性以灰色、深灰色、灰褐色的灰质泥岩、泥灰岩及钙片油页岩为主,夹有少量碳酸盐岩和粉砂岩,呈韵律层分布,属半咸水-咸水-深湖相沉积。沙四上亚段烃源岩总有机碳含量(TOC)为 1%～5%,有机质的类型以 I 型和 II₁ 型为主。沙三下亚段主要为深灰色泥岩,厚度 200～300 m,TOC 为 3.0%～5.0%,有机质类型主要为 I 型。沙三中亚段主要为深灰色泥岩,TOC 为 1.0%～2.5%,有机质类型以 I 型和 II₁ 型为主。

　　自下而上共形成 14 套储集层,前古近系主要有太古界泰山群、古生界寒武系、奥陶系、石炭系-二叠系、中生界;古近系有孔二段、孔一段、沙四段、沙三段、沙二段、沙一段、东营组;新近系为馆陶组、明化镇组。前古近系储集层主要为太古界花岗片麻岩,古生界碳酸盐岩,中生界砂砾岩;古近系储集层大致可分为三角洲砂岩体、扇三角洲砂砾岩体、低位扇砂砾岩体、湖滨滩坝砂体、湖相碳酸盐岩、河流相砂岩体,以及冲积、洪积砂、砾岩体等。新近系储集层岩性多为河流相砂、砾岩,部分为冲积、洪积砂、砾岩体及席状砂体。含油层系多,具有多种类型的圈闭和油气藏特征。所发现的油气藏包括构造油气藏、地层油气藏和复合油气藏。

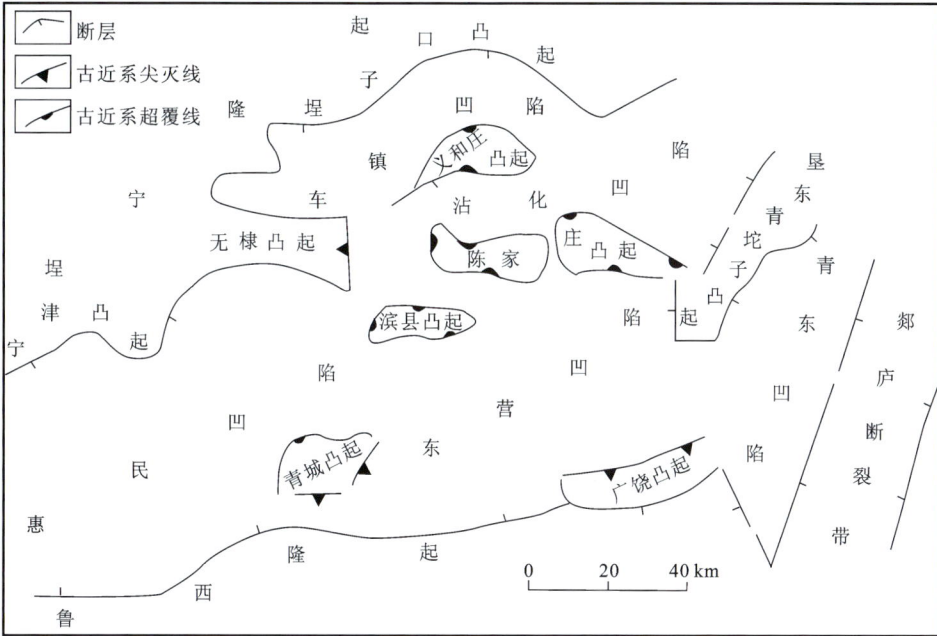

图 3-2　济阳拗陷构造单元划分图

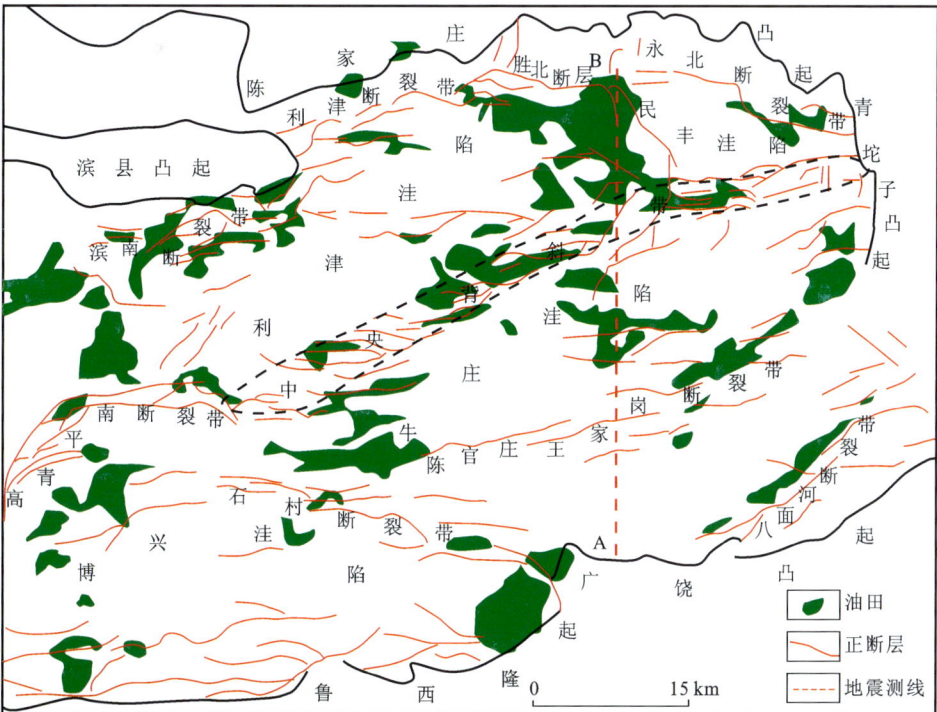

图 3-3　东营凹陷构造单元划分、断层及油田分布图

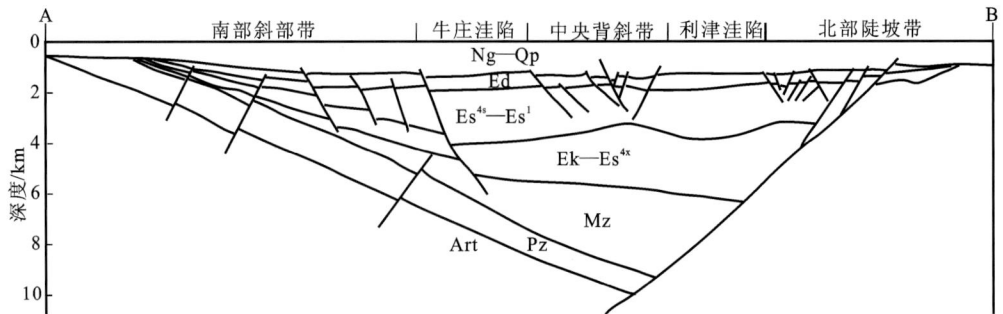

图 3-4　东营凹陷剖面 AB 地质模型

3.1.2　构造演化及沉积充填

1. 构造演化

东营凹陷新生代构造演化史可分为古近系裂陷充填期和新近系拗陷期。裂陷充填期又分为裂陷Ⅰ幕(孔店组沉积期)、裂陷Ⅱ幕(沙四段沉积期)、裂陷Ⅲ幕(沙三段—沙二下亚段沉积期)和裂陷Ⅳ幕(沙二下亚段—东营组沉积期)(图 3-5)。盆地经历了初始裂陷—强烈裂陷—裂陷再陷—裂陷萎缩四个阶段,充填地层形成河流相—浅湖相—深湖相—浅湖相—河流相一个完整的沉积旋回。

1)裂陷充填期

裂陷充填期Ⅰ幕(55.0~52.0 Ma)和Ⅱ幕(52.0~38.0 Ma)相当于裂陷盆地的初裂陷阶段,是郯庐断裂带左旋剪切平移最活跃的时期(宗国洪,1999),由于受近南北向区域引张作用控制,出现近东西向断陷。孔店组沉积时期,盆地存在两个沉积中心,冲积扇和扇三角洲沿断裂呈近东西向展布。沙四段沉积格局与孔店组相似,也存在两个沉积中心,但扇三角洲面积规模增大。在干旱的气候条件下,盆地主体部位形成了一套滨浅湖相的灰色泥岩、粉细砂岩与冲积相红色泥岩、砾岩交替,并含岩盐、石膏及火山岩沉积。

裂陷Ⅲ幕(38.0~34.0 Ma)和裂陷Ⅳ幕(34.0~16.0 Ma)时期盆地沉积受北东、北北东和东西向断裂控制。

裂陷Ⅲ幕(38.0~34.0 Ma)是盆地的强烈裂陷伸展幕,此时为郯庐断裂带右旋活动最活跃的时期(宗国洪,1999),区域应力场以北西向引张为主,凹陷内总体构造演化表现出双向伸展特点,即不仅新出现北西-南东向区域引张作用控制的断陷,同时近南北向区域引张作用仍在继续。沙三段沉积中早期,裂谷盆地在快速拉张背景下基底持续强烈沉降,沉降速度明显大于沉积物供给速度。在气候潮湿汇水量充裕的条件下深水湖盆发育,沉积了一套深灰色泥岩、油页岩以及不同成因类型的重力流。沙三上亚段—沙二下亚段时期,断裂活动明显减弱,基底沉降减缓。盆地轴向三角洲体系发育,覆盖凹陷大部分地区。

裂陷Ⅳ幕(38.0~24.6 Ma)是盆地的裂陷收敛幕,亦属于伸展变形机制,但主要断裂活动减弱,凸起和凹陷的分割性相对减弱,末期发生东营一幕运动,北北东向深断裂右

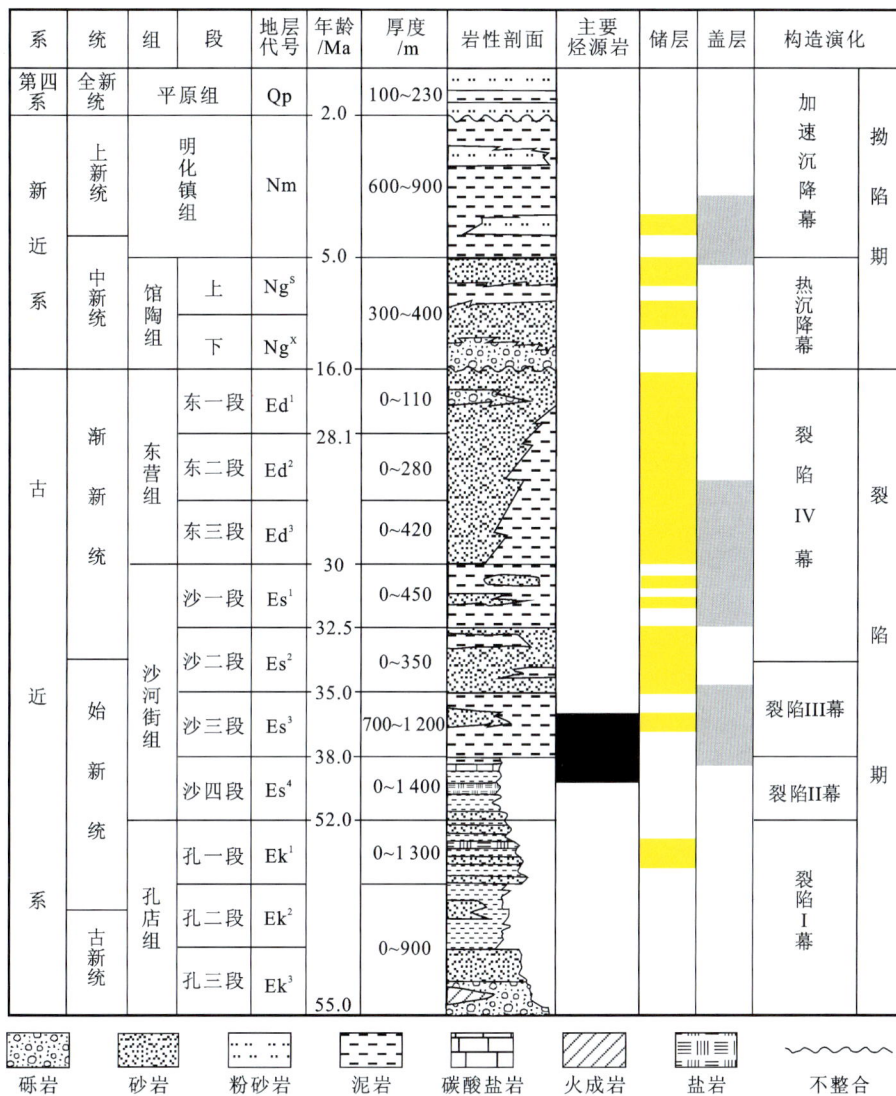

图 3-5　东营凹陷综合柱状图

旋走滑作用诱导出北东向右旋张裂性的区域应力场,在这种机制作用下,近南北向构造以引张作用逐渐占主导地位,北东向构造则以右旋走滑性张裂活动为主,因而在凹陷沉积盖层中发育大量新生的近东西向、北东东向伸展断层,而先存的北东向、近东西向断层同时表现为右旋走滑断层。

2）拗陷期

喜马拉雅三幕,整个渤海湾进入拗陷阶段。拗陷期由新近系馆陶组和明化镇组组成。该时期内东营凹陷边界断裂停止活动与其他凹陷合为一体,并整体沉降,可以划分为热沉降幕(馆陶组沉积期)和加速沉降幕(明化镇组—平原组沉积期),沉积了一套区域分布的河流相沉积。

热沉降幕(16.0～5.0 Ma)阶段区域构造应力场进入调整阶段,水平方向引张应力不再占主导地位,垂向重力主要控制了构造变形。初期断裂活动仍较强烈,有规模较大的幔源玄武岩喷发,以后构造活动趋于平静。

加速沉降幕(5.0～0 Ma)是相对缓慢的热沉降而言的,表现为沉降速率加快。明化镇期渤海地区统一的拗陷作用对东营凹陷的构造变形起控制作用,火山作用以碱性玄武岩系列喷发为主。第四纪新构造运动主要受北东东向挤压应力场控制,在其作用下东营凹陷大多数北东向断裂呈右旋剪切。

2. 地层特征

自古近系开始,东营凹陷经历了裂陷期(65.0～16.0 Ma)和拗陷期(16.0～0 Ma)两个主要演化阶段,沉积了古近系孔店组(Ek)、沙河街组(Es)、东营组(Ed),以及新近系馆陶组(Ng)、明化镇组(Nm)和第四系平原组(Qp)六套地层(图 3-5),最大厚度在 7 000 m左右。

1) 孔店组

孔店组地层为一套盆地初始缓慢沉降期的干旱条件下的河流、滨浅湖相沉积。孔店组分为三段,自下而上为孔三段(Ek^3)、孔二段(Ek^2)和孔一段(Ek^1)。孔三段岩性为灰绿色、紫灰色厚层玄武岩夹少量紫红色、灰绿色及灰色泥岩、砂质泥岩。孔二段主要是一套暗色湖相沉积。岩性为灰色、深灰色泥岩夹砂岩含砾砂岩、油页岩、碳质泥岩及煤层等。孔一段岩性为棕红色砂岩与紫红色泥岩不等厚互层,夹少量绿色泥岩。下部见较多的灰色砂岩,自下而上砂岩逐渐变细、厚度减薄。上部常有含膏泥岩及薄层石膏和钙质砂岩成组出现。

2) 沙河街组

东营凹陷内沙河街组分布广泛、厚度较大,与下伏孔店组为连续沉积。自下而上分为沙四段(Es^4)、沙三段(Es^3)、沙二段(Es^2)和沙一段(Es^1),各段在岩性和厚度上从凹陷中部向边缘都有不同程度的变化。

沙四段分为沙四下亚段(Es^{4x})和沙四上亚段(Es^{4s})。沙四下亚段为紫红色泥岩夹棕色、棕褐色粉砂岩和砂质泥岩及薄层碳酸盐岩,拗陷东部常有数量不等的盐岩及石膏夹层。沙四上亚段下部以蓝灰色泥岩、灰白色盐岩石膏层为主,夹深灰色泥白云岩及少量灰色、紫红色泥岩。蓝灰色泥岩多集中在上半部,灰白色盐岩石膏层多集中在中下半部。上部主要岩性为深灰色、灰褐色泥岩、油页岩、泥质灰岩和灰岩互层,下部夹生物灰岩和白云岩,是该区主要生油岩分布层位之一。

沙三段以湖相沉积的暗色砂、泥岩为特征。主要岩性为灰色及深灰色泥岩夹砂岩、油页岩及碳质泥岩,可分为沙三下亚段(Es^{3x})、沙三中亚段(Es^{3z})、沙三上亚段(Es^{3s})三个亚段。沙三下亚段主要为深灰色深湖-半深湖相泥岩与灰褐色油页岩的不等厚互层,夹少量灰岩及油页岩;沙三中亚段岩性以深灰色泥岩、油页岩为主,或夹有多组浊积岩或薄层碳酸盐岩;沙三上亚段岩性为灰色、深灰色泥岩、油页岩与粉砂岩互层,夹钙质砂岩、含砾砂岩。油页岩及薄层碳酸盐岩、砂砾岩以反旋回为主,砂泥岩顶部常为钙质砂岩,含砾砂岩或鲕状灰岩。

沙二段以砂岩及砂泥岩互层沉积为特征,据岩性与生物组合特征分为两个亚段。沙二下亚段(Es^{2x})岩性为灰绿色、灰色泥岩与砂岩、含砾砂岩互层,夹碳质泥岩。其上部见少量紫红色泥岩。该段分布不稳定,多出现在各凹陷中部,面积较小,向边缘和凸起往往缺失;沙二段上亚段(Es^{2s})岩性为灰绿色、紫红色泥岩与灰色砂岩互层,夹钙质砂岩及含砾砂岩。与其下亚段呈不整合接触。

沙一段地层由滨浅湖、浅湖泥岩夹灰岩、白云岩渐变为半深湖泥岩组成。下部为灰色、深灰色泥岩、油页岩夹砂质灰岩、白云岩;上部为灰色、灰绿色泥岩、油页岩夹钙质砂岩粉砂岩。

3）东营组

东营组整合于沙一段之上,后期遭受一定程度的剥蚀。自下而上可分为东三段(Ed^3)、东二段(Ed^2)和东一段(Ed^1)。东三段下部为深灰色、褐灰色泥岩,夹多层白色钙质粉砂岩和少量浅灰色薄层白云质灰岩;上部为深灰色泥岩夹薄层灰白色、浅灰色粉砂岩。东二段为深灰色、灰绿色砂质泥岩和泥岩夹薄层灰白色粉砂岩及少量钙质粉砂岩,下部有多层浅黄灰色白云质灰岩,顶部见含砾粉砂岩。东一段下部为灰白色含砾砂岩和灰绿色泥岩、泥质粉砂岩;上部为暗紫色、灰绿色泥岩夹浅灰色、灰绿色砂质泥岩、粉砂岩。

4）馆陶组

馆陶组分为上下两段,下段为浅灰、灰白色厚层含砾砂岩夹少量紫红色泥岩和砂质泥岩,顶部为灰褐色粉、细砂岩或中砂岩。馆陶组上段地层岩性以泥岩为主。

5）明化镇组

明化镇组岩性以泥岩为主,夹有粉-细砂岩,是区域性盖层。下部为浅棕色、黄棕色、灰绿色、灰色的泥岩、砂质泥岩和泥质粉砂岩互层,夹中-细砂岩,底部有一层深灰色细砂岩;中部为浅棕色、浅灰黄色的泥岩、砂质泥岩夹薄层灰色、浅灰色、浅棕色粉砂岩和泥质粉砂岩;上部为棕红色、棕黄色、浅灰色泥岩和粉砂岩互层,夹薄层泥质粉砂岩。

6）平原组

平原组厚度为 100～230 m,岩性以土黄色、土红色黏土和砂质黏土为主,夹土黄色、灰色粉砂层和泥质粉砂层,底部含砾石。

3.2　东营凹陷超压特征与测井响应

含油气盆地中现今地压场特征分析对油气运移和成藏动力学研究具有重要作用。东营凹陷是济阳拗陷中一个典型的超压单元,超压系统主要发育在始新统沙三段和沙四段,而孔店组、沙二段、沙一段、东营组、馆陶组和明化镇组均为正常压力系统。因此,东营凹陷具有上部(沙二段、沙一段、东营组、馆陶组和明化镇组)常压系统、中部(沙三段和沙四段)超压系统和下部(孔店组)常压系统的特征。

3.2.1　砂岩实测压力特征

对于渗透性比较好的砂岩,实测地层压力(如 DST、RFT 和 MDT)资料是用来反映超压信息最可靠的证据。东营凹陷是高勘探程度地区,已钻探井 2 000 多口,大量的实测压力资料可以很好地反映砂岩异常高压特征。试油结果显示在东营凹陷已有的探井中,有 330 多口井存在异常高压(实测压力系数大于 1.2)。本书将利用从中国石化胜利油田收集的 1 109 个实测地层压力(DST)资料分析东营凹陷砂岩超压特征。

实测地层压力资料显示东营凹陷超压段包括始新统沙三段和沙四段,其特征和整个东营凹陷具有一定的相似性。沙三段 321 个实测压力数据反映超压开始出现的深度约为 2 000 m,对应的温度约为 85 ℃(图 3-6)。超压出现的深度为 2 000～3 600 m,压力系数变化范围为 0.9～1.99。在超压段不同深度的最大压力系数似乎具有随着深度增加而增大的特征。大约在 2 400 m,最大压力系数为 1.4;大约在 2 400 m,最大压力系数接近 1.6;压力系数大于 1.8 的点出现在 3 000 m 以下;在深度为 3 310 m 处,压力系数达到最大,为 1.99。东营凹陷沙三段 149 个实测温度数据显示现今的地温梯度约为 3.47 ℃/100 m,地表温度约为 15 ℃。

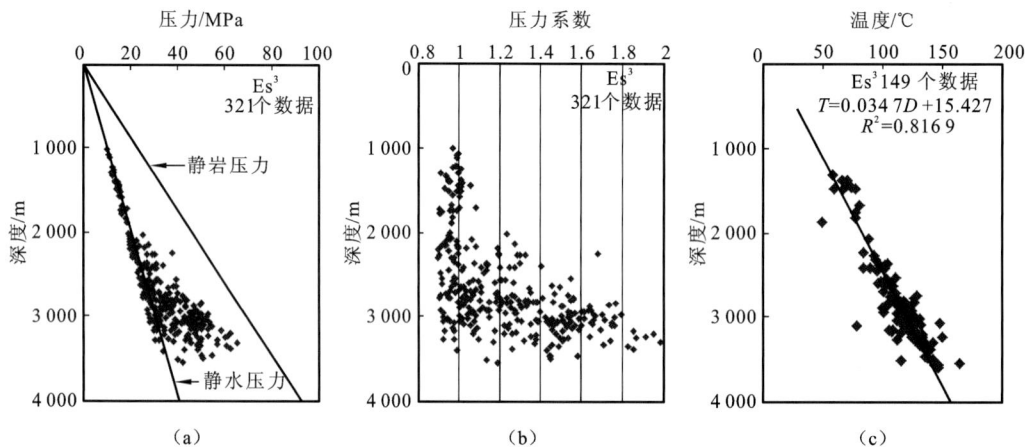

图 3-6　东营凹陷沙三段孔隙流体压力、压力系数和温度随深度变化关系图

东营凹陷沙四段超压出现的深度大约在 2 600 m 以下(图 3-7),相对沙三段明显偏深,这可能和钻井的分布有关,在东营凹陷钻到沙四段的井主要分布在北部陡坡带附近。在东营凹陷其他地区,沙四段在 2 200 m 处可见超压。250 口探井的 250 个测压数据揭示超压出现的深度范围为 2 600～4 500 m,压力系数变化范围为 0.9～1.95。在深度为 2 600～3 200 m,不同深度的最大压力系数随着深度的增加而增大。压力系数大于 1.6 的点出现在 3 000 m 以下;最大压力系数达到 1.95 时所对应的深度为 3 209 m。沙四段现今的地温梯度约为 3.51 ℃/100 m,地表温度为 15 ℃,与沙三段相当。

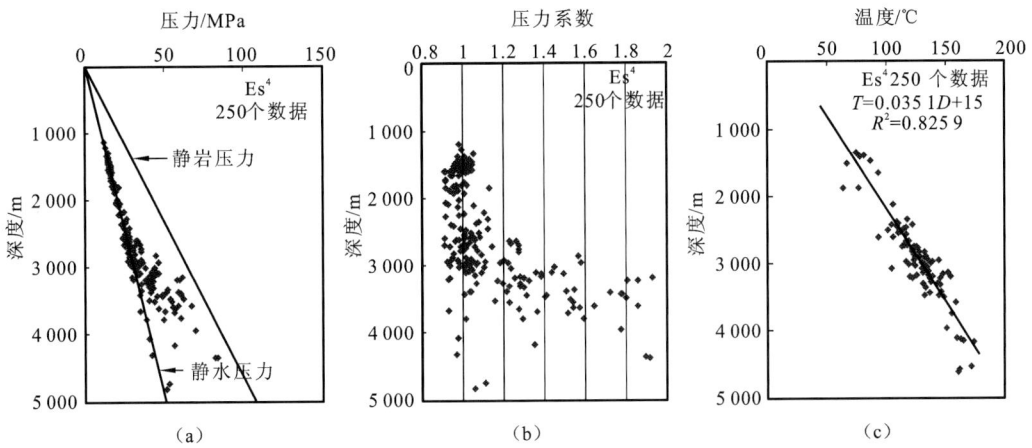

图 3-7 东营凹陷沙四段孔隙流体压力、压力系数和温度随深度变化关系图

东营凹陷实测压力反映结果为常压的地层有孔店组、沙二段、沙一段、东营组、馆陶组和明化镇组，与整个东营凹陷一致。不同层段实测压力和压力系数随深度变化关系如图 3-8 所示。孔店组的实测压力数据偏少，主要是因为在本地区很少井钻遇。所获得的六个实测压力数据均位于滨县凸起，反映结果为常压。虽然不具有代表性，但位于东营凹陷中央背斜带的胜科 1 井泥岩声波时差、砂岩声波时差和井旁地震道层速度换算声波时

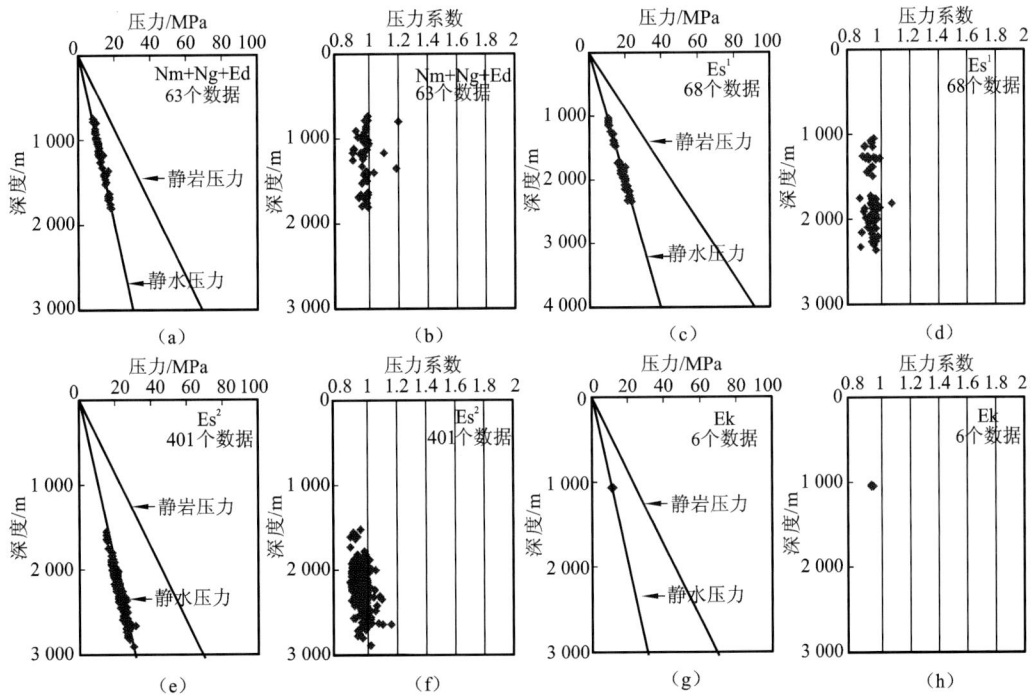

图 3-8 东营凹陷孔店组、沙二段、沙一段、东营组、馆陶组和
明化镇组孔隙流体压力及压力系数随深度变化关系图

差均随深度的增加而减小[图3-9(a)]，反映出常压系统的特征。沙二段的401个砂岩实测压力系数都在1.2以下，最大压力系数只有1.16，因此认为沙二段属于常压系统。同理，沙一段砂岩实测压力系数最大只有1.11，也属于常压系统。东营组、馆陶组和明化镇组砂岩实测压力资料中虽然有两个数据的压力系数接近1.2（分别为1.19和1.20），但大部分实测压力系数均在1.2以下，应该也属于常压系统。两个压力系数接近1.2的点可能是超压流体沿着断层垂向运移而发生超压传递的结果。沙二段、沙一段、东营组、馆陶组和明化镇组的实测地温资料显示现今的地温梯度约为3.5℃/100 m，地表温度为15℃[图3-9(b)]，与超压层沙三段和沙四段具有很好的相似性。个别实测地温明显高于正常趋势，应该是由深部热流体快速运移至浅层造成的。

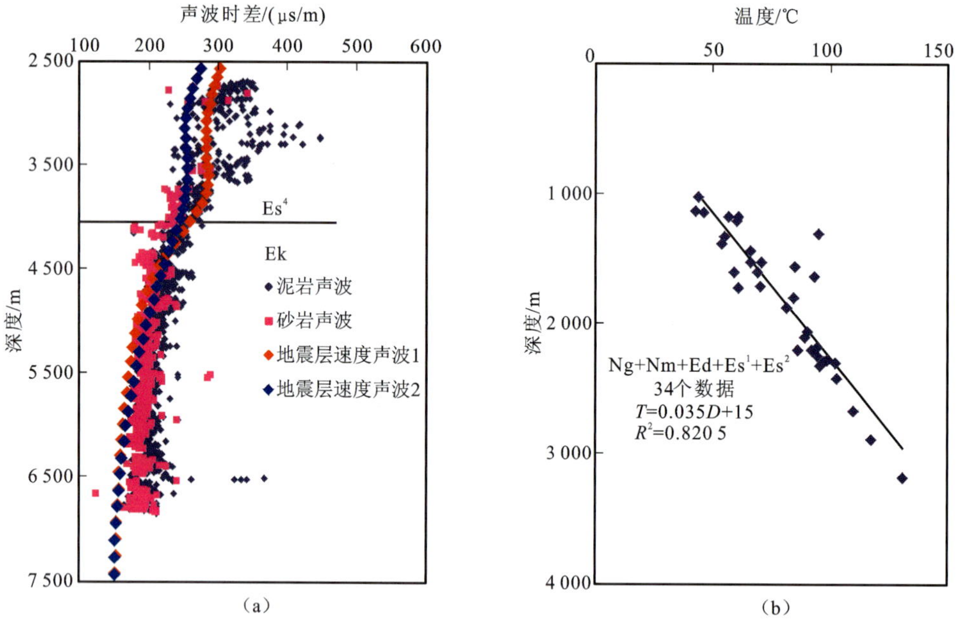

图3-9　东营凹陷胜科1井声波时差以及层速度换算声波时差随深度变化关系图(a)与东营凹陷实测地温随深度变化关系图(b)

3.2.2　超压测井响应特征

采用测试方法只能获得渗透性地层的压力数据，而且测压数据很有限，但对于泥岩则无法通过测试方法来获得压力数据，主要是因为泥岩渗透率比较低。对于泥岩这样的非渗透性地层只有利用超压对测井的响应特征结合渗透性地层的实测资料来确定是否存在异常高压，因为渗透性地层压力一般等于附近的非渗透性地层压力。已有的研究表明超压带具有异常高的声波时差和低电阻率（何生等，2009；Teige et al.，1999；Hermanrud et al.，1998），即使是超压地层不具有孔隙度异常的情况下，声波时差和电阻率也可以用来指示超压。异常高的声波时差主要是因为超压促使颗粒间有效应力减小从而降低了声波速度

（何生等，2009），而对于超压段具有低电阻率特征目前还没有得到很好的解释，Hermanrud 等（1998）认为是泥岩本身的结构变化引起的结果。由压实不均衡引起的超压，超压地层具有异常高的孔隙度和低密度特征，因此可以采用密度测井来指示超压。超压测井响应特征的研究是采用测井方法预测超压的基础，具有很重要的意义。因此，本书主要利用声波时差、电阻率和密度资料结合砂岩实测压力研究东营凹陷泥岩在纵向上的超压响应特征，同时参考井径数据结果分析数据异常的原因。在对东营凹陷 263 口井超压测井响应特征分析的基础上，选取不同分布地区的利 932 井、滨 670 井、梁 751 井、史 138 井和丰 11 井五口典型单井阐述超压测井响应特征（图 3-10）。

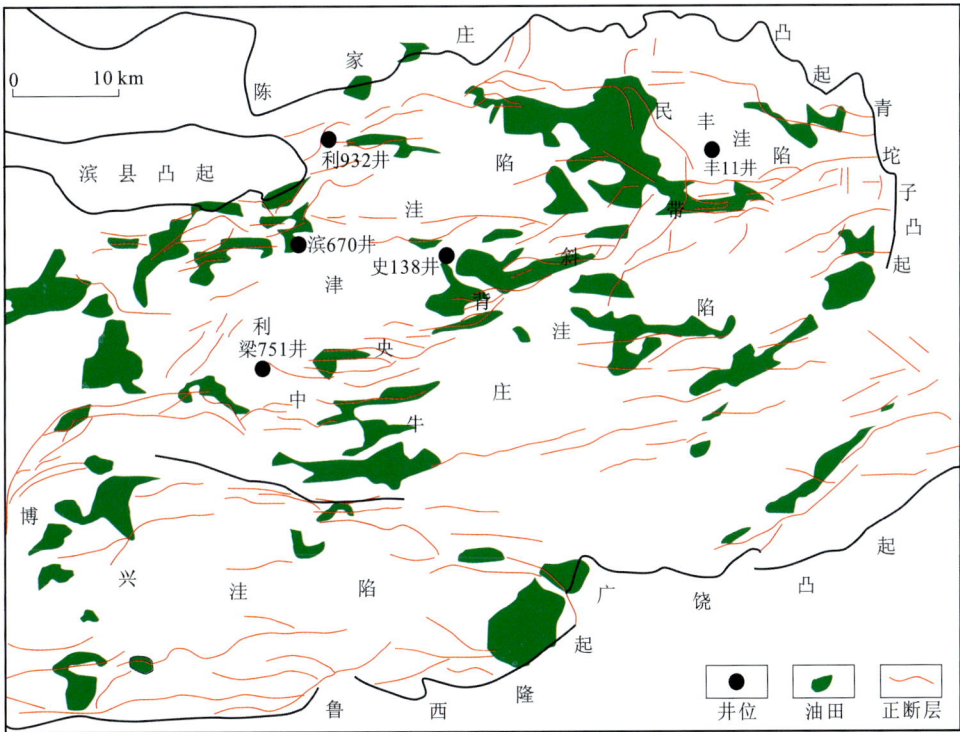

图 3-10　超压测井响应特征研究所选取的五口典型单井井位分布图

1. 声波时差对超压响应特征

其声波时差、电阻率、密度、井径和压力系数与深度关系如图 3-11～图 3-15 所示，泥浆密度和实测压力资料可以辅助鉴定超压系统。实测压力系数显示在这五口典型单井中均存在异常高压。

声波测井所记录的纵向传播速度主要是岩性和孔隙度的函数。对页岩或泥岩而言，声波测井曲线基本上为一条反映孔隙度变化的曲线，在正常压实情况下，声波传播时间将随埋藏深度的增加而减少，而声波传播速度则随埋藏深度的增加而增大。如遇异常高压地层压力带，声波时差将偏离正常压实趋势线。声波测井较密度测井、电阻率测井等受井眼、地层条件等因素影响较小，而且资料较齐全，精度比较高，因此选用声波时差反映地层

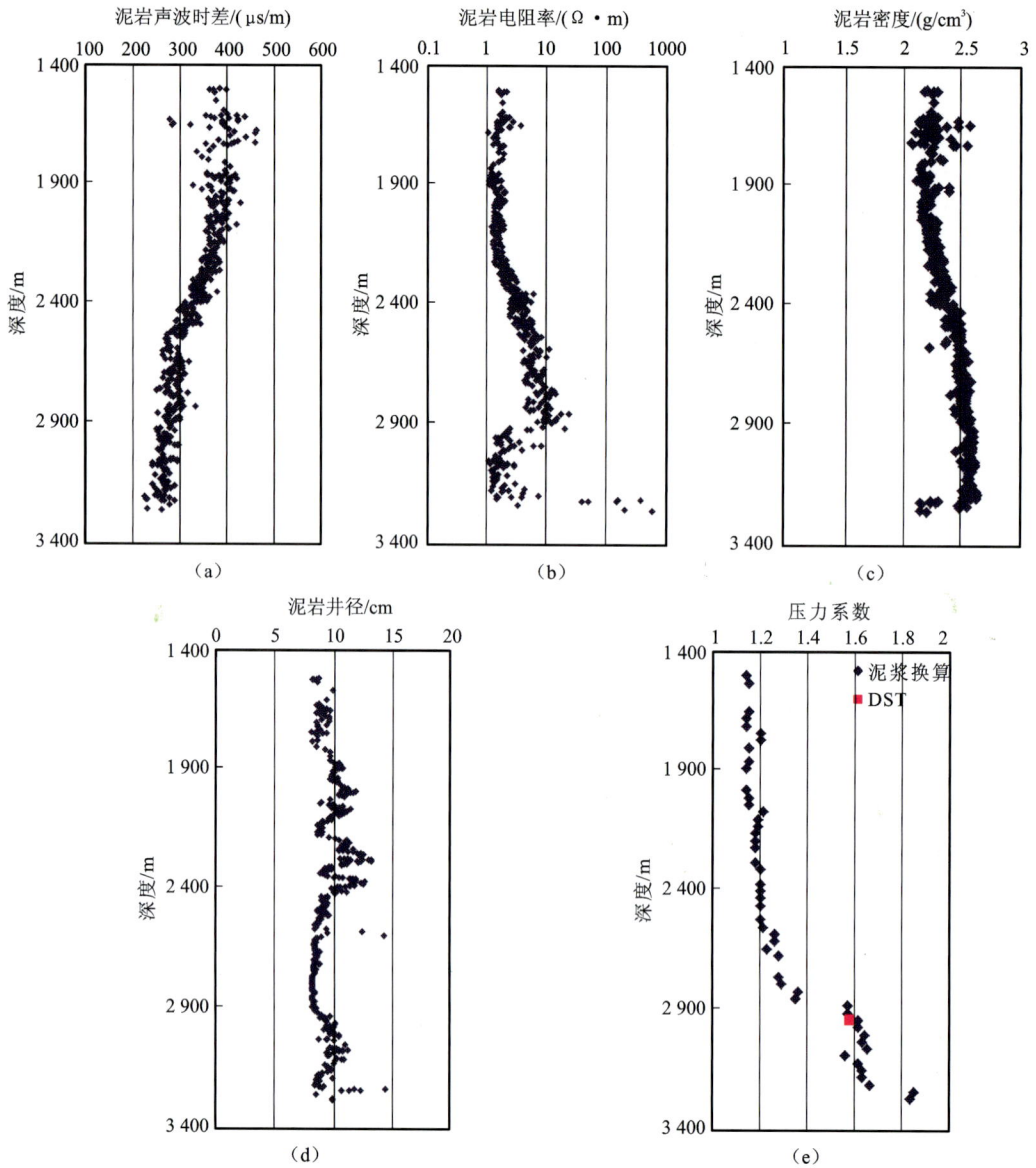

图 3-11　东营凹陷利 932 井泥岩声波时差、电阻率、密度、井径和压力系数与深度关系图

压力特征具有代表性和普遍性(赵焕欣等,1995)。东营凹陷五口单井泥岩声波时差随深度变化特征与正常压实泥岩声波时差相比明显不同,呈现明显的非正常压实趋势的"两段式"或者"三段式"的特征。泥岩声波时差呈现"两段式"特征的有利 932 井、滨 670 井、史138 井和丰 11 井。利 932 井和滨 670 井均位于东营凹陷北部陡坡带,其声波时差趋势均为上段泥岩声波时差随深度的增加而减小为常压段,下段泥岩声波时差随深度的增加也具有减小的特征,但减小的幅度明显弱于上段常压段,与正常压实相比,声波时差明显偏大,属于超压段。其超压顶界面深度分别为 2 500 m 和 2 550 m。史 138 井和丰 11 井分别

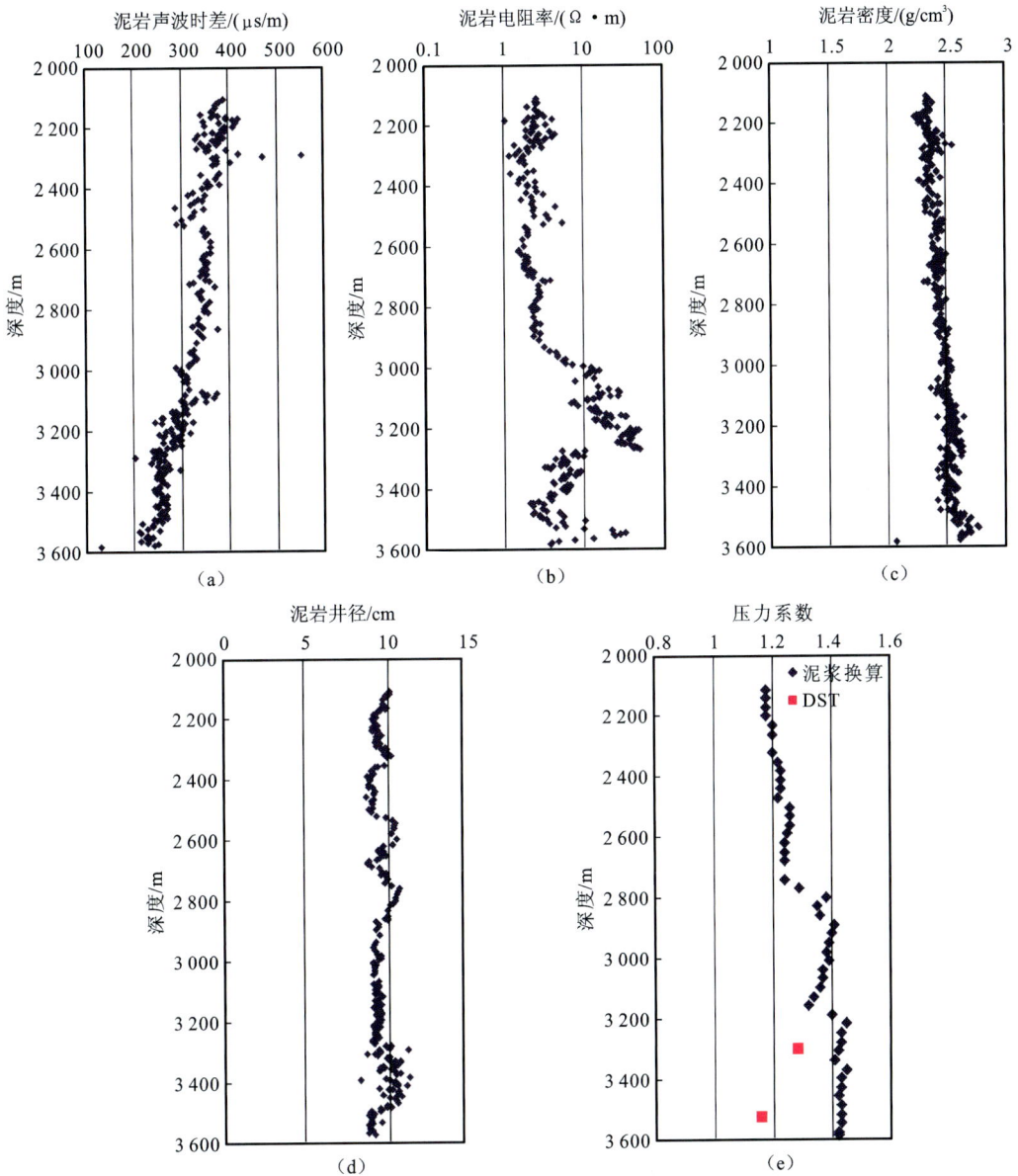

图 3-12　东营凹陷滨 670 井泥岩声波时差、电阻率、密度、井径和压力系数与深度关系图

位于利津洼陷南部和民丰洼陷,其声波趋势虽然也呈现"两段式"特征,但与利 932 井和滨 670 井不同。其声波时差趋势为上段随深度的增加而减小为常压段,下段却随深度的增加而增大为超压段。可以很清楚地看出超压顶界面深度分别为 2 700 m 和 2 600 m。梁 751 井泥岩声波时差与深度变化关系呈现明显的"三段式"特征。泥岩声波时差先随深度的增加而减小为常压段,再随深度的增加而增大或者基本不变为超压段,最后又随深度增加而减小,但相对正常压实,声波时差偏大,也为超压段。其超压顶界面深度为 2 700 m。

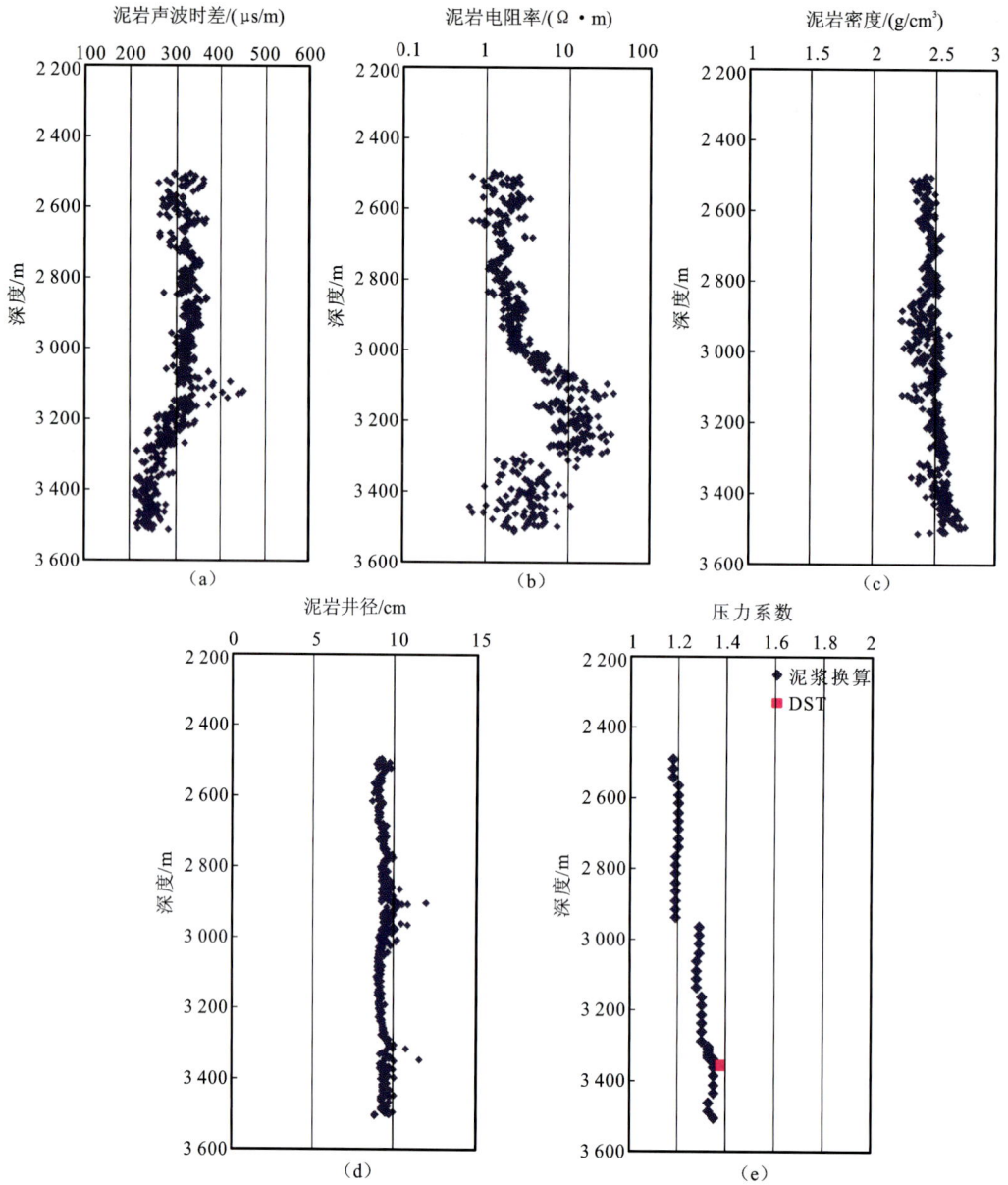

图 3-13　东营凹陷梁 751 井泥岩声波时差、电阻率、密度、井径和压力系数与深度关系图

因此,泥岩声波时差对本研究区超压具有很好的响应,是一个用于预测超压的很好的指标。

泥岩声波时差与超压具有很好的响应关系,同时被泥岩声波时差-垂直有效应力关系所证实。本书选取东营凹陷具有明显发育超压的 289 口井计算测压点有效应力,计算上覆地层压力时取岩石平均密度 2.31 g/cm³,孔隙流体压力采用砂岩实测压力值,并统计砂岩附近的泥岩声波时差。所得到的 368 个泥岩声波时差和垂直有效应力数据被分为超

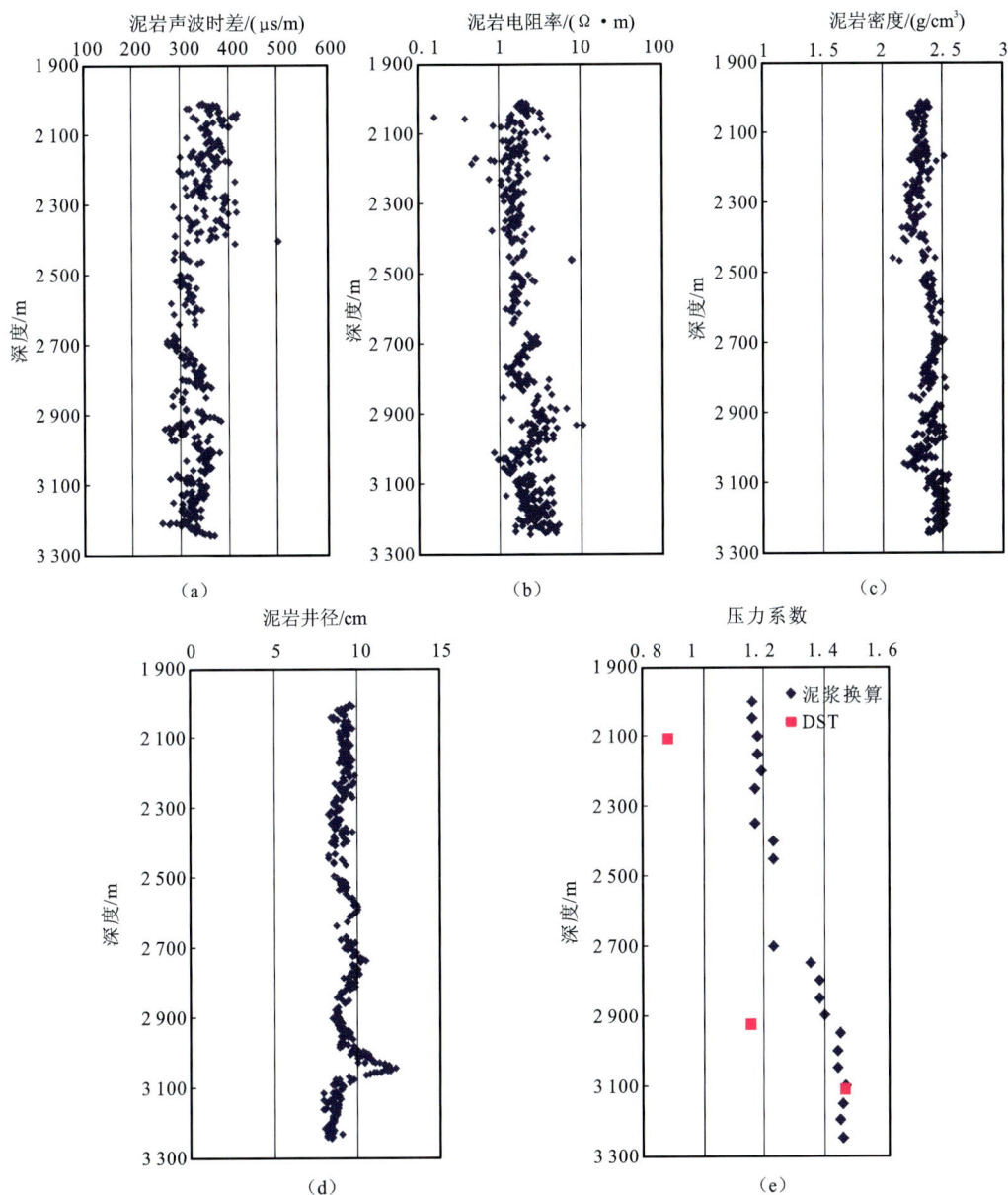

图 3-14　东营凹陷史 138 井泥岩声波时差、电阻率、密度、井径和压力系数与深度关系图

压(压力系数＞1.2)和常压(压力系数＜1.2)两类,所有的数据均来自东营凹陷沙三段和沙四段,深度分布范围为 2 025～4 370 m。东营凹陷泥岩声波时差和垂直有效应力的关系如图 3-16 所示,可以看出无论是超压点还是常压点,整个东营凹陷泥岩声波时差均随垂直有效应力的增加而减小,反映出声波时差主要受控于有效应力。超压段异常高的声波时差是因为超压促使岩石颗粒间的有效应力减小而使声波速度减小,从而声波时差变大。但是常压段声波时差和超压段声波时差随垂直有效应力的减小而增加的趋势却有点

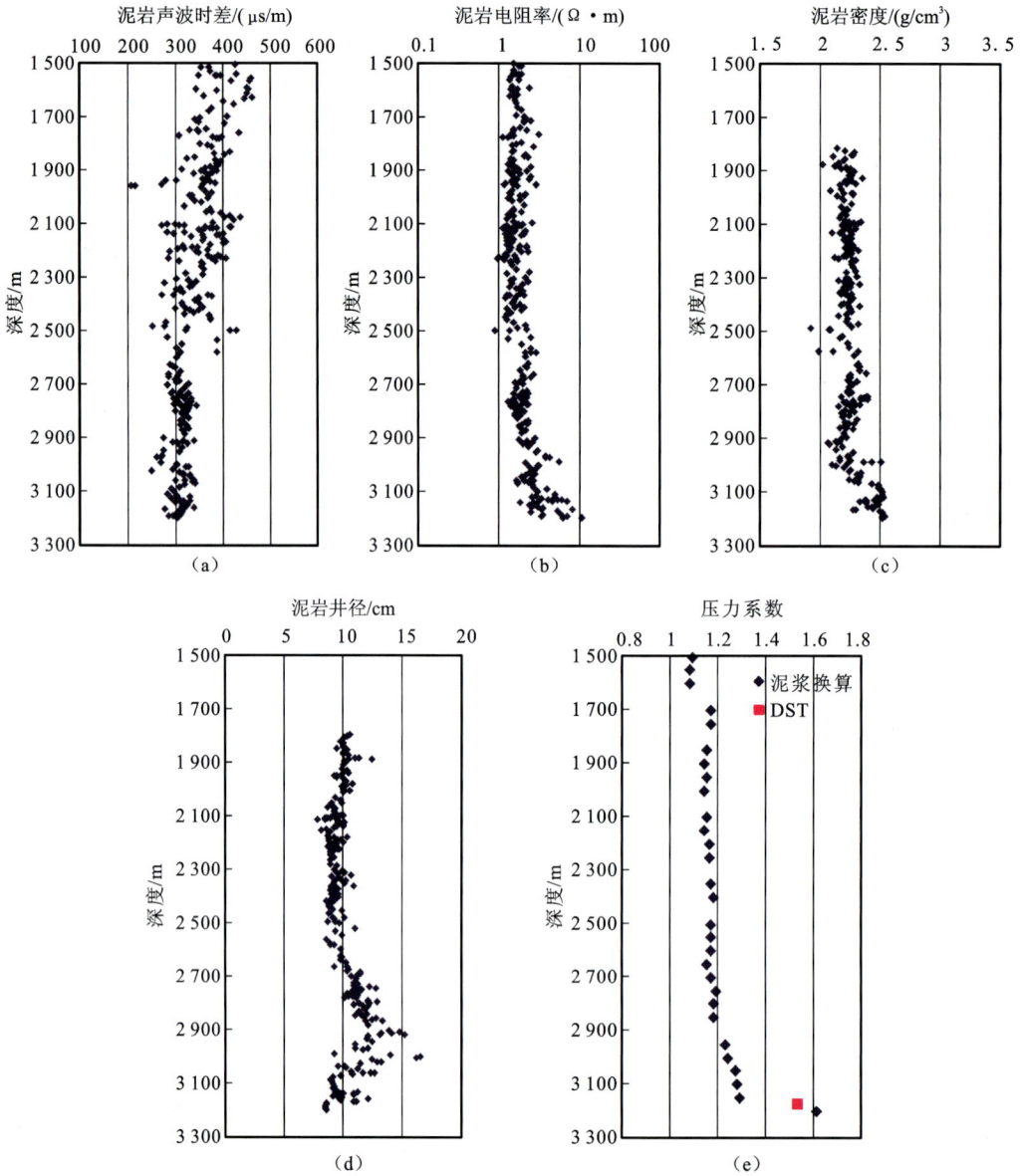

图 3-15　东营凹陷丰 11 井泥岩声波时差、电阻率、密度、井径和压力系数与深度关系图

不同,相同的声波时差条件下,超压段的有效应力相对偏小。这可能是受围压的影响,相同的有效应力条件下,常压段由于埋藏深度相对超压段浅,因此围压相对偏小,声波时差相对超压段偏高。

2. 电阻率对超压响应特征

影响地层电阻率的因素有岩石性质、孔隙度、孔隙中所含流体的矿化度、地层温度等。

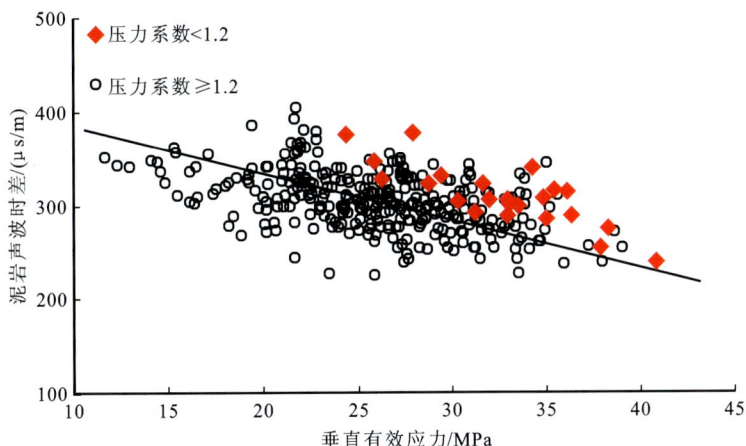

图 3-16　东营凹陷泥岩声波时差与有效应力关系图

在正常压实的情况下,泥岩的孔隙度随埋藏深度的增加而减小,而电阻率则随埋藏深度的增加而增大。倘若钻遇高压异常地层压力井段,泥岩电阻率必然朝着降低的方向偏离正常趋势线,超压段往往对应相对较低的电阻率。东营凹陷泥岩电阻率对超压的响应没有呈现比较好的规律性。在利 932 井、滨 670 井和梁 751 井,超压段中存在异常低的电阻率段,但电阻率开始变小的深度与超压顶界面没有对应关系。在利 932 井、滨 670 井和梁 751 井中,电阻率开始变小的深度为 2 900 m、3 200 m 和 3 100 m,均明显处于超压顶界面之下。虽然异常低的电阻率段也对应超压段,但在异常低的电阻率段之上的超压段与电阻率却没有任何响应关系。超压段的电阻率具有先随着深度增加而增大,再随着深度的增加而减小的特征。史 138 井和丰 11 井在超压段电阻率均随深度的增加而增大,和正常趋势一致,与超压没有任何响应关系。电阻率对超压响应的复杂性可能主要是受岩性变化和含油饱和度的影响。如梁 751 井的 2 800～3 100 m、史 138 井的 2 700～3 200 m 均是钙质泥岩发育段,所对应的电阻率均随深度的增加而变大。而在超压段存在的高有机碳含量的黑色泥岩、钙质泥岩和油页岩也是影响电阻率对超压响应关系的一个重要因素。在东营凹陷不能用低电阻率的特征来预测异常高压,因为高电阻率也可能对应超压段。

3. 密度对超压响应特征

密度测井可以用来预测由压实不均衡所形成的超压,但受扩径的影响比较大。沉积物在快速沉积埋藏过程中,由于孔隙水未能及时排出而阻止岩石被压实,从而使岩石颗粒之间保持相对比较低的有效应力,导致沉积物孔隙流体压力增加,因此超压层具有高孔隙度和低密度特征。所选取的东营凹陷的五口典型单井均显示泥岩密度在超压段没有变小的特征,与声波时差不具有对应关系。所有井的泥岩密度均随深度的增加而增大,局部具有低密度现象主要受扩径的影响。如利 932 井、滨 670 井、史 138 井和丰 11 井局部异常低密度段均对应扩径段,而且异常低密度段与异常高的声波时差也没有对应关系。所以密度对东营凹陷超压也不具有任何响应,不能用于预测现今超压。超压泥岩不具有低密度的特征说明超压泥岩没有欠压实现象，表明压实不均衡不应该是东营凹陷超压的主要成因。

3.3　东营凹陷超压成因分析

自 Dickinson(1953)对墨西哥湾沿岸的异常压力进行研究以来，石油地质学家对异常压力的成因、识别、预测及其与油气运聚的关系进行了卓有成效的研究。沉积盆地超压成因分析对油气运移和聚集具有重要意义。对于如东营凹陷这样的非挤压型盆地，压实不均衡和烃类生成是可以独立形成大规模超压的两种主要机制。已有的研究认为东营凹陷古近系异常高压成因机制包括：①由压实不均衡、黏土矿物脱水、烃类生成和水热增压共同作用形成(卓勤功,2005)；②主要由压实不均衡作用形成(隋风贵,2004；郑和荣等,2000)；③以压实不均衡为主，烃类生成作用为辅(Xie et al.,2001)；④由压实不均衡和烃类生成共同作用形成(鲍晓欢,2007；陈中红和查明,2006)。可以看出，前人均认为压实不均衡是东营凹陷超压形成的一个重要因素，其主要的证据是异常高的声波时差和沙三段高的沉积速率，很少见到高孔隙度、低密度等之类的信息。但在超压段存在异常高的声波时差不一定都是由于欠压实引起的(Teige et al.,1999；Hermanrud et al.,1998)，对于由像烃类生成所形成的异常高孔隙流体压力可导致岩石骨架颗粒间有效应力的减小，从而直接引起通过岩石的声波速度降低，也会出现高声波时差响应特征，而与欠压实无关(何生等,2009)。而高的沉积速率只是形成欠压实的前提条件，并不一定是只要沉积速率高就可以形成欠压实。因此，本书将利用大量的资料调查东营凹陷超压成因机制，主要探讨压实不均衡和生烃作用对超压的贡献。

3.3.1　压实不均衡

压实不均衡是指沉积物在快速沉积埋藏过程中，由于孔隙水未能及时排出而阻止岩石被压实，从而使岩石颗粒之间保持相对比较低的有效应力，导致沉积物孔隙流体压力增加，超压层具有高孔隙度和低密度特征。快速连续埋藏和低渗透率是产生压实不均衡现象的有利条件，因此压实不均衡一般出现在快速连续埋藏的厚层泥岩、页岩等渗透性差的地层中(Osborne et al.,1997)。Lee 等(2002)认为压实不平衡过程持续的地质时间相对较短，一般认为小于 20 Ma。在沙三段沉积以后接下来的沉积速率在很长的时间都比较小，而且在东营组沉积末期，地层抬升并遭受剥蚀使超压很难得以保存。但压实不平衡是否是东营凹陷超压的主要成因，以下将从密度、孔隙度和地温梯度等方面论证。

1. 密度

如果压实不均衡是超压的主要成因，那么超压沉积物层通常具有较高的孔隙度和较低的密度特征，因此可以用泥岩密度验证超压层是否存在欠压实。东营凹陷单井显示超压段对应异常高的声波时差,但不具有低密度的特征(图 3-11～图 3-15),泥岩密度随着埋藏深度的增加而增大,密度大小主要受控于埋藏深度而不是超压,说明在超压段没有存在明显的欠压实现象。

由于超压地层中孔隙流体压力高于静水压力,因此岩石颗粒间的垂直有效应力减小。如果是由压实不均衡形成的超压,岩石的孔隙度将随着有效应力的增加而减小,密度将随着垂直有效应力的增加而变大;而对于由生烃作用形成的超压,岩石颗粒间的有效应力虽然减小,但孔隙度却不会随着垂直有效应力的减小而变大,密度也不会随着垂直有效应力的减小而变小。砂岩次生溶蚀孔隙的存在使密度减小从而不能准确地反映孔隙度和密度与垂直有效应力的关系。砂岩孔隙流体压力一般与其附近的测压点周围的泥岩封闭层的压力相等,所以可以采用泥岩孔隙度和密度与垂直有效应力的关系分析超压成因。

本书选取东营凹陷具有明显发育超压的 101 口井计算测压点垂直有效应力,计算上覆地层压力时取岩石平均密度为 2.31 g/cm^3,孔隙流体压力采用砂岩实测压力值。根据 Terzaghi(1943)的公式,垂直有效应力为上覆地层压力和孔隙流体压力的差值。所统计的砂岩附近的泥岩密度分成超压和正常压力两类,剔除其中受扩井影响的数据。所得到的东营凹陷 115 口井的 123 个泥岩密度与垂直有效应力数据关系如图 3-17 所示。对于正常压力泥岩,密度随垂直有效应力的增加而增大。而对于超压泥岩,垂直有效应力与密度却比较混乱,同一垂直有效应力对应的泥岩密度相差比较大。相同密度的正常压力泥岩和超压泥岩,正常压力泥岩垂直有效应力偏大。反映正常压力泥岩密度主要受垂直有效应力的控制,而超压泥岩密度不受垂直有效应力的影响,说明东营凹陷超压并没有使泥岩维持相对低的密度,因而不具有明显的欠压实现象。

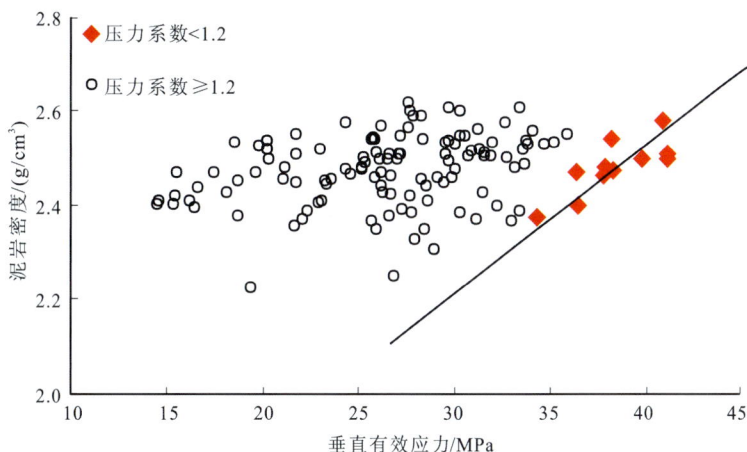

图 3-17　东营凹陷泥岩密度与垂直有效应力关系图

2. 孔隙度

一般认为不均衡压实作用是快速埋藏的低渗透性岩层中形成超压的机制。Magara(1978)认为由于邻近页岩中流体的排出,页岩中的砂岩夹层和孤立砂体也可形成超压,从而维持了砂岩和页岩之间的压力平衡。Osborne 等(1997)认为由于细粒的、低渗透性地层中储层的隔绝,或者由于断层等原因造成侧向渗透性降低,在邻近的高渗透性储层中也可以形成由不均衡压实作用而导致的超压。超压的存在可以抑制成岩作用的进行,保护砂岩高的孔隙度。因此,可以利用岩石孔隙度反映超压砂岩地层是否存在欠压实现象。像泥岩这样的非渗透性岩石一般很难获得实测孔隙度资料,而对于砂岩由于可能发育次生溶蚀孔隙也可能会呈现异常高的孔隙度,但砂岩铸体薄片可以把原生孔隙与次生孔隙区分开,其原生孔隙度随深度的变化可以用来指示地层是否存在欠压实。

收集到的东营凹陷孔店组、沙四段、沙三段和沙二段共 1 301 个砂岩铸体薄片原生孔隙度资料随深度关系(图 3-18),显示东营凹陷砂岩没有发育异常高的原生孔隙带。在沙四段和沙三段,有近 90% 的样品砂岩原生孔隙度在 10% 以下。与砂岩正常压实孔隙度相比,只有两个沙二段砂岩样品原生孔隙度稍微偏高,绝大多数砂岩样品原生孔隙度偏低,说明东营凹陷砂岩也不具有欠压实特征。

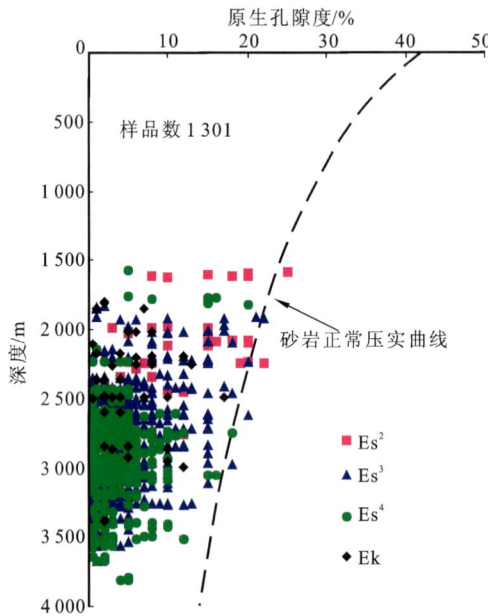

图 3-18　东营凹陷砂岩原生孔隙度与深度关系图

3. 地温梯度

如果压实不均衡是东营凹陷的主要成因机制,那么超压系统应该具有异常高的孔隙度从而具有相对较低的岩石热导率,因此相对常压系统,超压系统具有相对较高的地温梯度。因为地温梯度主要取决于热流和岩石热导率,而在同一凹陷其热流值应该保持相对稳定,所以地温梯度大小主要受岩石热导率的影响,随着岩石热导率的减小而增大。岩石热导率是岩石骨架热导率和孔隙流体热导率的综合反映,但岩石骨架热导率明显高于孔隙流体(水和油)热导率,所以对于岩性相同的岩石热导率主要受孔隙度的影响,从而影响地温梯度。

在东营凹陷,超压地层沙三段和沙四段以及其他常压地层都具有很相似的地温梯度。实测地层温度(DST)资料显示东营凹陷常压砂岩(压力系数<1.2)和超压砂岩(压力系数≥1.2)地温梯度相似(图 3-19)。将地表温度定为 15 ℃,常压砂岩反映东营凹陷平均地温梯度为 3.6 ℃/100 m,超压砂岩反映东营凹陷平均地温梯度为 3.62 ℃/100 m。超压砂岩不具有高的地温梯度因此不具有异常高的孔隙度,也说明东营凹陷超压砂岩不存在欠压实现象。

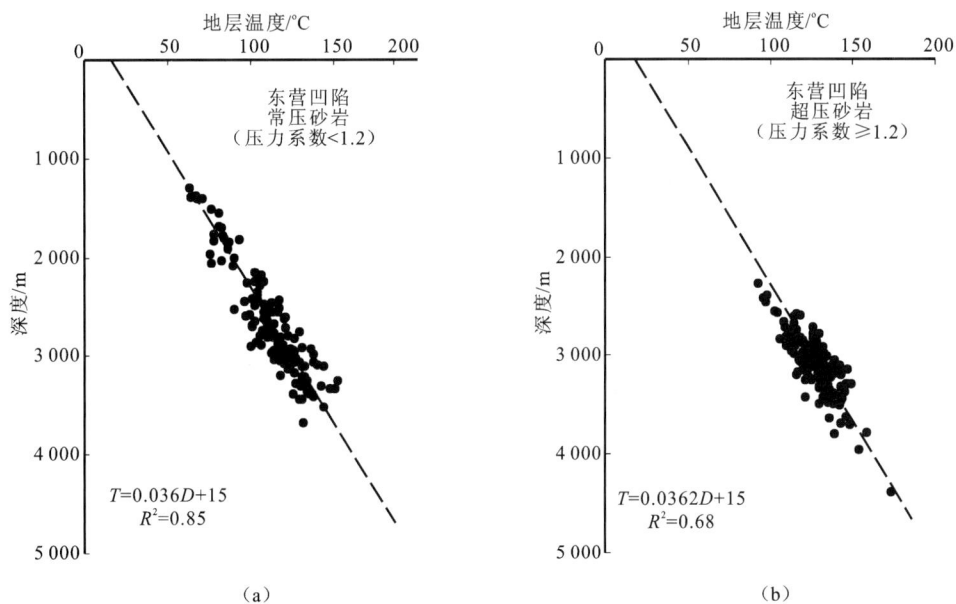

图 3-19 东营凹陷常压砂岩和超压砂岩实测地层温度与深度关系图

3.3.2 生油增压证据

东营凹陷沙三段和沙四段超压砂岩和泥岩都不具有欠压实的特征,因此烃类生成应该是东营凹陷超压的主要成因机制。生烃增压是指当高密度的有机质转化成低密度的油或者气时,促使孔隙流体膨胀,如果生烃作用增加的流体体积大于由于渗漏等因素释放的流体体积则产生异常高压(Robert et al.,1999)。烃类生成能否成为超压主要成因机制取决于烃源岩有机质的丰度、类型及地温史(Osborne et al.,1997)。东营凹陷沙三段和沙四段灰黑色泥岩、钙质泥岩和油页岩为主要烃源岩,有机碳含量高,有机质类型主要为 I 型和 II$_1$ 型,以生油为主,是我国最重要的原油生产基地。那么生油作用可能是超压主要成因机制。虽然生油增压不像由压实不均衡所形成的超压那样具有特定的判断依据,但存在一些特殊的特征。Meissner(1978,1976)和 Spencer(1987,1983)都对生油增压沉积盆地所呈现的一些特征作过总结。东营凹陷是一个勘探程度很高的地区,丰富的资料所显示的一些与超压有关的特征可以证实生油增压为东营凹陷超压的主要成因机制。以下将从多方面展现生油增压证据。

1. 储层流体特征

已有的研究认为在生油增压沉积盆地中,超压储层以含油为主,超压水储层很少(Spencer,1987,1983;Meissner,1978,1976)。从中国石化胜利油田研究院收集到的 300个沙三段和沙四段超压储层试油资料统计结果直方图如图 3-20 所示,显示超压储层主要以油层为主,300 个超压储层试油数据中有 221 个为油层,占 73.7%;油水同层有 42 个,占 14%;只有 6 个超压水层,只占 2%。收集到的试油资料中,在沙三段和沙四段存在 60个储层试油结果为水层,可见超压水层只有 10%,大部分为常压,占所有水储层的 90%。

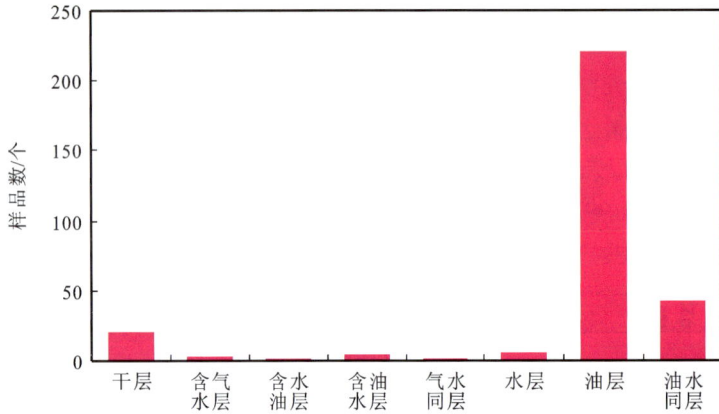

图 3-20　东营凹陷沙三段和沙四段超压层(压力系数≥1.2)试油结果直方图

为了剖析超压储层流体特征与压力系数的分布关系,统计了东营凹陷沙四段和沙三段超压储层中不同流体相的压力系数分布特征,其统计结果直方图如图 3-21 和图 3-22

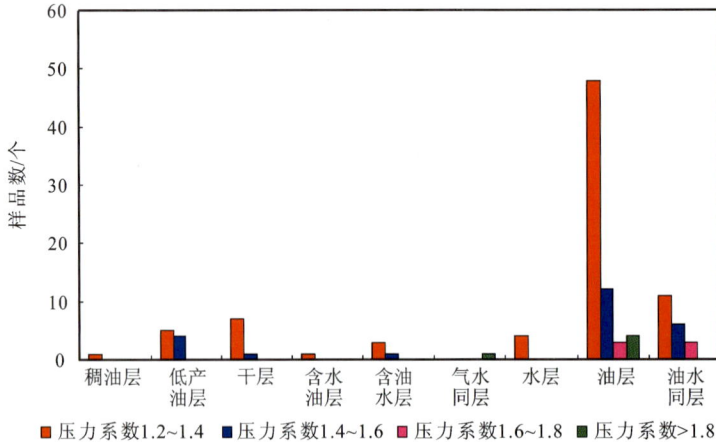

图 3-21　东营凹陷沙四段超压储层不同流体相压力系数统计直方图

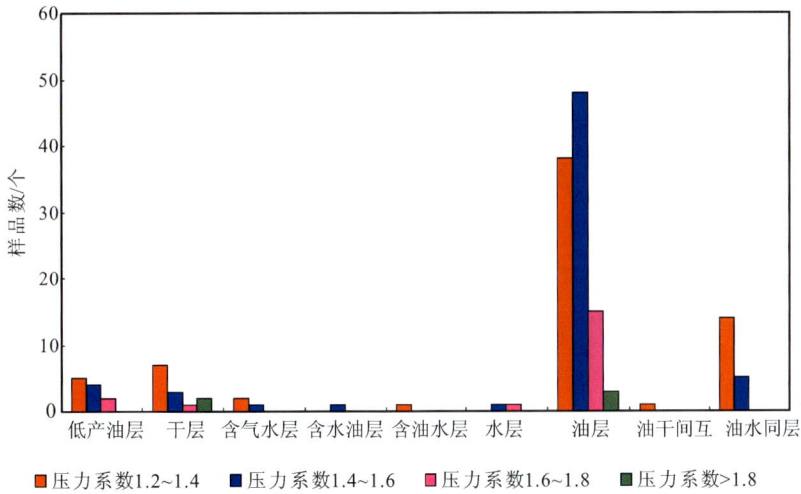

图 3-22　东营凹陷沙三段超压储层不同流体相压力系数统计直方图

所示。沙四段和沙三段都存在压力系数从 1.2 到大于 1.8 的油层。在沙四段,压力系数
范围在 1.2～1.4 的超压油层最多,其次为压力系数范围在 1.4～1.6 的超压油层;对于油
水同层,也是以压力系数范围在 1.2～1.4 的最多,超压水层的压力系数范围在 1.2～
1.4。沙三段超压油层以压力系数范围在 1.4～1.6 的最多,其次为压力系数范围在
1.2～1.4的超压油层;油水同层以压力系数范围在 1.2～1.4 的最多,其次为压力系数范
围在 1.4～1.6 的油水同层;两个超压水层的压力系数反而比较高,在 1.4～1.8。

2. 超压顶界面

东营凹陷泥岩声波时差与超压具有很好的响应关系,超压段泥岩均对应异常高的声
波时差,因此可以利用泥岩声波时差结合实测压力资料确定超压顶界面的深度。为了调
查东营凹陷超压顶界面分布特征,解释了研究区的 352 口井的泥岩声波时差并读取超压
顶界面的深度。结果表明东营凹陷超压顶界面的深度范围为 2 000～3 000 m,绝大部分
井显示的超压顶界面深度在 2 550 m 以上。由 352 口单井超压顶界面深度所控制的东营
凹陷超压顶界面等值线图如图 3-23 所示。可以看出超压顶界面的深度具有从凹陷边缘
向凹陷中心逐渐变大的特征。超压顶界面深度较浅的地区主要出现在东营凹陷边缘,小
于 2 250 m 的点主要出现在东营凹陷南部斜坡区。在东营凹陷南部斜坡带,超压顶界面的
深度范围为 2 000～2 650 m,在北部陡坡带,超压顶界面的深度范围为 2 100～2 550 m。在洼
陷区,超压顶界面深度相对比较大。博兴洼陷、牛庄洼陷、利津洼陷和民丰洼陷的超压顶界
面深度范围分别为 2 650～2 900 m、2 650～3 000 m、2 450～2 900 m、2 500～2 700 m。在中
央背斜带,超压顶界面的深度范围为 2 550～3 000 m,也相对比较深。因此,东营凹陷超
压顶界面的深度范围为 2 100～2 900 m,大部分地区在 2 450～2 900 m。

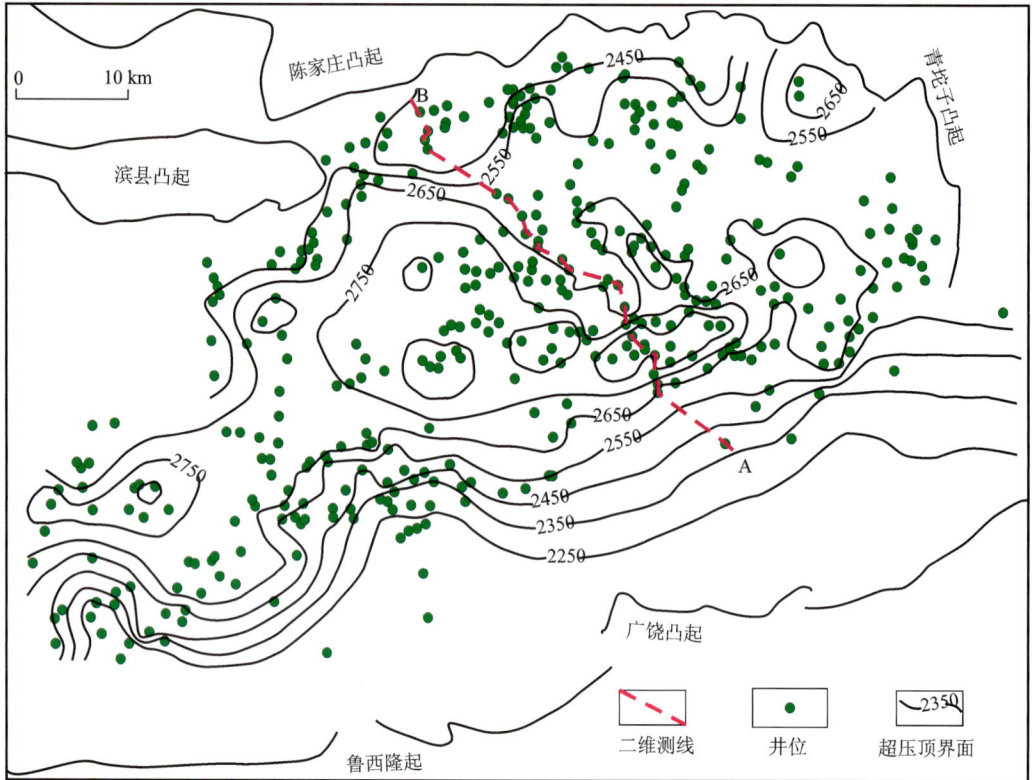

图 3-23　东营凹陷超压顶界面等值线图

由 23 口单井控制的连井剖面 AB 显示东营凹陷超压顶界面的深度和沙三段地层埋深具有密切的关系(图 3-24)，连井剖面 AB 位置如图 3-23 所示。超压顶界面的深度大致沿着沙三段地层展布，随着沙三段地层埋深的增加而增加，以南部斜坡带表现最为明显。在南部斜坡带由于沙三段地层埋深较浅，超压顶界面的深度明显小于洼陷区。

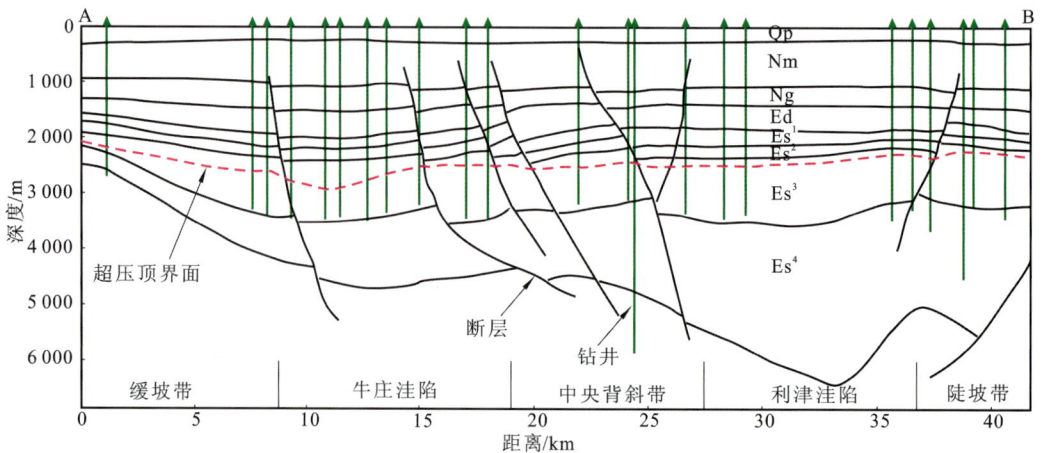

图 3-24　东营凹陷连井剖面 AB 超压顶界面深度与沙三段地层埋深关系图

　　为了确定东营凹陷超压顶界面深度所对应的成熟度范围,选取 100 个没有受抑制的实测镜质体反射率(R_o)资料建立东营凹陷成熟度随深度变化剖面,因为东营凹陷烃源岩干酪根类型主要为 I 型或 II_1 型,大部分实测镜质体反射率(R_o)偏低。100 个实测镜质体反射率(R_o)资料中包括郭汝泰等(2003)和蒋启贵等(2008)采用 FAMM(fluorescence alteration of multiple macerals)技术所得到的 28 个等效实测镜质体反射率(R_o)。图 3-25 为东营凹陷测镜质体反射率(R_o)随深度变化关系图,反映了镜质体反射率(R_o)随深度的增加呈指数增大的趋势。东营凹陷生烃门限($R_o=0.5\%$)在深度约 2 000 m 处,在 3 800 m 处达到生烃高峰($R_o=1.0\%$)。所以超压顶界面深度为 2 000 m 时所对应的 R_o 为 0.5%;在深度为 2 550 m 时,所对应的 R_o 为 0.6%;超压顶界面深度为 3 000 m 时所对应的 R_o 为 0.75%。根据东营凹陷实测地温与深度的关系可以确定深度为 2 000 m、2 550 m 和 3 000 m 所对应的温度分别为 87 ℃、107 ℃ 和 123 ℃。综上所述,东营凹陷超压顶界面 R_o 最低为 0.5%,温度约为 87 ℃,大部分地区超压顶界面 R_o 为 0.6%~0.75%,温度为 107~123 ℃。

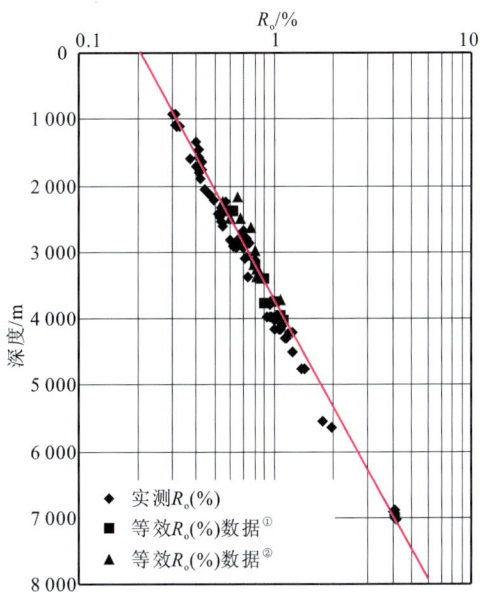

图 3-25　东营凹陷烃源岩成熟度 R_o 与深度关系图
①蒋启贵(2008)数据;②郭汝泰(2003)数据

3. 超压烃源岩现今生烃强度

　　东营凹陷最主要的烃源岩为沙四上亚段、沙三下亚段和沙三中亚段的油页岩、暗色泥岩和钙质泥岩。烃源岩有机质丰度高,有机质类型以 I 型和 II_1 型为主(Zhang et al.,2009;姜福杰等,2007a,2007b),Zhang(2009)通过统计东营凹陷烃源岩有机碳含量(TOC)和氯仿沥青"A"(EOM)发现沙四上亚段有机碳含量为 0.9%~9.2%,氯仿沥青"A"为 0.14%~1.94%;沙三下亚段有机碳含量为 1.3%~18.6%,氯仿沥青"A"为 0.11%~2.94%;沙三中亚段有机碳含量为 0.5%~4.8%,氯仿沥青"A"为 0.02%~

0.75％。因此,烃源岩的高有机质丰度以及Ⅰ型和Ⅱ₁有机质类型,为本研究区生油增压提供了很好的前提条件。

　　东营凹陷沙四上亚段、沙三下亚段和沙三中亚段191个烃源岩样品有机碳含量统计结果(图3-26),显示出烃源岩高有机碳含量特征。沙四上亚段大部分烃源岩样品有机碳含量均在2％以上,少部分烃源岩样品有机碳含量为1％～2％,只有个别样品有机碳含量在1％以下。氯仿沥青"A"也显示出沙四上亚段烃源岩高有机质丰度的特征,大部分烃源岩样品氯仿沥青"A"在0.12％以上,属于好的烃源岩。沙三下亚段绝大部分烃源岩样品有机碳含量大于1％,极少数烃源岩样品有机碳含量在1％以下。沙三中亚段烃源岩样品有机碳含量都在1％以上,大部分样品有机碳含量超过3％。从中国石化胜利油田研究院收集到的东营凹陷沙四上亚段、沙三下亚段和沙三中亚段47个烃源岩样品显微组分分析结果反映有机质类型主要为Ⅰ型和Ⅱ₁型(图3-27),只有在沙四上亚段存在两个烃源岩样品有机质类型主要为Ⅱ₂型。

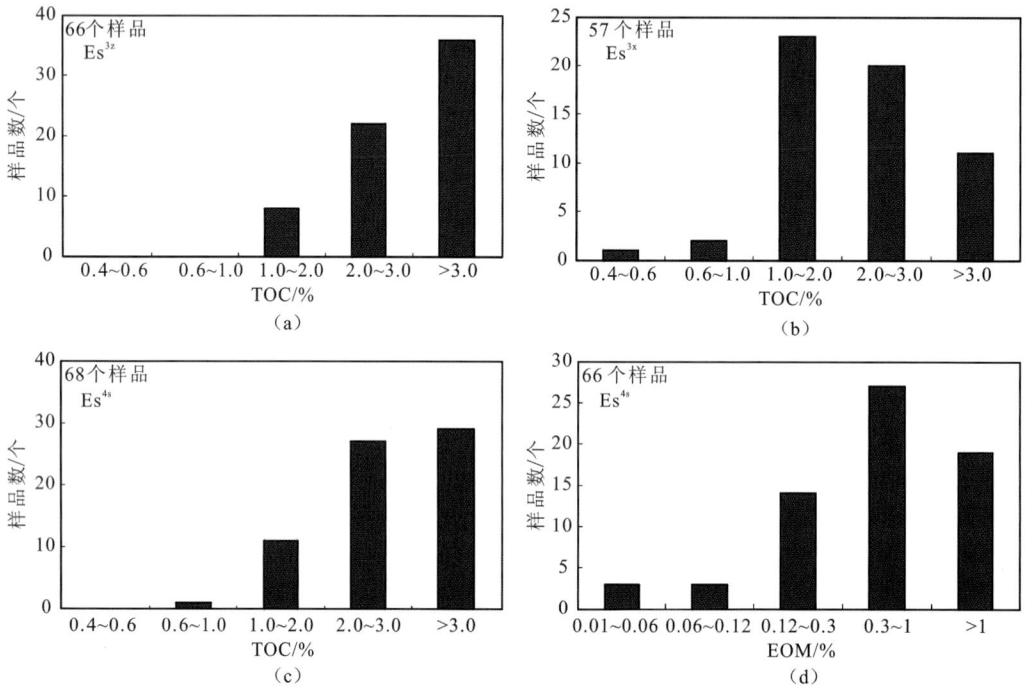

图3-26　东营凹陷烃源岩有机质丰度评价直方图

　　为了评价东营凹陷沙四段和沙三段超压烃源岩现今的生烃强度,利用BasinMod1-D盆地模拟软件对胜科1井开展一维成熟生烃史模拟,模拟结果采用实测镜质体反射率(R_o)和温度校正。埋藏史、热史和成熟生烃史模拟所需要的参数和所选模型在本书第4章作详细介绍,烃源岩干酪根类型取Ⅰ型。模拟的地层温度和成熟度曲线与实测资料相当吻合[图3-28(a)、(b)],反映了所选的模型和参数适合本研究区。模拟的胜科1井沙四段和沙三段烃源岩现今转化率、油生成和气生成结果如图3-28(c)所示。由于烃源岩干酪

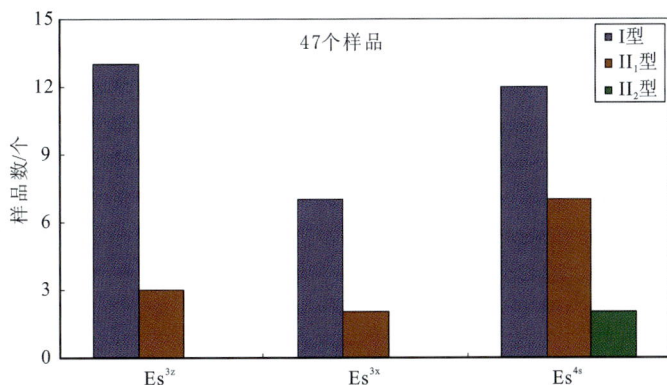

图 3-27　由干酪根显微组分划分的东营凹陷烃源岩有机质类型统计直方图

根类型主要为 I 型,所生成的烃类以油为主,气很少。可以看出沙四段和沙三段烃源岩现今具有很强的生烃潜力。在沙三段地层顶界深度为 2 476 m 处,油的生成率为 20 mg/g TOC,烃源岩转化率约为 4%。深度为 3 000 m 时,油的生成率大约为 40 mg/g TOC,但烃源岩转化率依然比较低,大约只有 8%,没有天然气的生成。烃类大量生成的深度范围为 3 200~3 800 m,在此段深度范围,油的生成率从约 50 mg/g TOC 增加到 440 mg/g TOC;烃源岩转化率从 10% 增加到 98%。在深度为 3 200 m 处,开始生成少量的天然气,到深度为 4 125 m 处(沙四段底界),天然气生成率也只有 50 mg/g TOC,此深度烃源岩转化率达到 100%。因此现今沙四段和沙三段超压烃源岩仍然有很强的生油潜力。

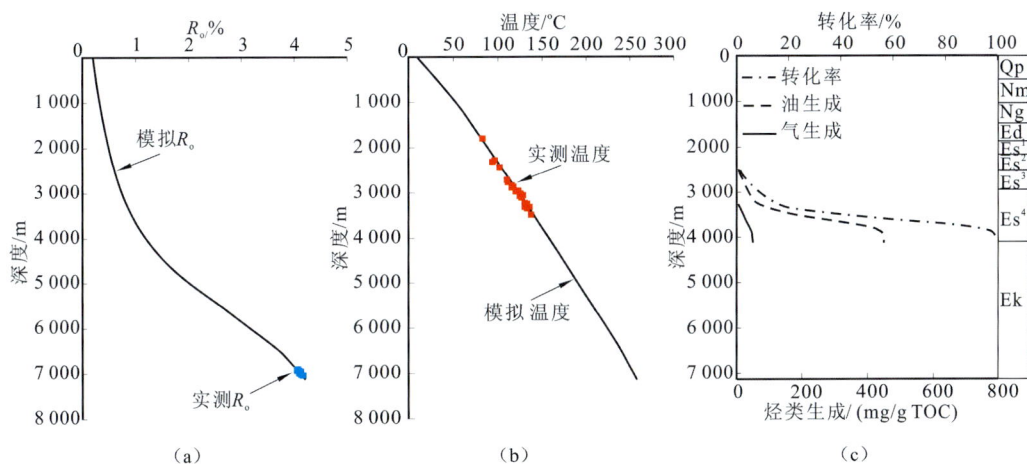

图 3-28　东营凹陷胜科 1 井模拟结果图

4. 超压封闭条件

超压封闭层由近于零渗透率的岩层组成,能够阻滞包括油、气、水在内的所有地质流体的流动,在足够长的地史时期内保持异常地层压力,同时封闭层并非一直保持完整性而是发生周期性的破裂,与烃类的幕式排放密切相关(Hunt,1990)。好的超压封闭需要有低渗透率的封闭层,如泥岩、页岩、灰岩及蒸发岩均可以作为超压封闭层。东营凹陷沙四段和沙三段超压地层岩性为厚层泥岩、钙质泥岩和油页岩与少量的薄层砂岩或者粉砂岩互层。钙质泥岩和泥岩互层为东营凹陷超压提供很好的封闭条件,因为钙质泥岩的存在促使岩石孔隙度和渗透率降低,封闭条件变好。如纯 37 井利用泥岩声波时差解释的超压顶界面深度为 2 300 m,在 2 546.3 m 处可见钙质泥岩和泥岩互层岩心(图 3-29)。

图 3-29　东营凹陷纯 37 井 2 546.3 m 处钙质泥岩和泥岩互层岩心照片

　　利用录井资料分析连井剖面 AB 超压段岩性分布与超压的关系发现在超压段油页岩、钙质泥岩和厚层泥岩呈现比较好的规律性(图 3-30)。超压段下段主要为油页岩与泥岩互层,或者为油页岩、钙质泥岩与泥岩互层;中间段为钙质泥岩与泥岩互层;上段为厚层泥岩。超压顶界面主要位于中间段钙质泥岩与泥岩互层中或者上段厚层泥岩中。钙质泥岩与泥岩互层直接位于油页岩层的顶部对封闭深部强超压起到重要作用,因此东营凹陷总体超压封闭条件比较好。地层水矿化度资料也显示总矿化度大于 100 g/L 地层水出现在 2 000 m 以下,最大可达 340 g/L 也反映了东营凹陷超压相对比较好的保存条件。

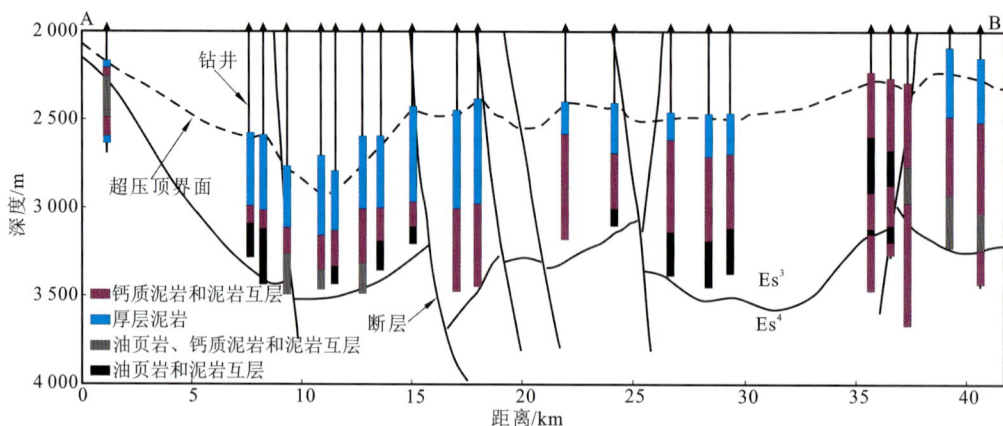

图 3-30　东营凹陷连井剖面 AB 超压顶界面深度与钻井岩性分布关系图

5. 烃源岩微裂缝

如果高密度的干酪根转化成油或者气而使孔隙体积发生膨胀在烃源岩中形成超压,当孔隙流体压力达到岩石破裂压力时,烃源岩将产生微裂缝成为油气排烃和超压释放的通道,流体排出后裂缝闭合。因此在生烃增压盆地,烃源岩中微裂缝一般比较发育(Spencer,1987)。对东营凹陷的岩心观察发现沙四段和沙三段泥岩中广泛发育裂缝,按照裂缝与岩层层面的空间关系,可将烃源岩裂缝分为水平裂缝(图 3-31)、斜向裂缝(图 3-32),甚至垂向裂缝(张守春,2004)。其中以水平裂缝最为发育,表现为岩心取出后顺层理面裂开(图 3-31)。有的水平裂缝面上见原油的痕迹,或见像头屑一样的盐类晶体;垂向裂缝中大都被方解石充填,有的方解石脉中发育黑色的沥青脉;斜向裂缝中有的被方解石脉充填,有的方解石脉也和沥青共生(张守春,2004)。在荧光显微镜下,垂向裂缝、斜向裂缝及不规则的裂缝中均有黄色的荧光显示(张守春,2004)。以上现象反映东营凹陷烃源岩中微裂缝可能为油气初次运移的通道。

图 3-31　东营凹陷新利深 1 井 4 433.20～4 438.60 m 岩心照片

图 3-32　东营凹陷新利深 1 井 4 379.5 m 岩心照片

综上所述,东营凹陷沙四段和沙三段超压烃源岩和储层都没有欠压实特征,多方面证据显示最有可能成为东营凹陷沙四段和沙三段烃源岩超压成因机制的只有生油作用,任何其他的超压成因机制都不可能解释在东营凹陷观察到的与超压有关的现象。烃源岩生油使孔隙流体体积膨胀,压力增加,另外东营凹陷超压具有很好的保存条件,使生油增压量大于流体压力散失量,从而使超压得以维持。随着生油强度的增加,烃源岩孔隙流体压力逐渐增大,当孔隙流体压力超过岩石破裂压力时则岩石破裂并产生微裂缝,高压流体从烃源岩中排出,于是烃源岩排烃成为压力释放的主要方式,烃源岩中的裂缝便成为烃源岩排烃和压力释放的主要通道。排出的高压流体(包括油和水)运移至储层中而发生超压传递从而使储层形成超压,储层超压为超压传递的结果。包友书等(2008)通过对比牛庄洼陷相同渗透率条件下的岩心含油饱和度与砂体的异常压力的关系发现其含油饱和度与砂体的剩余压力总体上呈正相关关系,即砂体的剩余压力越大,其含油饱和度越高(图3-33),也说明储层超压主要是压力传递的结果。只有储层超压是从烃源岩中排出的高压流体传递的结果,才最有可能显示上述超压储层流体特征。

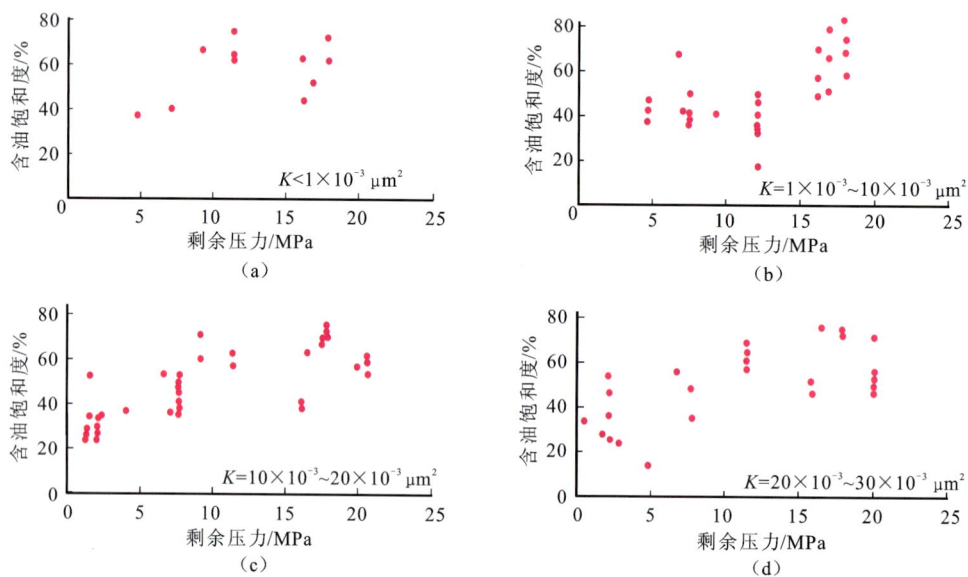

图 3-33　东营凹陷牛庄洼陷岩心含油饱和度与剩余压力关系图(包友书等,2008)

3.4　烃源岩成熟生烃史模拟

本书将利用盆地模拟技术在恢复东营凹陷烃源岩埋藏史、热史和成熟史的基础上,定量模拟油气生成史,模拟结果利用实测镜质体反射率(R_o)和地层温度验证。盆地模拟(basin modeling)是20世纪70年代末期逐步发展起来的一项盆地分析技术,至今仍是世界油气勘探和石油地质研究领域大力发展的热门技术,是含油气盆地定量动态分析和石油地质定量化的有效途径(张庆春等,2001)。盆地数值模拟基于石油地质作用的物理、化学机理,建立沉积盆地地质模型,转化为数学模型后从时间-空间的角度定量模拟含油气盆地的形成、演化,烃类的生成、运移聚集史,从而指导油气勘探。

盆地数值模拟中埋藏史、热史和有机质成熟生烃史模拟已成为最为成熟的地质模型和计算模拟内容。本书将选取东营凹陷两条过利津洼陷和民丰洼陷的二维剖面 EW1 和 NW4 以及剖面上的梁 70、史 115、坨 27 和丰 112 四口单井进行单井一维和剖面二维地史、热史和成熟生烃史模拟,其剖面和单井位置如图 3-34 所示。二维剖面模拟结果采用剖面上的单井模拟结果验证。

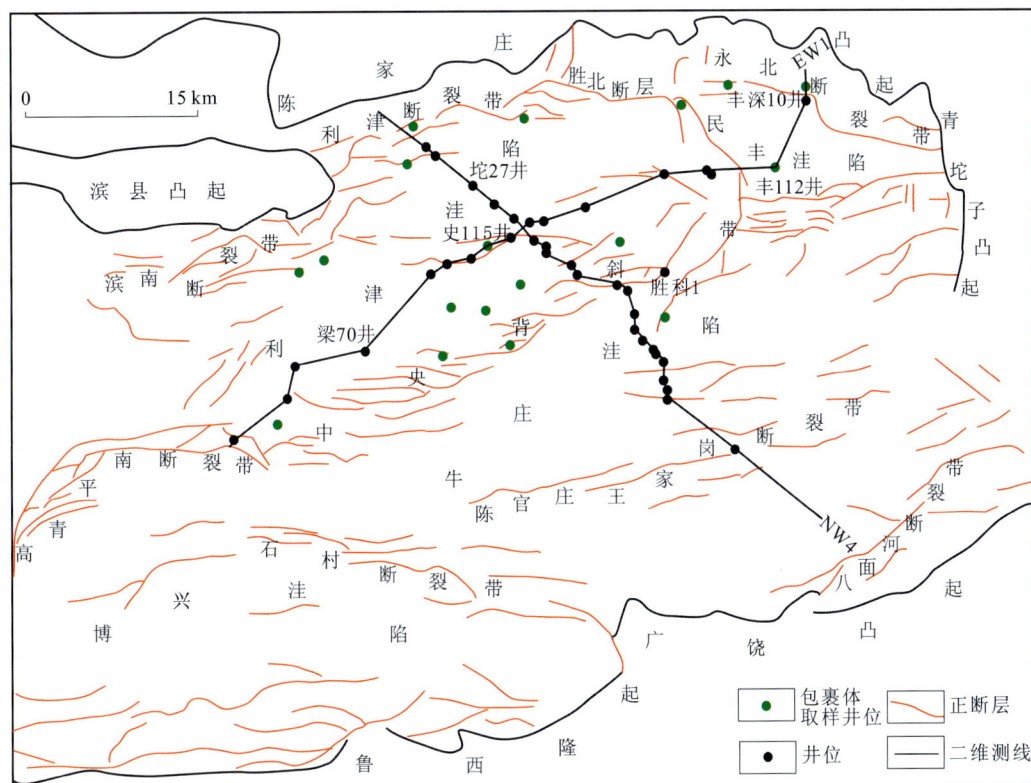

图 3-34　东营凹陷模拟单井和地震测线位置图

3.4.1　模拟模型和参数选取

烃源岩成熟生烃史模拟所涉及的主要模型有埋藏史模型、热史模型、成熟史和生烃史模型及其相关参数。

1. 埋藏史模型及其相关参数

埋藏史的重建是根据岩层在压实过程中骨架颗粒体积不变,地层压实和体积减小是因为孔隙度的减小引起的,另外,若地层经历了较大规模的抬升剥蚀,还需进行地层剥蚀厚度恢复。利用压实方程即孔隙度与深度的关系对地层进行脱压实回剥,然后,重现地层随时间的沉积和埋藏过程。地层埋藏史研究是利用计算机恢复地层古厚度,动态地再现盆地的沉积发育过程,是研究油气的生成、运移、聚集及成藏过程的关键。恢复古厚度也是地层压实校正,地层具有随深度增大孔隙度逐渐减小的规律,因此利用压实模型可恢复地层古厚度。埋藏史模型的研究工作开展相对较早,Welte 等(1981)、Nakayam 和 Siclen (1981)、Beaumont 等(1985)、Guidish(1985)先后分别提出了一些定量分析地史的数学模型。

目前常用的压实校正模型包括以下几种。

(1) Athy(1930)首次基于正常压力提出了孔隙度-深度关系方程,认为孔隙度与埋深呈指数关系。

$$\phi = \phi_0 \exp(-kZ) \tag{3-1}$$

即指数模型。

(2) Falvey 等(1981)发现指数模型在埋深较浅时不适应,为此,他们提出了另一种模型,认为孔隙度的减少是上覆层负载的函数,假设孔隙度的增量与负载变化和排出率的乘积成比例关系:

$$\frac{1}{\phi} = \frac{1}{\phi_0} + kZ \tag{3-2}$$

即倒数模型。

式中,ϕ 为与深度 Z 对应的孔隙度;ϕ_0 为初始孔隙度;k 为压实因子。另外,BasinMod 盆地模拟系统还提供了孔隙度列表(porosity table)这种压实模型计算方法,这种方法使用孔隙度-深度数值,并由此拟合出诸如线性的、指数的和倒数的压实模型。研究表明东营凹陷无论是常压系统还是超压系统都属于正常压实,因此本书所选用的压实校正模型为倒数模型,岩石的初始孔隙度(ϕ_0)和压实因子(k)因岩性的变化而变化。几种纯岩性的初始孔隙度和压实因子见表 3-1,不同层段的岩性依据录井资料,统计单井砂岩、粉砂岩、泥岩及碳酸盐岩等的百分含量,再由模拟软件自动生成混合岩性,所得到的混合岩性参数将按照算术平均或几何平均方法计算得到。

表 3-1 纯岩性相关参数表

岩性	初始孔隙度/%	压实因子	骨架密度/(g/cm³)	骨架热导率/[W/(m·℃)]	骨架热容/[kJ/(m·℃)]
砂岩	45	1.75	2.64	3.4	2 800
粉砂岩	55	2.2	2.64	2.14	2 650
泥岩	60	2.4	2.6	1.98	2 100
灰岩	60	1.5	2.72	2.9	2 600
白云岩	60	1.5	2.85	4.8	2 600
蒸发岩	0	0	2.15	5.4	1 750
煤	90	3.5	1.8	0.3	950
火成岩	0	0	2.65	2.9	2 500

　　埋藏史模拟还涉及的参数主要有地层年龄、地层厚度、渗透率等。地层年龄主要参考前人对该区的研究成果(图 3-5);地层厚度根据钻井分层数据,钻井没有揭示的层位数据从地震剖面解释结果得到补充。渗透率是用来描述物体传输流体能力的一个参数,在沉积岩层中它一般受有效孔隙度、孔隙的连通类型和数量以及孔内流体性质等因素的控制。

　　物质固有渗透率或绝对渗透率是物质内在的一种属性,它不受流体性质的影响。渗透率一般可以在实验室内精确测量,然而由于实验室的测量仅能够确定物质很小一部分的属性值(Chapman,1981),所以从这个意义上来说,渗透率的这种精确测量也是一种"虚假的精确测量"。由于通常选取破裂不发育的岩心来分析整段岩心的特征,所以来源于岩心分析的渗透率测试往往容易造成误导,同时应考虑到原始 P-T 条件对样品测试结果的影响。除了通过实验室对渗透率进行实测外,地球物理测井作为一种间接的以定性为主的确定岩石渗透率的方法已成为可能(李丕龙,2002),在某些条件下这种测量结果可以限定在一个数量级内,这已由电阻率测井得到证实(应凤祥等,2004;Schmidt et al.,2004;Zhang et al.,2000)。盆地模拟系统提供了多种渗透率的计算方法,其中最为常用的是Modified Kozeny-Carman 渗透率计算方法,本次模拟也采用此方法计算岩石渗透率。

2. 热史模型及其相关参数

　　热史模型的功能是重建油气盆地的热流史、地温史和成岩史(石广仁,2004),是盆地模拟的关键。在盆地模拟系统中,热流史和地温史的作用在于为以后的成岩史、生烃史、排烃史和运移聚集史的模拟提供温度场。盆地模拟系统中热史模拟普遍采用的是方法地球热力学和地球化学动力学(Ungerer,1990;Tissot et al.,1987)相结合的反演技术,它根据盆地现今已知的地温梯度和岩石热导率计算出现今热流,再反推出该盆地的热流史和地温史,并采用地球化学资料(如镜质体反射率 R_o 等)校正(Lerche et al.,1984)。由于热流的概念考虑了许多控制盆地热史的相互依赖的因素(如热导率、孔隙流体等),同时相对于地温梯度来说,一个盆地的热流(系统的底部)分布更加均匀,不易受局部因素的影响而发生强烈的变化,同时热流的变化范围可以依据板块构造的先后关系来确定,另外深部的热贡献在大范围内是相当一致的(Keen et al.,1982;Roy et al.,1968)。

　　BasinMod 盆地模拟系统中热流史计算模型主要有三种:稳态热流模型(steady-state heat flow)、瞬变热流模型(transit heat flow)和裂谷热流模型(rifting heat flow)。

　　稳态热流模型即用热流/热导率模型计算热流,模型中的每个时间间隔独立计算。其基本关系式为

$$T = T_\text{o} + \text{HF}_\text{s}\int_0^Z \frac{Z}{k(Z)}\mathrm{d}Z = T_\text{o} + \text{HF}_\text{s}\sum_{i=1}^n \frac{Z_i - Z_{i-1}}{K_i} \tag{3-3}$$

式中,Z 为深度(m);T 为深度为 Z 处的温度(K);HF_s 为地表热流(mW/m^2);k 为岩石热导率(W/(m·K))。

　　瞬变热流模型考虑了不同岩石单元的热容和热流随时间的变化。BasinMod 盆地模拟系统计算瞬变热流用瞬变扩散方程即把热传导的 Fourier 定律和能量守恒定律相结合,表达式为

$$\frac{\partial T(x,t)}{\partial t} = \frac{\partial}{\partial x} \cdot \left(\partial(x) \cdot \frac{\partial T}{\partial x} \right) \cdot Q \tag{3-4}$$

$$\partial(x) = \frac{k}{\rho c} \tag{3-5}$$

式中,T 为热力学温度(K);k 为岩石热导率[W/(m·K)];c 为热容[J/(kg·K)];t 为时间(s),ρ 为密度(g/cm³),Q 为地层生成的热量(J)。

　　裂谷热流模型是 1978 年 McKenizie 提出瞬时均匀伸展模型。其基本原理是裂谷盆地的热流值因裂谷拉张的时代不同有不同的地热显示。裂谷期由于地幔上涌,地壳减薄,深部热随着深大断裂上传,同时伴随有岩浆热液上涌。此时,盆地的沉积地层较薄,地表热流很高。裂谷后期岩浆上涌减弱直至消失,此时由地壳深处传上来的热逐渐降低,致使盆地地表热流逐渐降低。其特征是裂谷盆地瞬时拉张,热流值突然增加,并达到最大,在后来的盆地热沉降阶段,热流呈指数递减,在裂谷盆地持续伸展发育期间,热流呈近似线性的增加。其表达式为

$$F(t) = \frac{KT_1}{z} \left\{ 1 + \frac{2\beta}{\pi} \sum_{n=1}^{\infty} \frac{1}{n} \sin \frac{n\pi}{\beta} \exp \left[\frac{-n^2 \Delta t}{\tau} \right] \right\} \tag{3-6}$$

$$\tau = \frac{z^2}{x\pi^2} \tag{3-7}$$

式中,$F(t)$ 为 t 时刻的热流值;β 为拉张系数;x 为导热系数;Δt 为拉张率达到 β 后的持续时间;z 为岩石圈厚度;K 为热导率;T_1 为软流圈低界温度;n 为自然数。这一方法的优点是能够把握盆地大地热流史变化的总体趋势,为下一步成熟度生烃史的恢复提供很好的热边界条件。

　　渤海湾盆地东营凹陷在古近纪时期是一个典型的拉张型陆相断陷湖盆,比较适合采用裂谷热流模型恢复盆地古热流。本书恢复东营凹陷热流史的方法是首先在恢复地史的前提下利用瞬时热流模型由现今地温梯度计算现今的热流值,再利用 McKenizie(1978)提出裂谷热流模型计算盆地古热流,用现今热流作为输入参数,并采用实测温度和 R_o 验证。

　　热史恢复所需的参数主要有地表年平均温度、井底测温数据、热导率、热容、镜质体反射率等。井底测温主要来自从中国石化胜利油田收集的 DST 测温数据,从而推算平均地表温度。由东营凹陷砂岩实测地层温度与深度关系(图 3-22)可以看出,现今的地温梯度为 3.5 ℃/100 m,地表温度约为 15 ℃。不同纯岩性热导率和热容使用软件提供的默认值(表 3-1),混合岩性热导率和热容的计算不但考虑不同岩性的百分含量,还考虑了岩石孔隙度和孔隙流体(包括水、油和气)。

　　已有的研究认为济阳拗陷现今热流平均为 65.8 ± 5.4 mW/m²,且不同凹陷的热流分布也有差异(龚育龄等,2003;王良书等,2002),东营凹陷热史模拟结果显示新生代以来地温梯度是逐渐降低的(邱楠生等,2006)。采用瞬变热流模型计算得到东营凹陷 18 口单井现今热流值的范围在 $58.2 \sim 66.7$ mW/m²(表 3-2),与前人研究结果比较一致。

表 3-2　东营凹陷单井现今热流值和地史时期所达到的最大热流值

井名	现今热流/(mW/m²)	最大热流/(mW/m²)	井名	现今热流/(mW/m²)	最大热流/(mW/m²)
丰 8	58.2	75	梁 751	66.7	85.9
丰 112	59.5	76.6	南 1	60.1	77.4
丰深 10	59.5	76.6	胜科 1	61	78.6
何 156	59.6	76.7	史 115	59.5	76.6
何 158	59.4	76.5	史 122	60.1	77.4
何 183	58.2	75.3	营 6	60.4	77.8
梁 70	65.2	84	营 545	59.3	76.4
梁 75	66.1	85.1	营 691	58.7	75.6
梁 213	60.8	78.3	坨 27	61.1	78.8

　　剖面上的四口单井模拟的地层温度和成熟度曲线与实测地温和 R_o 相当吻合(图 3-35),反映了所选的模型和参数适合计算研究区热史。利用 McKenizie(1978)提出的裂谷热流模型模拟东营凹陷热流演化史结果(图 3-36)表明,东营凹陷的热流演化特征可划分为早期的持续升高和后期的逐渐减小两个阶段。在盆地初始断陷期由于强烈岩浆活动,伴有地幔的隆升,陆壳拉张减薄,使东营凹陷热流值快速上升并在大约距今 50.2 Ma 时达到最大值。18 口单井在大约距今 50.2 Ma 时达到的最大热流值见表 3-2,其分布范围为 $75.0\sim85.9$ mW/m²,远高于全球的平均大地热流值(63 mW/m²)。自 50.2 Ma 以来,盆地稳定性增强,热状态表现为持续的冷却,地温梯度也逐渐降低。

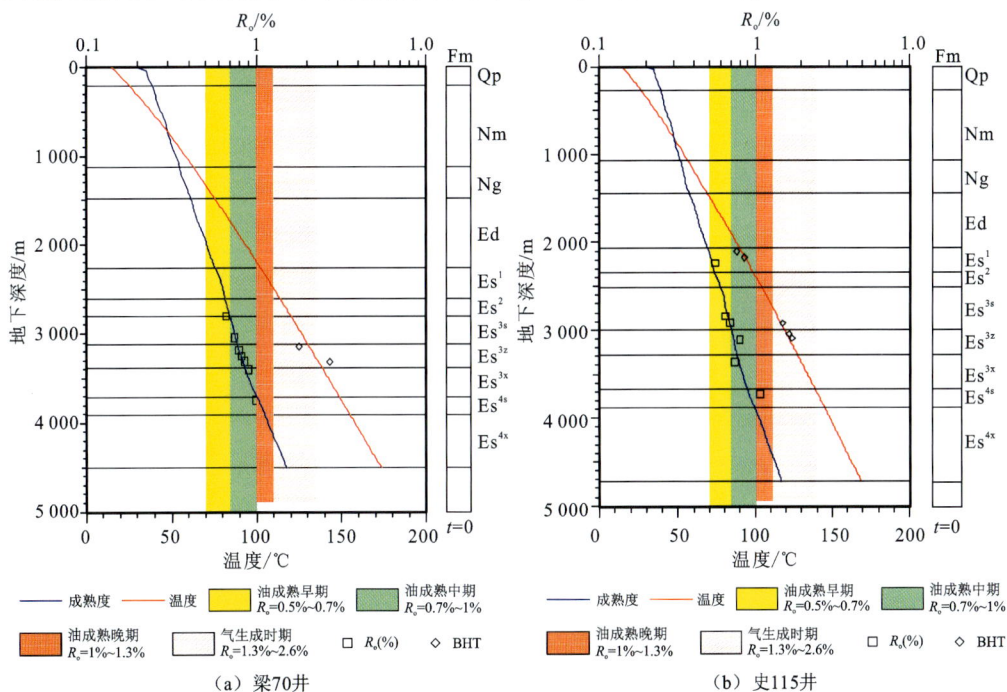

图 3-35　东营凹陷单井模拟温度和成熟度趋势与实测值关系图

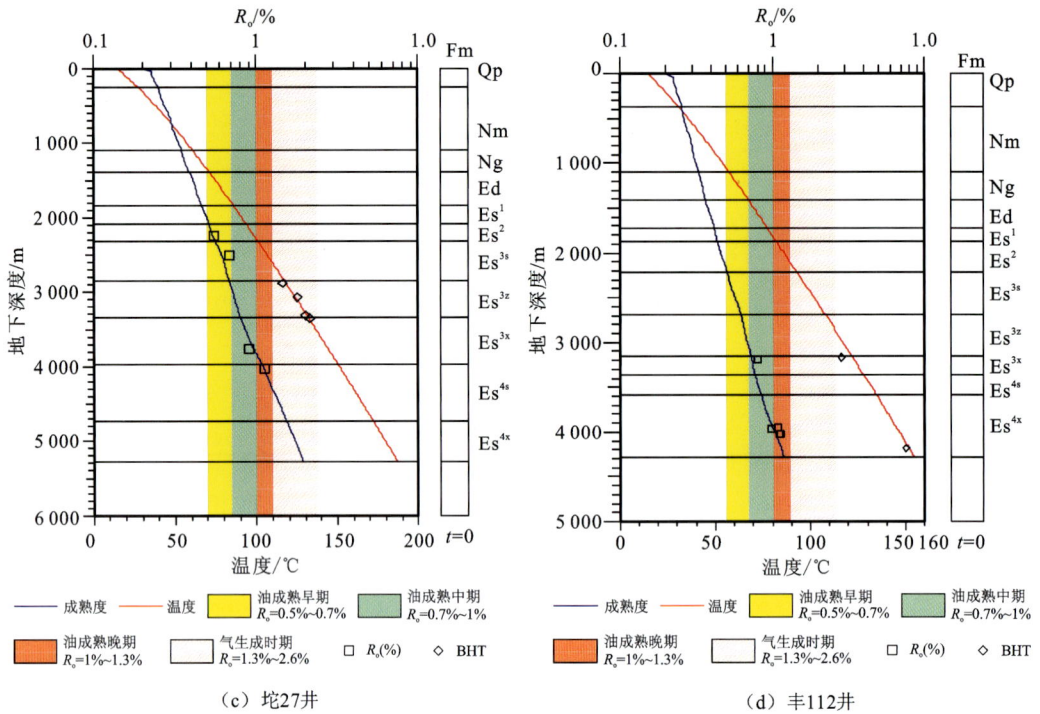

（c）坨27井　　　　　　　　　（d）丰112井

图 3-35　东营凹陷单井模拟温度和成熟度趋势与实测值关系图（续）

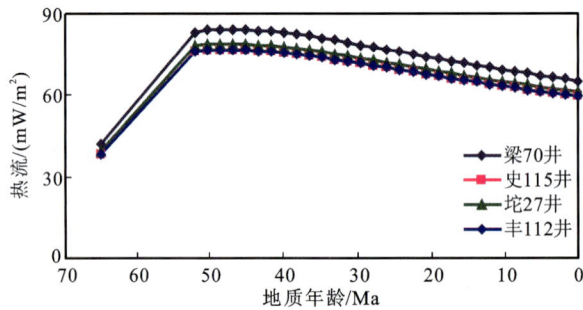

图 3-36　东营凹陷单井热流史图

3. 成熟生烃史模型

目前常用的成熟度史模拟的理论模型主要有三种：①基于经验的时间和温度关系模型，如 Waples（1980）的 TTI（temperature-time index）模型；②基于单一表观活化能的 Arrhenius 一级化学反应动力学模型，如 Lerche 等（1984）和 Wood（1988）模型；③基于多个平行的 Arrhenius 一级化学反应动力学模型，如 Sweeney 等（1990）的 EASY％R_o 模型。在所有成熟度模型中，Sweeney 等（1990）提出的 EASY％R_o 成熟史模型是目前较完善且使用最广泛的一种成熟度模型。该模型是根据镜质组的组分随时间和温度变化规律，在大量而广泛的样品分析基础之上提出来的。因此，本次模拟也采用此成熟史模型计算烃源岩成熟史。模型中反映的活化能采用频带分布而非单一的值,将镜质体的成熟过程视为四个具有相同频率因子(A)和不同活化能(E_s)的平行化学动力学反应过程,即镜质体裂解脱去水、二氧化碳、甲烷和重烃。通过将时间和温度史分解成一系列等温段或恒定加热速率段,可以计算出镜质组的反映程度。不仅考虑了众多一级平行化学反应及其相应反应的活化能,而且还考虑了加热速率,适用范围广(R_o为0.3%~4.5%),能比较精确地模拟地质过程中有机质成熟度演化。EASY%R_o模型的计算公式为

$$\%R_o = \exp(-1.6 + 3.7F_j) \tag{3-8}$$

$$F_j = \sum_{i=1}^{20} f_i \left\{ 1 - \exp\left[-\frac{(I_{ij} - I_{i,j-1})(t_j - t_{j-1})}{(T_j - T_{j-1})} \right] \right\} \tag{3-9}$$

$$I_{ij} = T_j A \exp\left(\frac{-E_i}{RT_j}\right) \times \left[1 - \frac{\left(\frac{E_i}{RT_j}\right)^2 + a_1\left(\frac{E_i}{RT_j}\right) + a_2}{\left(\frac{E_i}{RT_j}\right)^2 + b_1\left(\frac{E_i}{RT_j}\right) + b_2} \right] \tag{3-10}$$

式中,F_j为某一地层底界的第j个埋藏点的化学动力学反应程度,其值为0~0.85;f_i为化学计量因子,$i = 1,2,3,\cdots,20$(1~20是活化能的个数);t_j为某地层底界的第j个埋藏点的埋藏时间,Ma;T_j为某地层底界的第j个埋藏点的古地温,K;R为气体常数,其值为1.986 cal/(mol·K);A为频率因子,其值为1.0×10^{13} s^{-1};a、b为校正系数,$a_1 = 2.334733$,$a_2 = 0.250621$,$b_1 = 3.330657$,$b_2 = 1.1815340$。

模拟的成熟度趋势与实测R_o之间的关系(图3-35)说明EASY%R_o成熟史模型适合于东营凹陷。生烃史模拟在烃源岩埋藏史、热史和成熟史的基础上采用NULL干酪根生烃动力学模型(Sweeney et al.,1990;Braun et al.,1987;Burnham et al.,1987),设置有机质类型为I型,生烃动力学参数使用软件中提供的默认值。

3.4.2 成熟生烃史模拟结果分析

东营凹陷主要的烃源岩为沙三中亚段、沙三下亚段和沙四上亚段暗色泥岩、钙质泥岩和油页岩,有机质丰度高,有机质类型主要为I型和II$_1$型。因此,为了揭示研究区烃源岩成熟生烃史,为超压演化研究提供基础,模拟了两条二维剖面EW1和NW4以及剖面上的四口单井烃源岩成熟生烃史。

1. 单井一维烃源岩成熟生烃史模拟结果分析

1)烃源岩成熟史模拟结果分析

为了揭示东营凹陷沙三中亚段、沙三下亚段和沙四上亚段烃源岩成熟史,模拟二维剖面上的梁70井、史115井、坨27井、丰112井四口单井阐述烃源岩成熟生烃演化过程,单井模拟的温度和成熟度趋势与实测R_o和温度都吻合得相当好(图3-35)。梁70井位于利津洼陷西部,其埋藏史、热史和成熟史模拟结果(图3-37)反映沙四上亚段在距今35 Ma开始生烃,生烃门限温度大约为100 ℃,门限深度大约为1600 m;在距今大约29 Ma烃源

岩 R_o 达到 0.7%，所对应的深度和温度分别为 2 250 m 和 125 ℃；大约在距今 23 Ma 达到生烃高峰，对应的深度为 3 000 m，温度为 145 ℃；现今的成熟度在 1.0% 以上，温度高于 150 ℃。沙三下亚段在距今 32 Ma 开始生烃，生烃门限温度大约为 95 ℃，门限深度大约为 1 500 m；在距今大约 27 Ma 烃源岩 R_o 达到 0.7%，所对应的深度和温度分别为 2 350 m 和 125 ℃；现今只有在底界达到生烃高峰，对应的深度为 3 700 m，温度为 150 ℃。沙三中亚段大约在距今 29 Ma 开始生烃，生烃门限温度大约为 95 ℃，门限深度大约为 1 600 m；烃源岩 R_o 达到 0.7% 在距今大约 24.5 Ma，对应的深度为 2 350 m，温度为125 ℃；至今还没有达到生烃高峰，R_o 为 0.75%~0.9%。

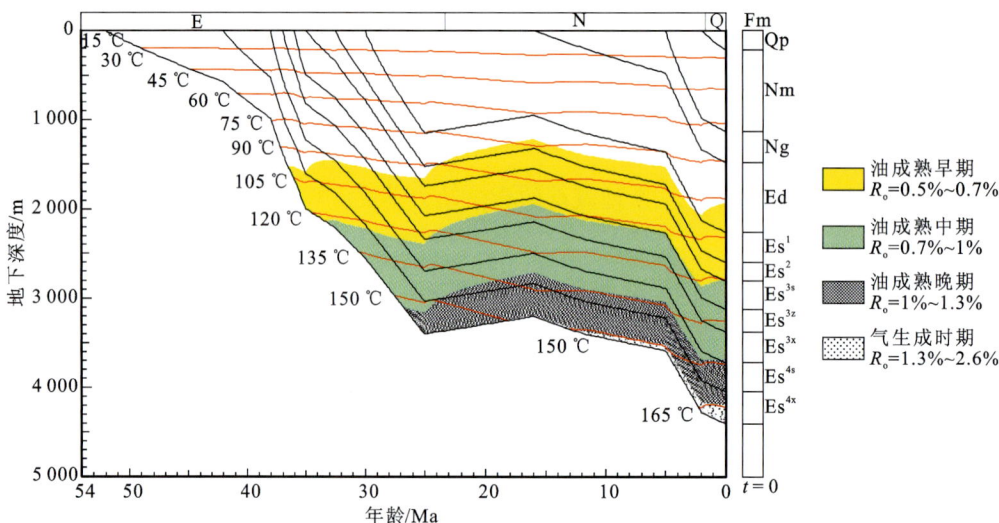

图 3-37　东营凹陷梁 70 井埋藏史、热史和成熟史

　　史 115 井位于利津洼陷中部，二维剖面 EF 剖面反映沙四上亚段埋藏深度在 4 000 m 以上，图 3-38 为史 115 井埋藏史、热史和成熟史。模拟结果显示沙四上亚段在距今 35 Ma 开始生烃，生烃门限温度大约为 100 ℃，门限深度大约为 1 850m；在距今大约 31 Ma 烃源岩 R_o 达到 0.7%，所对应的深度和温度分别为 2 350 m 和 122 ℃；大约在距今 23 Ma 达到生烃高峰，对应的深度为 3 100 m、温度为 145 ℃。沙三下亚段在距今 33.5 Ma 开始生烃，生烃门限温度大约为 95 ℃，门限深度大约为 1 600 m；在距今大约 26.5 Ma 烃源岩 R_o 达到 0.7%，所对应的深度和温度分别为 2 450 m 和 125 ℃；现今还没有达到生烃高峰。沙三中亚段大约在距今 31.5 Ma 开始生烃，生烃门限温度大约为 95 ℃，门限深度大约为 1 600 m；烃源岩 R_o 达到 0.7% 在距今大约 25 Ma，对应的深度为 2 500 m，温度为 125 ℃；现今的 R_o 均在 0.7% 以上。

　　坨 27 井位于利津洼陷深凹处，由于埋藏深度相对较深，造成成熟度也相对较高。坨 27 井埋藏史、热史和成熟史模拟结果(图 3-39)显示沙四上亚段在距今 37 Ma 开始生烃，生烃门限温度大约为 105 ℃，门限深度大约为 1 950m；在距今大约 35 Ma 烃源岩 R_o 达到 0.7%，所对应的深度和温度分别为 2 600 m 和 130 ℃；在距今大约 32 Ma 就达到生烃高

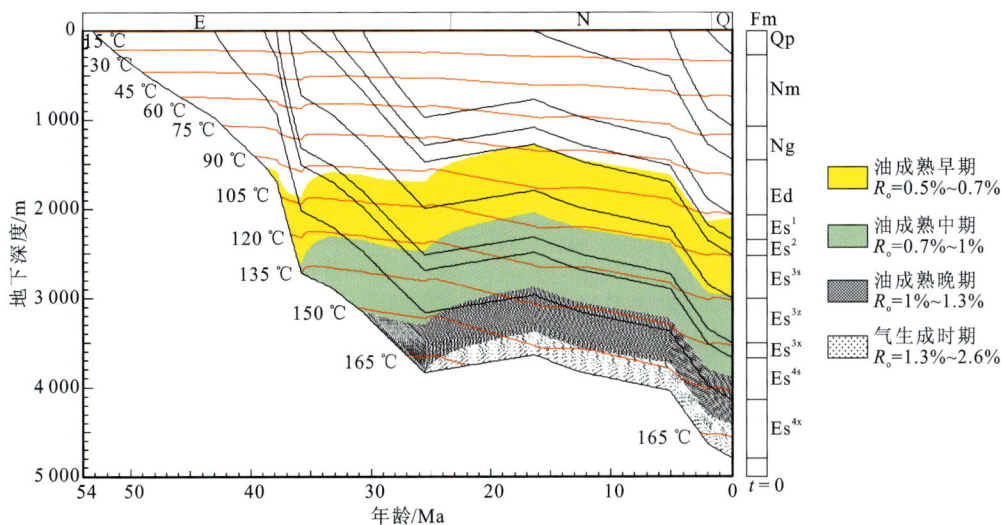

图 3-38 东营凹陷史 115 井埋藏史、热史和成熟史

峰,所对应的深度和温度分别为 3 300 m 和 150 ℃,现今底界 R_o 超过 1.3%。沙三下亚段
在距今 35 Ma 开始生烃,生烃门限温度大约为 105 ℃,门限深度大约为 1 950 m;烃源岩
R_o 达到 0.7% 的时间大约在距今 31 Ma,所对应的深度和温度分别为 2 500 m 和 120 ℃;
在距今大约 2 Ma 达到生烃高峰。沙三中亚段大约在距今 32 Ma 开始生烃,生烃门限温
度大约为 95 ℃,门限深度大约为 1 700 m;烃源岩 R_o 达到 0.7% 的时间大约在距今 25 Ma,
现今还没有达到生烃高峰。

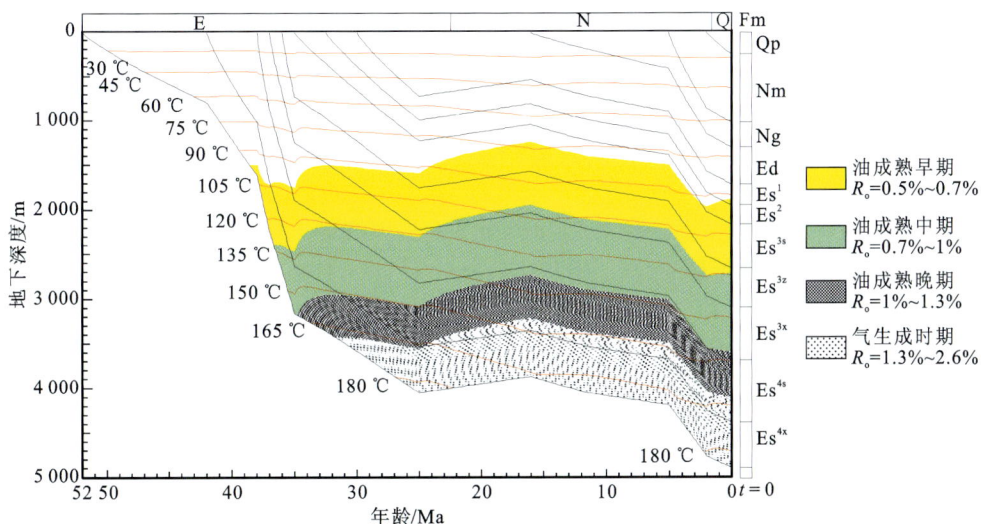

图 3-39 东营凹陷坨 27 井埋藏史、热史和成熟史

丰 112 井位于民丰洼陷,其埋藏史、热史和成熟史模拟结果(图 3-40)反映民丰洼陷沙

四上亚段在距今 36 Ma 开始生烃,生烃门限温度大约为 100 ℃,门限深度大约为 1 800 m;在距今大约 29 Ma 烃源岩 R_o 达到 0.7%,所对应的深度和温度分别为 2 350 m 和 120 ℃;沙四上亚段顶界烃源岩 R_o 达到 0.7% 为距今 24 Ma,所对应的深度和温度分别为 2 400 m 和 115 ℃;至今沙四上亚段烃源岩接近达到生烃高峰,其底界 R_o 大约为 0.95%,顶界 R_o 大约为 0.85%。沙三下亚段在距今 33.5 Ma 开始生烃,生烃门限温度大约为 95 ℃,门限深度大约为 1 600 m;在距今 24 Ma 烃源岩 R_o 达到 0.7%,深度为 2 400 m,温度为 115 ℃;至今烃源岩还没有达到生烃高峰,但 R_o 均在 0.75% 以上。沙三中亚段大约在距今 31 Ma 开始生烃,生烃门限温度大约为 95 ℃,门限深度大约为 1 600 m;在距今 1.5 Ma 烃源岩 R_o 达到 0.7%,所对应的深度和温度分别为 3 000 m 和 115 ℃,但至今其顶界烃源岩 R_o 还没有达到 0.7%。

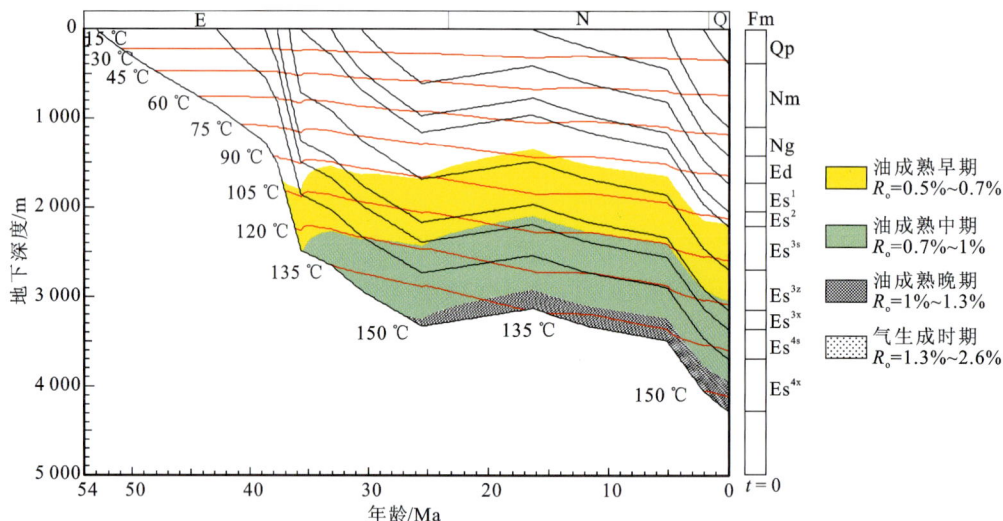

图 3-40　东营凹陷丰 112 井埋藏史、热史和成熟史

2）烃源岩生烃史模拟结果分析

　　基于梁 70 井、史 115 井、坨 27 井、丰 112 井四口代表性单井埋藏史、热史和成熟史模拟的基础上,采用转化率和生烃率(生油率和生气率)反映沙四上亚段、沙三下亚段和沙三中亚段烃源岩生烃演化过程。生烃率(mg/gTOC·Ma)为单位时间内、单位质量的有机母质在转化过程中的生烃量。梁 70 井沙四上亚段、沙三下亚段和沙三中亚段烃源岩转化率和生油率演化特征如图 3-41(a)~(c)所示,沙四上亚段、沙三下亚段和沙三中亚段烃源岩生气率如图 3-41(d)所示。很明显沙四上亚段、沙三下亚段和沙三中亚段烃源岩均以生油为主,生气量很少,主要是因为烃源岩有机质类型主要为 I 型和 II$_1$ 型。生气率以沙四上亚段底界最高,在距今大约 25 Ma 可达到 20 mg/gTOC·Ma,但相对沙四上亚段底界生油率却明显低得多。沙四上亚段底界在距今大约 25 Ma 生油率可达到 180 mg/gTOC·Ma。

　　从烃源岩生油率演化过程可能清楚地看出,沙四上亚段、沙三下亚段和沙三中亚段烃源岩生油主要发生在两个阶段,其中以沙三中亚段烃源岩生油强度最低。第一个阶段发

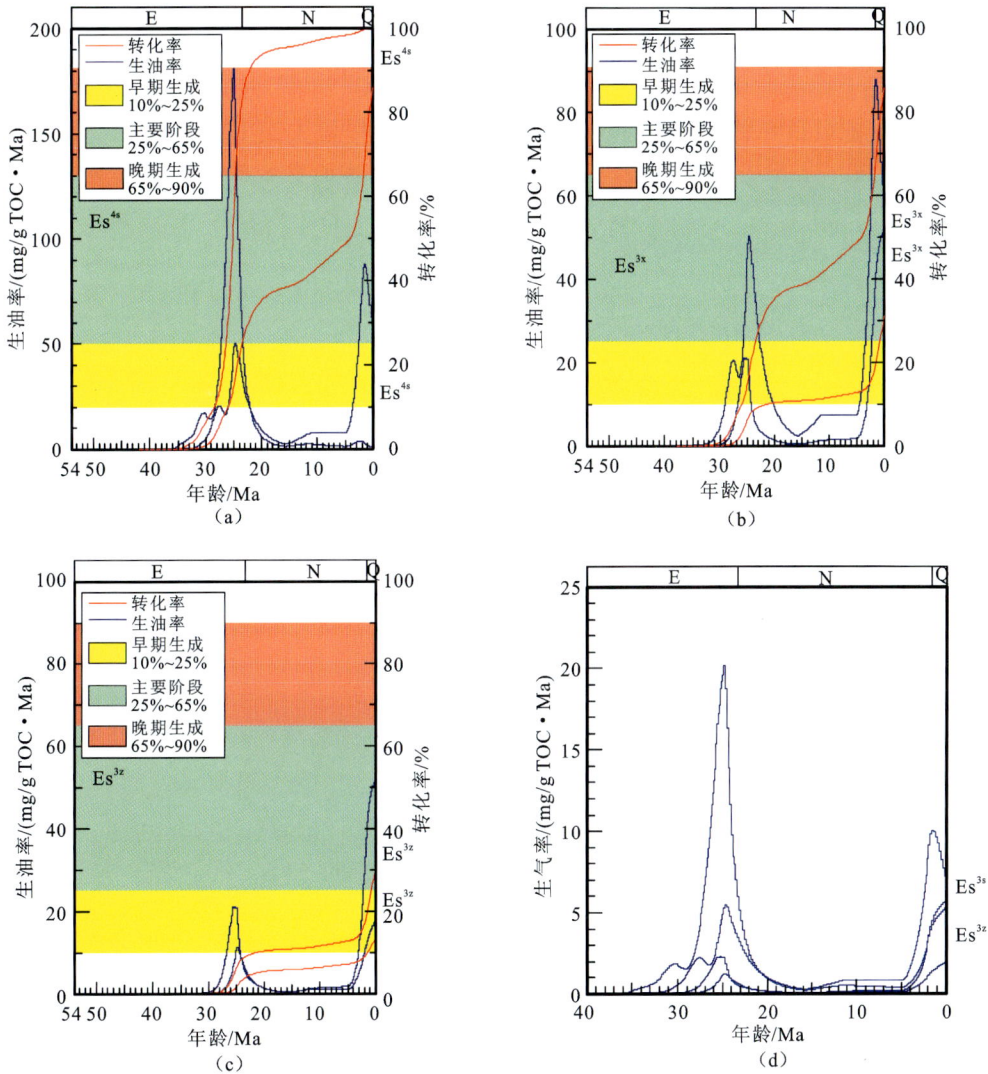

图 3-41　东营凹陷梁 70 井烃源岩生烃史模拟结果

生在大约距今 30~20 Ma,第二个阶段发生在距今 5~0 Ma。在第一个阶段内,沙四上亚段从开始大量生烃并达到最大。沙四上亚段底界烃源岩生油率从 20 mg/gTOC·Ma 增加到 180 mg/gTOC·Ma,顶界烃源岩生油率从大约 5 mg/gTOC·Ma 增加到 50 mg/gTOC·Ma;沙三下亚段顶界烃源岩生油率从大约 0 增加到 22 mg/gTOC·Ma;沙三中亚段顶界烃源岩生油率从大约 0 增加到 12 mg/gTOC·Ma。到距今 25 Ma,由于地层抬升并遭受剥蚀,温度下降,烃源岩生油率也开始减小。在距今 20 Ma 减小到最低,沙四上亚段底界和顶界烃源岩生油率分别只有 2 mg/gTOC·Ma 和 5 mg/gTOC·Ma;沙三下亚段顶界烃源岩生油率从大约 22 mg/gTOC·Ma 减小到 2 mg/gTOC·Ma;沙三中亚段顶界烃源岩生油率从大约 12 mg/gTOC·Ma 减小到 2 mg/gTOC·Ma。在此时期沙四上亚段底界烃源岩转化率从 5% 增加到 95%,顶界烃源岩转化率从 2% 增加到 38%;沙三下亚段和沙三中亚段顶界烃源岩转化率分别从 0 增加到 10% 和从 0 增加到 5%。到距今 5 Ma,由于明化镇组的快速埋藏,地温升高,烃源岩成熟度增加,便开始二次生烃。在此阶段,沙四上亚段顶界烃源岩生油率从 5 mg/gTOC·Ma 增加到 90 mg/gTOC·Ma,烃源岩转化率从 50% 增加到 85%;沙三下亚段顶界烃源岩生油率从 2 mg/gTOC·Ma 增加到 52 mg/gTOC·Ma,烃源岩转化率从 14% 增加到 30%;沙三中亚段顶界烃源岩生油率从 2 mg/gTOC·Ma 增加到 18 mg/gTOC·Ma,烃源岩转化率从 8% 增加到 13%。

史 115 井沙四上亚段、沙三下亚段和沙三中亚段烃源岩转化率和生油率演化特征(图3-42)与梁 70 井具有很好的相似性。烃源岩生成的烃类以油为主,在距今 25 Ma 沙四上亚段底界烃

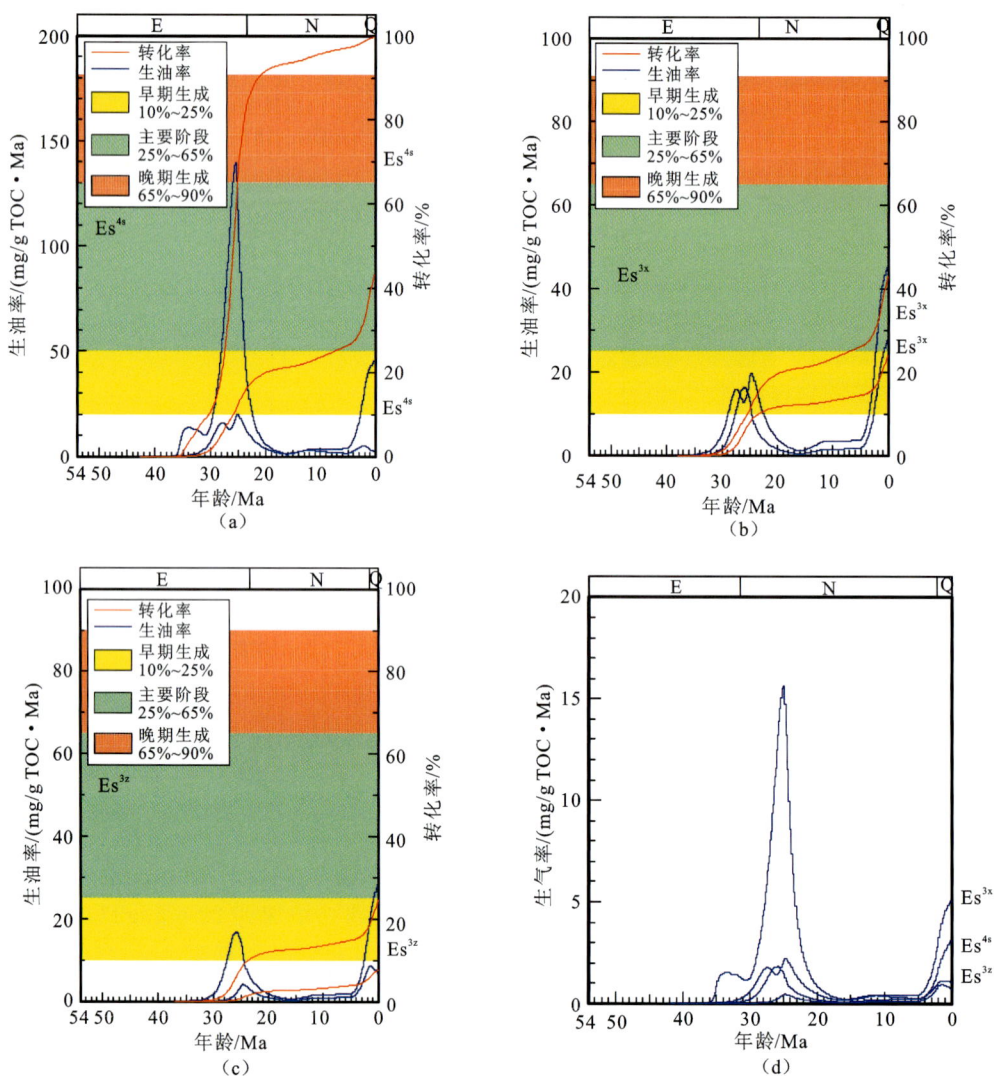

图 3-42　东营凹陷史 115 井烃源岩生烃史模拟结果

源岩生气率为 15 mg/gTOC·Ma,而此时的生油率可达到 140 mg/gTOC·Ma;现今沙四上亚段顶界烃源岩生气率为 5 mg/gTOC·Ma,明显比生油率(47 mg/gTOC·Ma)小得多。在生油第一个阶段(距今 30~20 Ma):沙四上亚段底界烃源岩生油率从 10 mg/gTOC·Ma 增加到 140 mg/gTOC·Ma 再减小到大约只有 5 mg/gTOC·Ma,在距今 25 Ma 生油率达到最大,烃源岩转化率从 20% 增加到 92%;沙三下亚段底界烃源岩生油率从 2 mg/gTOC·Ma 增加到 20 mg/gTOC·Ma 再减小到 5 mg/gTOC·Ma,烃源岩转化率从 3% 增加到 20%;沙三中亚段底界烃源岩生油率从 3 mg/gTOC·Ma 增加到 18 mg/gTOC·Ma 再减小到 2 mg/gTOC·Ma,转化率从 0% 增加到 13%;沙三中亚段顶界烃源岩生油率从 0 增加到 5 mg/gTOC·Ma 再减小到 1 mg/gTOC·Ma,转化率从 0% 增加到 3%,生烃量很小。在生油第二个阶段(距今 5~0 Ma):沙三下亚段底界烃源岩生油率从 5 mg/gTOC·Ma 增加到 48 mg/gTOC·Ma,烃源岩转化率从 26% 增加到 42%;沙三中亚段底界烃源岩烃源岩生油率从 2 mg/gTOC·Ma 增加到 28 mg/gTOC·Ma,烃源岩转化率从 15% 增加到 22%;沙三中亚段顶界烃源岩生油率从 1 mg/gTOC·Ma 增加到 9 mg/gTOC·Ma,烃源岩转化率从 5% 增加到 8%。

　　坨 27 井沙四上亚段、沙三下亚段和沙三中亚段烃源岩由于埋藏深度相对梁 70 井和史 115 井大,因此生烃强度明显相对比较强,但生烃演化模式也和上述两口井比较类似。坨 27 井烃源岩生烃史模拟结果(图 3-43)显示沙四上亚段、沙三下亚段和沙三中亚段烃源岩也均以生油为主,生气率很低,最高的为沙四上亚段底界在现今生气率只有 15 mg/gTOC·Ma,明显比生油率小得多,由于沙四上亚段埋藏深度大,底界烃源岩生烃时间早。第一阶段生烃时间为距今 37~25 Ma,而在以后的时间都没有生烃。其余层位的烃源岩生烃演化也可以划分为距今 30~20 Ma 和距今 5~0 Ma 两个阶段。在距今 37~25 Ma,沙四上亚段底界烃源岩生油率在距今 32 Ma 达到最大,为大约 137 mg/gTOC·Ma,在距今 25 Ma 减小到大约 0 mg/gTOC·Ma,烃源岩在此阶段转化率从 0% 增加到 100%;第一阶段,沙四上亚段顶界烃源岩生油率在距今 25 Ma 达到最大,为大约 68 mg/gTOC·Ma,在距今 20 Ma 减小到大约 2 mg/gTOC·Ma,烃源岩转化率从 4% 增加到 60%;沙三下亚段顶界烃源岩在距今 30 Ma 生油率从 2 mg/gTOC·Ma 开始增加,到距今 25 Ma 达到 12 mg/gTOC·Ma,最后在距今 20 Ma 减小到大约 1 mg/gTOC·Ma,此阶段烃源岩转化率从 0% 增加到 5%;沙三中亚段烃源岩顶界在距今 30~20 Ma 生烃量相当少。在距今 5~0 Ma,为沙三下亚段和沙三中亚段烃源岩主要生烃阶段。沙四上亚段顶界烃源岩生油率从 7 mg/gTOC·Ma 增加到大约 42 mg/gTOC·Ma,转化率从 70% 增加到 80%;沙三上段顶界烃源岩生油率从 1 mg/gTOC·Ma 增加到 22 mg/gTOC·Ma,转化率从 10% 增加到 15%;沙三中亚段顶界烃源岩生油率从 1 mg/gTOC·Ma 增加到 19 mg/gTOC·Ma,转化率增加到 5%。

　　丰 112 井烃源岩以沙四上亚段为主,沙三下亚段和沙三中亚段烃源岩生烃量均相对比较小,主要生烃阶段为距今 5~0 Ma(图 3-44)。生成的烃类以油为主,气很少,沙四上亚段底界最大生气率只有大约 4 mg/gTOC·Ma,生油率最大可达 40 mg/gTOC·Ma。沙四上亚段底界烃源岩在距今 36 Ma 开始生烃,在距今 31 Ma 生油率达到 11 mg/gTOC·Ma,并在距

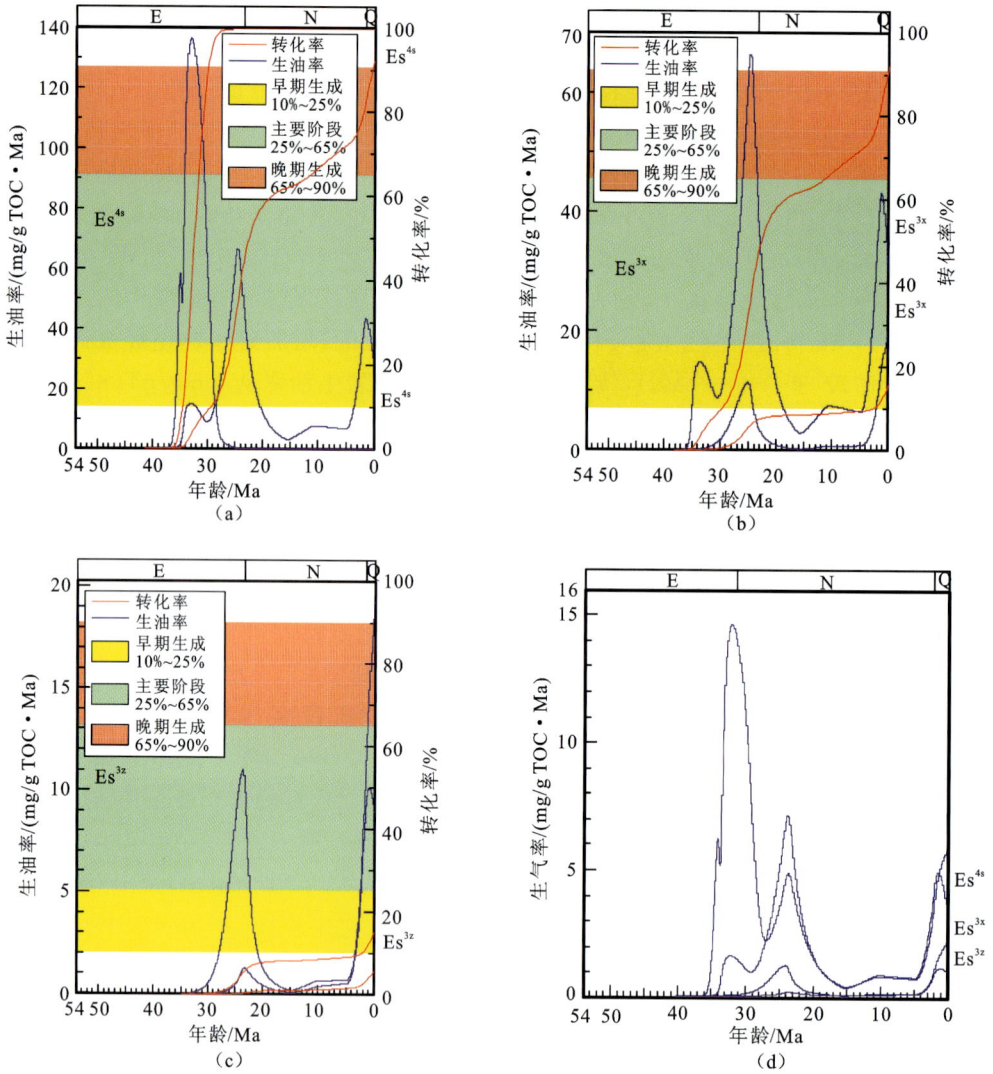

图 3-43　东营凹陷坨 27 井烃源岩生烃史模拟结果

今 25 Ma 达到 15 mg/gTOC·Ma,在距今 20 Ma 降到 3 mg/gTOC·Ma,此时期烃源岩转化率达到大约 20%。在距今 30～20 Ma,沙四上亚段顶界烃源岩生油率从 2 mg/gTOC·Ma 增加到 8 mg/gTOC·Ma,最后在距今 20 Ma 减小到大约 1 mg/gTOC·Ma,此阶段烃源岩转化率从 1% 增加到 8%;沙三下亚段顶界烃源岩生油率从 1 mg/gTOC·Ma 增加到 5 mg/gTOC·Ma,最后在距今 20 Ma 减小到大约 1 mg/gTOC·Ma,此阶段烃源岩转化率从 0% 增加到 5%;沙三中亚段烃源岩顶界在距今 30～20 Ma 还没有生烃。在距今 5～0 Ma,沙四上亚段底界烃源岩生油率从 3 mg/gTOC·Ma 增加到大约 40 mg/gTOC·Ma,转化率从 25% 增加到 38%;沙四上亚段顶界烃源岩生油率从 1 mg/gTOC·Ma 增加到大约 12 mg/gTOC·Ma,转化率从 9% 增加到 13%;沙三下亚段

顶界烃源岩生油率从 1 mg/gTOC·Ma 增加到 6 mg/gTOC·Ma,转化率从 6% 增加到
8%;沙三中亚段烃源岩生油率从 0.5 mg/gTOC·Ma 增加到 5 mg/gTOC·Ma,转化率
只增加到 1.5%。

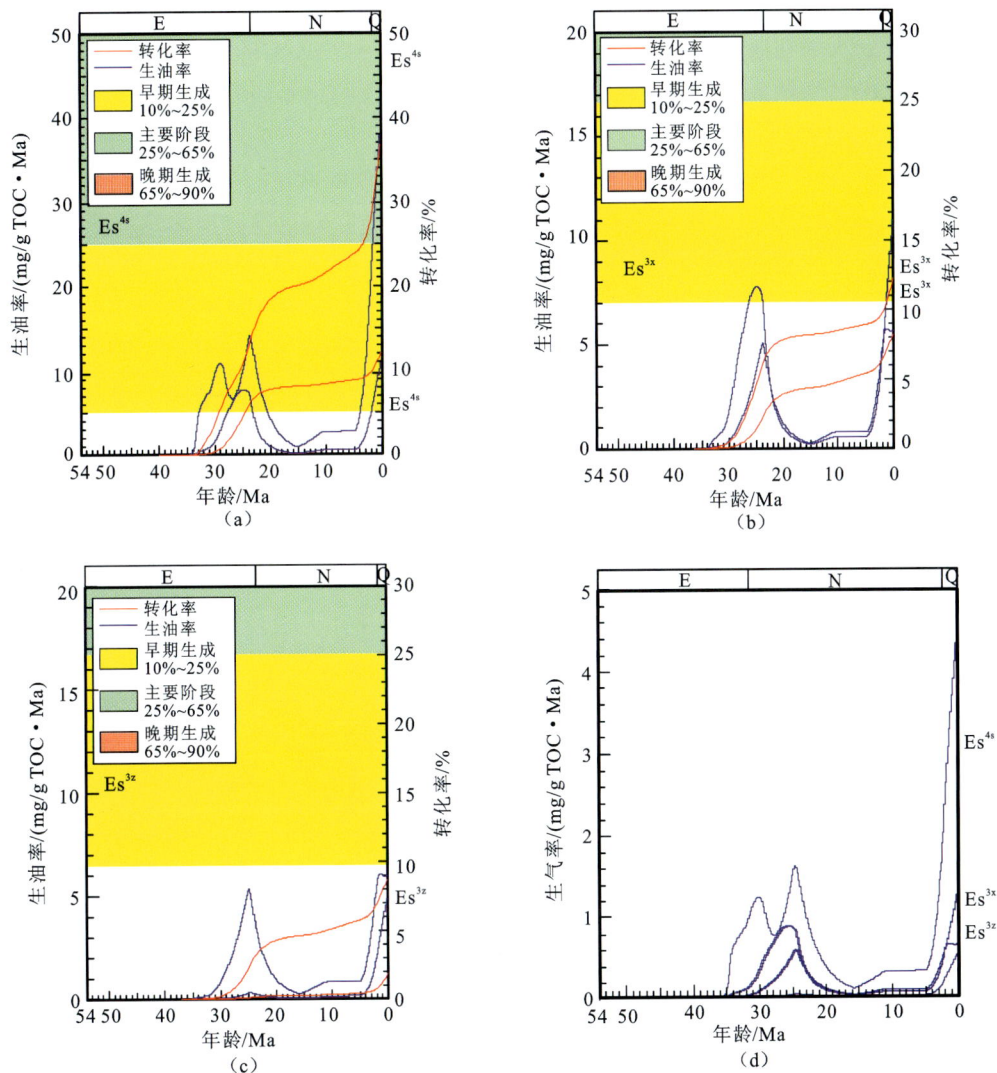

图 3-44　东营凹陷丰 112 井烃源岩生烃史模拟结果

2. 剖面二维烃源岩成熟生烃史模拟结果分析

　　二维烃源岩成熟生烃史模拟的目的主要为研究东营凹陷烃源岩生油增压演化提供基
础。所选取的剖面 NW4 不但过利津洼陷东部深洼处,同时过牛庄洼陷,其剖面地质模型
如图 3-45 所示,可以看出利津洼陷沙四上亚段和沙三下亚段地层埋藏深度明显比牛庄洼
陷大。单井模拟结果反映沙三中亚段生烃强度明显比沙四上亚段和沙三下亚段差得多,

所以沙四上亚段和沙三下亚段应该为本地区最重要的烃源岩,因此以下将主要阐述沙四上亚段和沙三下亚段烃源岩成熟生烃演化史。利用 EASY% R_o 模型计算沙四上亚段和沙三下亚段烃源岩现今的成熟度如图 3-46 所示,其剖面上坨 27 井模拟的温度和成熟度趋势与实测值的关系如图 4-2 所示。可以看出东营凹陷现今的门限深度大约为 2 000 m (R_o=0.5%),大约在深度为 3 200 m 处烃源岩 R_o 达到 0.7%,大约在深度 3 900 m 达到生烃高峰(R_o=1.0%),烃源岩 R_o 达到 1.3% 所对应的深度大约为 4 400 m。利津洼陷沙四上亚段烃源岩 R_o 为 1.0%~1.5%,沙三下亚段烃源岩 R_o 为 0.75%~1.0%,沙三中亚段烃源岩 R_o 为 0.65%~0.75%。牛庄洼陷烃源岩 R_o 相对偏低,沙四上亚段烃源岩 R_o 为 0.7%~9%;沙三下亚段烃源岩 R_o 分布范围为 0.65%~0.8%;沙三中亚段烃源岩 R_o 为 0.6%~0.7%。利津洼陷东部深洼处沙四上亚段烃源岩在距今 36 Ma 开始生烃(图 4-14),在距今 34 Ma 烃源岩 R_o 达到 0.75%,在距今 27 Ma 达到生烃高峰;沙三下亚段烃源岩在距今 34 Ma 开始生烃(图 3-47),在距今 24 Ma 烃源岩 R_o 达到 0.75%(图 3-48)。牛庄洼陷烃源岩开始生烃的时间和利津洼陷烃源岩相当,但沙四上亚段烃源岩在距今 8 Ma R_o 才达到 0.75%,明显晚于利津洼陷烃源岩。

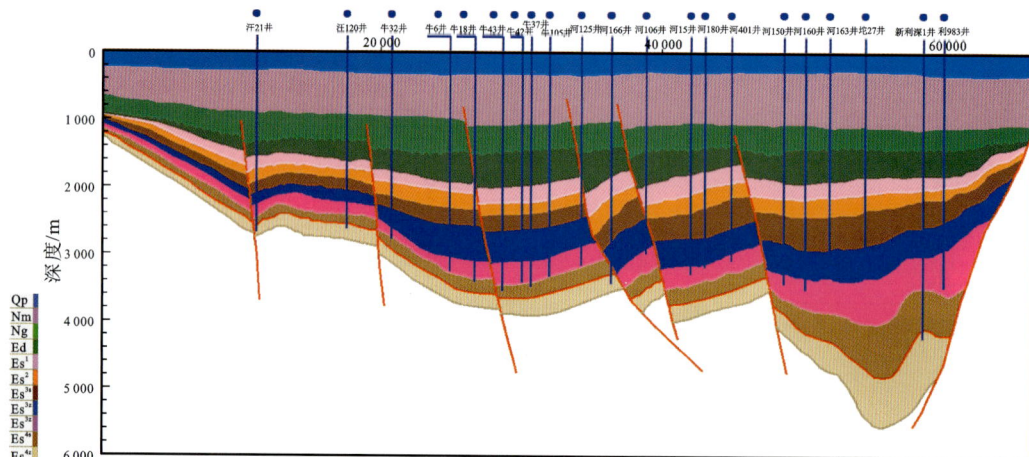

图 3-45　东营凹陷二维剖面 NW4 地质模型

　　虽然烃源岩成熟度都不是很高,但由于烃源岩干酪根类型为 I 型,因此源岩转化率还比较高。现今利津洼陷东部深洼处沙四上亚段烃源岩转化率已经达到 100%(图 3-49);沙三下亚段底界烃源岩转化率在 90% 以上,其顶界达到 50%;沙三中亚段烃源岩转化率为 5%~50%。牛庄洼陷沙四上亚段烃源岩转化率为 60%~80%;沙三下亚段烃源岩转化率分布范围为 20%~60%;沙三中亚段烃源岩转化率在 20% 以下。利津洼陷东部深洼处烃源岩比牛庄洼陷转化得快。利津洼陷深洼处沙四上亚段烃源岩转化率在距今 35 Ma 达到 10%,距今 32 Ma 达到 60%,距今 27 Ma 已经达到 90%(图 3-50);沙三下亚段烃源岩转化率在距今 29 Ma 达到 10%,距今 5 Ma 达到 60%(图 3-51)。而牛庄洼陷沙四上亚段烃源岩转化率在距今 26 Ma 达到 10%,距今 1 Ma 才达到 60%;沙三下亚段烃源岩转化率在距今 8 Ma 达到 10%,现今还没有达到 60%。

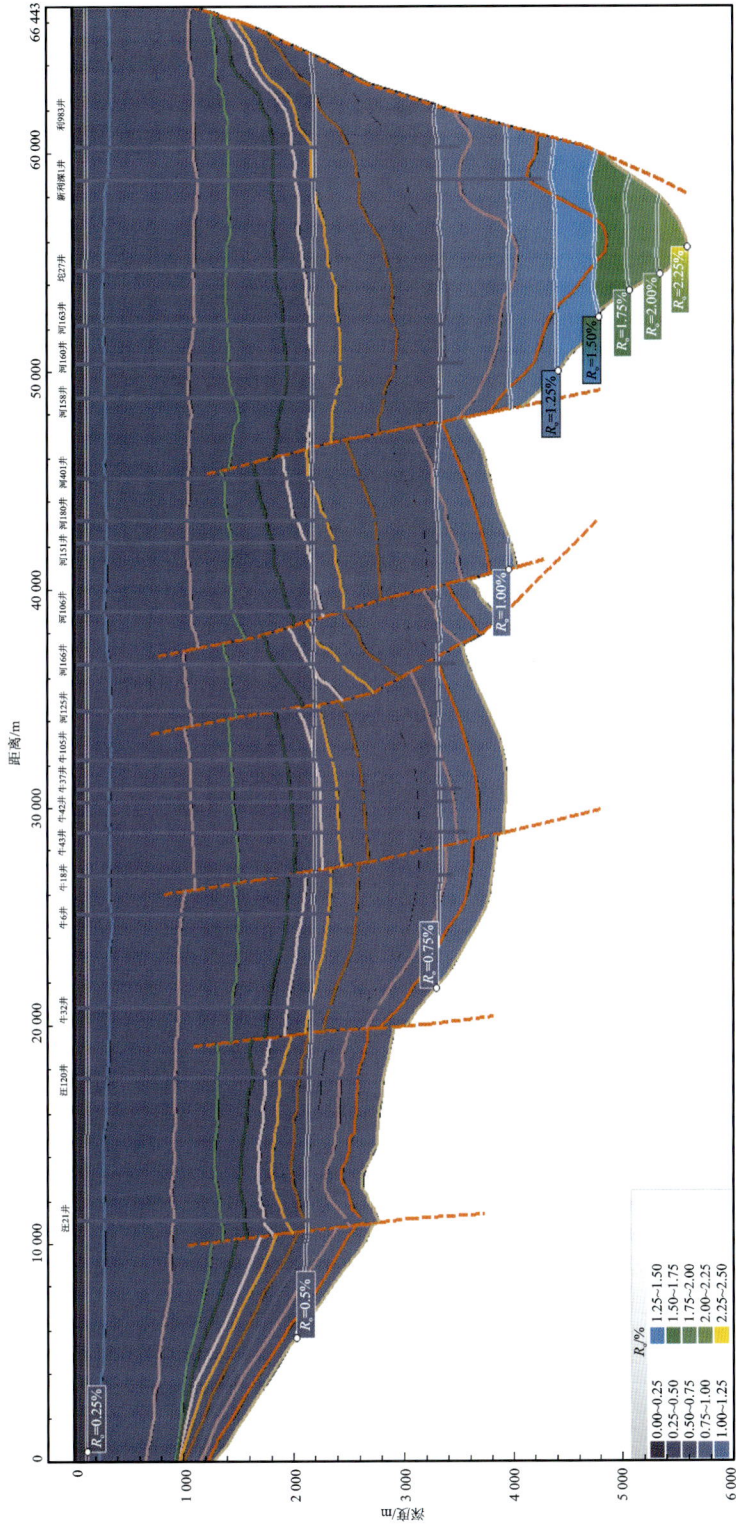

图 3-46　东营凹陷二维测线 NW4 现今 R_o 剖面(层位线与图 3-45 一致)

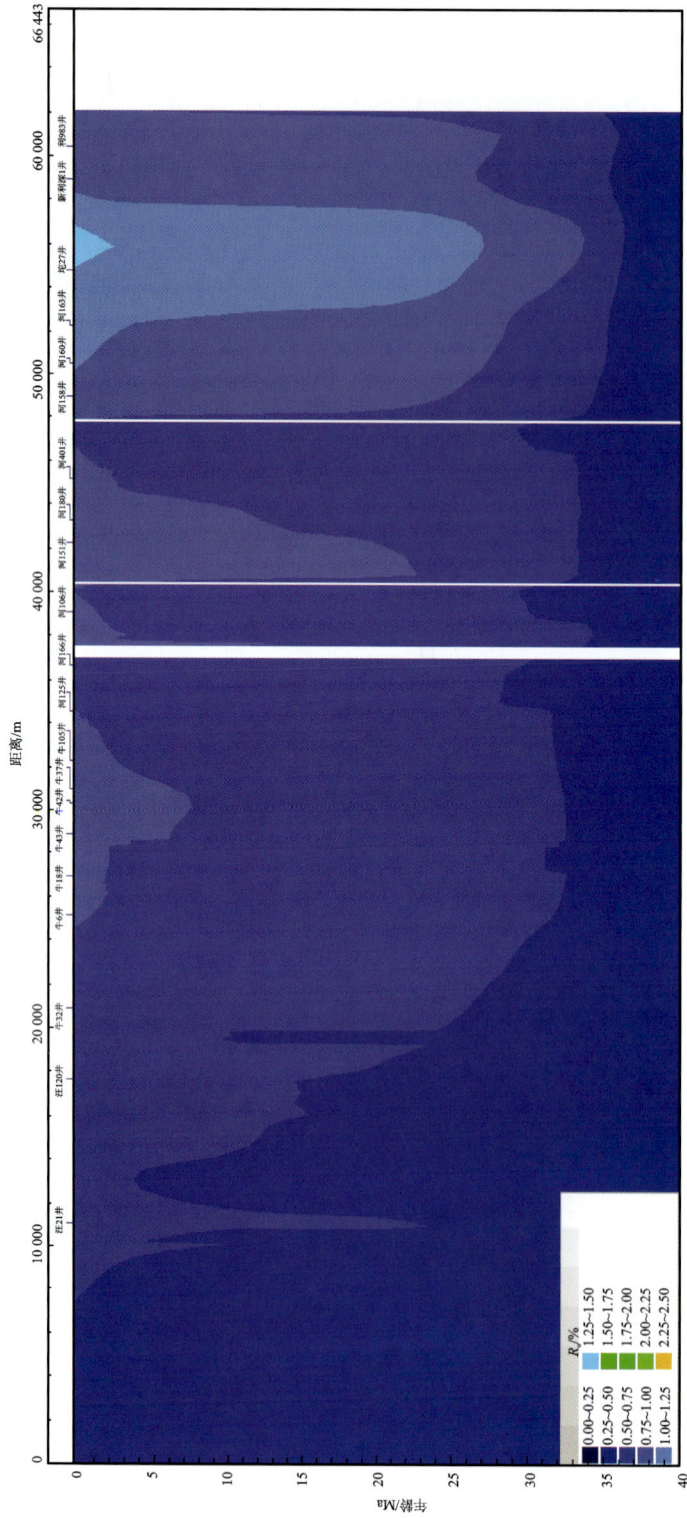

图 3-47　东营凹陷二维测线NW4沙四上亚段沙四上亚段 R_o 演化剖面(沙四上亚段中间深度线)

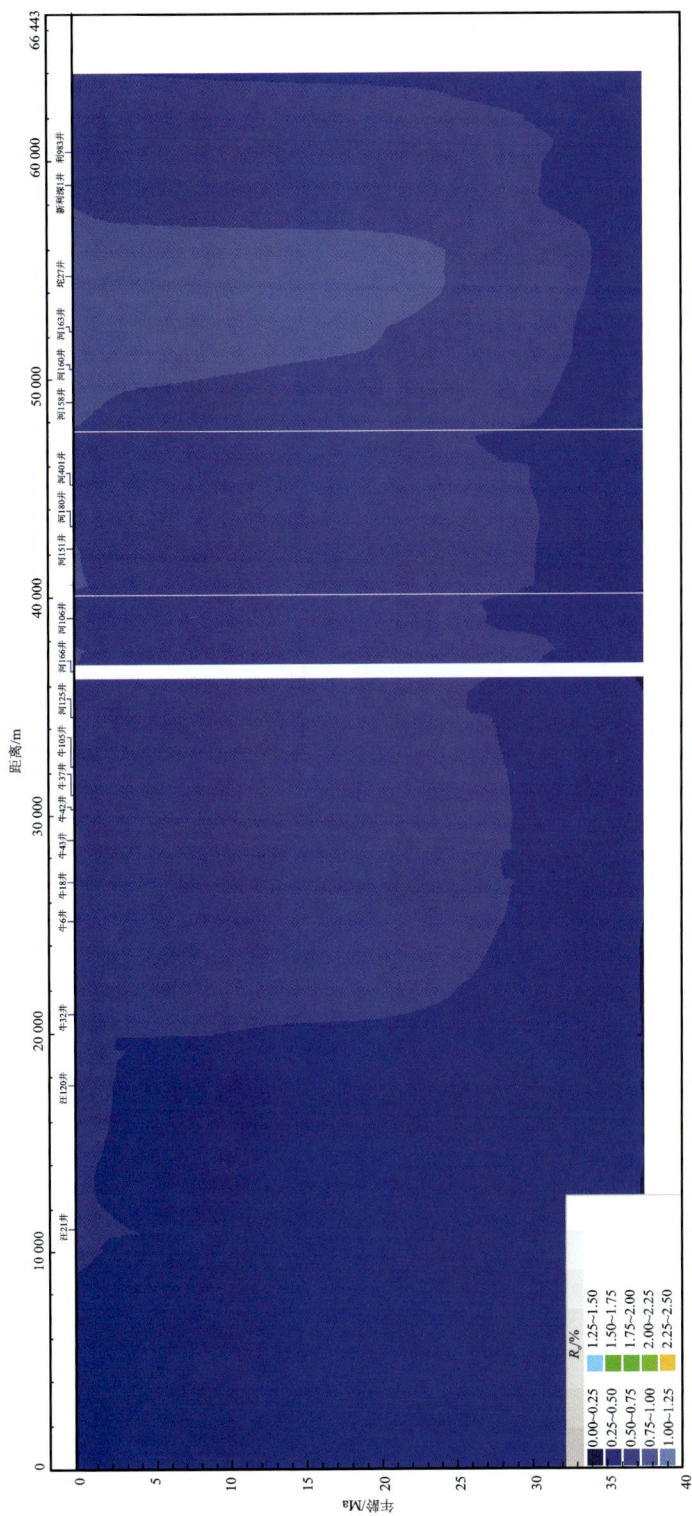

图 3-48　东营凹陷二维测线 NW4 沙三亚三下亚段 R_o 演化剖面(沙三下亚段中间深度线)

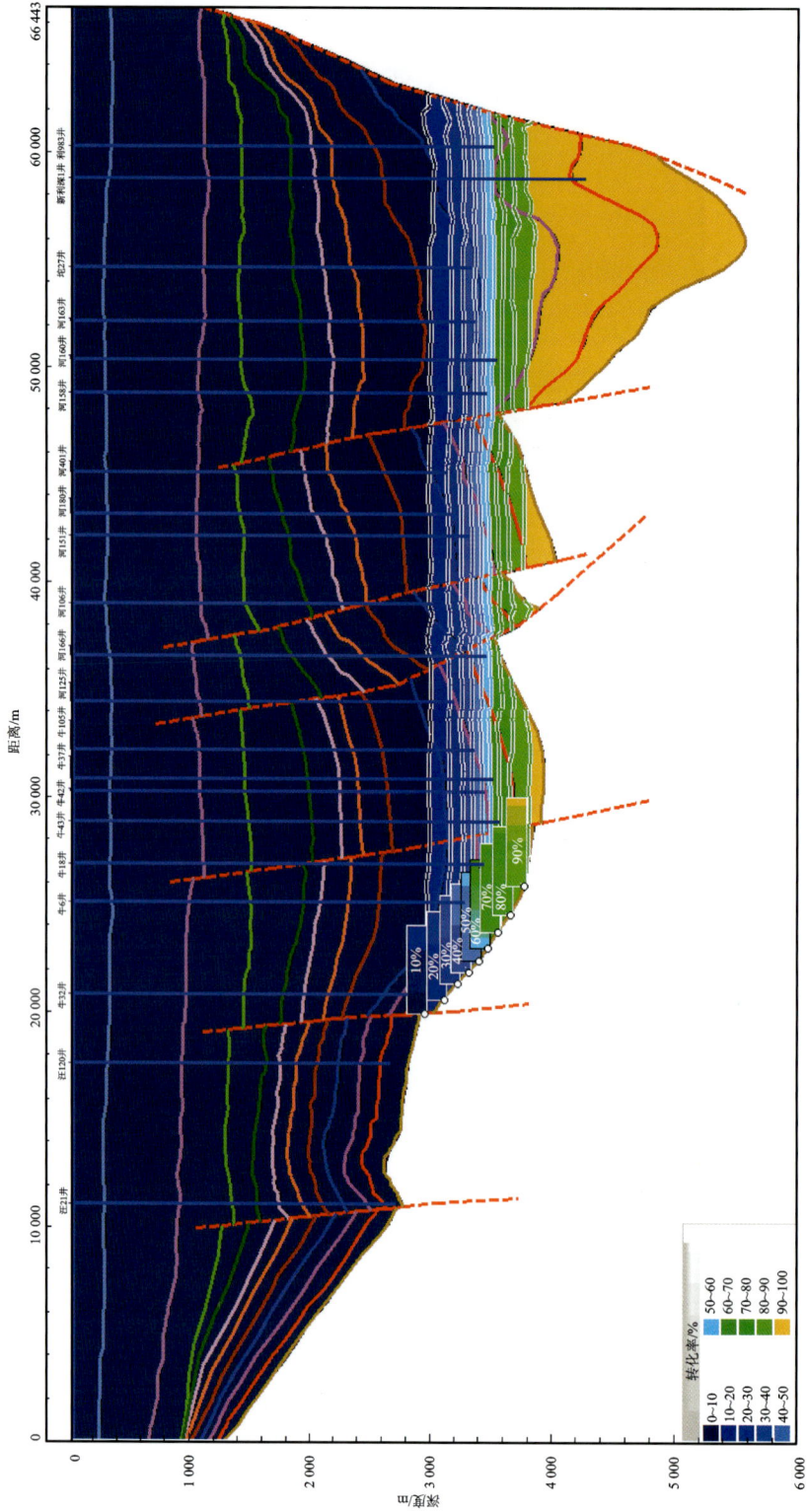

图 3-49　东营凹陷二维测线 NW4 现今烃源岩转化率剖面(层位线与图 3-45 一致)

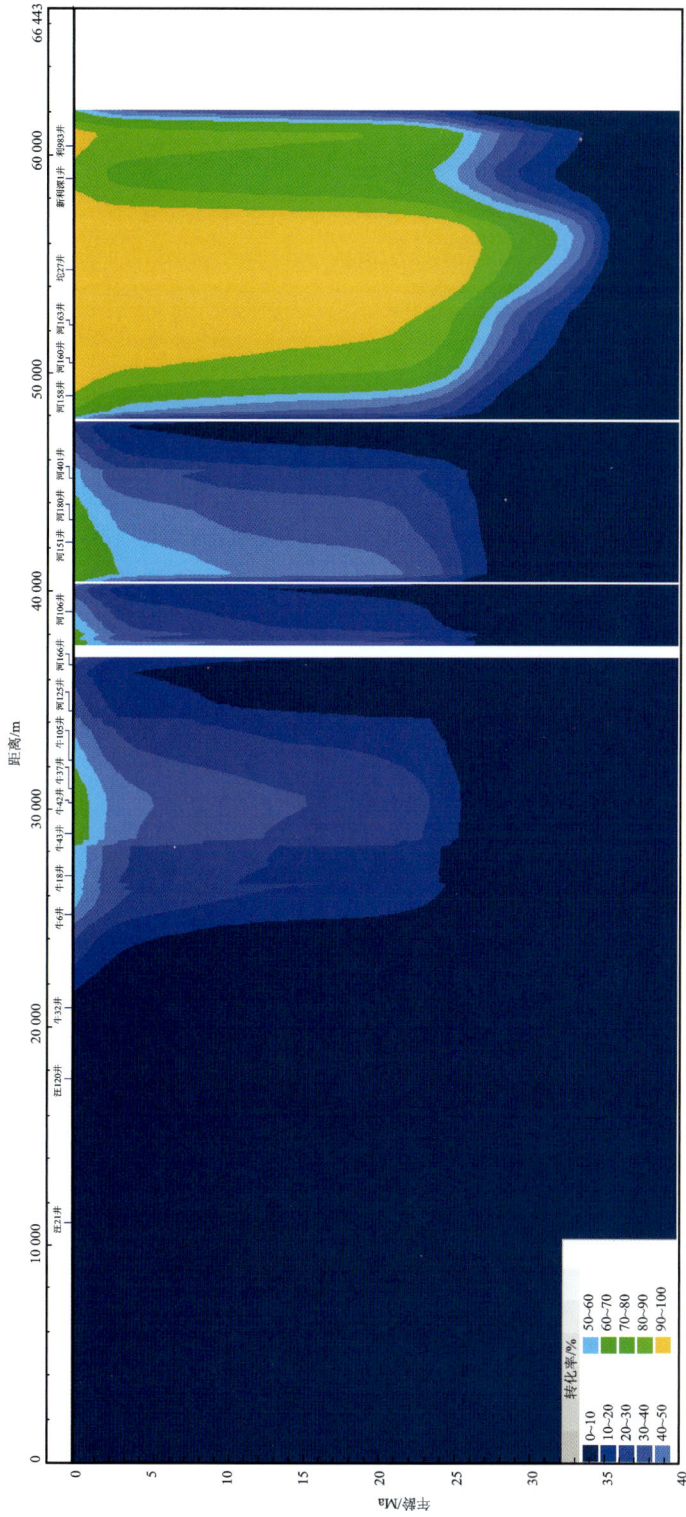

图 3-50　东营凹陷二维测线 NW4 沙四上亚段烃源岩转化率演化剖面(沙四上亚段中间深度线)

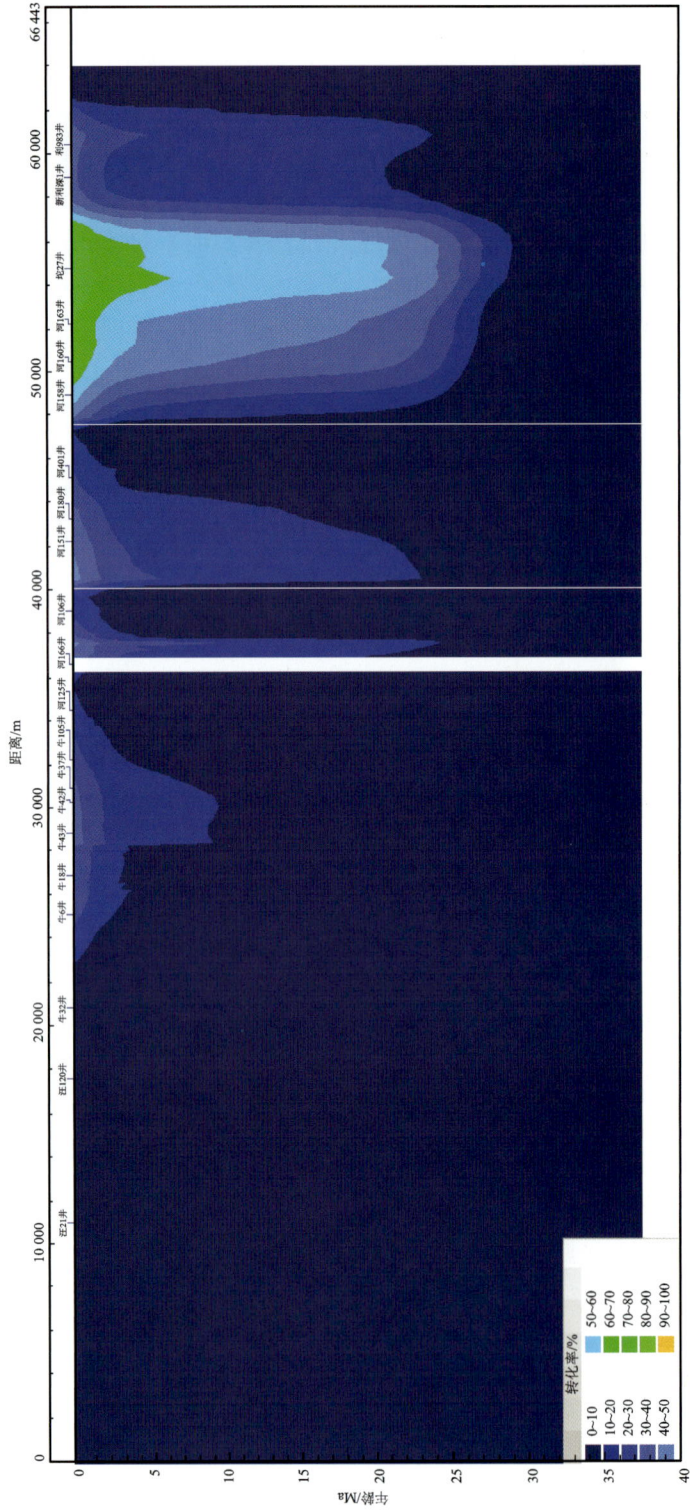

图 3-51　东营凹陷二维测线 NW4 沙三下亚段烃源岩转化率演化剖面(沙三下亚段中间深度线)

二维剖面 EW1 过利津洼陷和民丰洼陷,但没有过利津洼陷深凹处,主要反映了利津洼陷西部和民丰洼陷烃源岩成熟生烃演化史,其剖面地质模型如图 3-52 所示,其剖面上梁 70 井、史 115 井和丰 112 井模拟的温度和成熟度趋势与实测值的关系如图 3-35 所示。现今利津洼陷西部沙四上亚段烃源岩 R_o 为 0.75%~1.0%(图 3-53),沙三下亚段烃源岩 R_o 为 0.7%~9%,沙三中亚段烃源岩也都已经成熟。民丰洼陷沙四上亚段烃源岩 R_o 为 0.7%~9%;但沙三下亚段烃源岩 R_o 分布范围为 0.5%~0.8%;沙三中亚段烃源岩大部分也已经成熟。沙四上亚段和沙三下亚段烃源岩 R_o 演化剖面(图 3-54 和图 3-55)显示利津洼陷西部和民丰洼陷烃源岩开始生烃时间大致相同,沙四上亚段烃源岩在大约距今 30 Ma 开始生烃,沙三下亚段烃源岩在距今 27 Ma 开始生烃。利津洼陷西部沙四上亚段烃源岩在距今 24 Ma R_o 达到 0.75%,而在民丰洼陷沙四上亚段烃源岩 R_o 达到 0.75%的时间为距今 2 Ma。

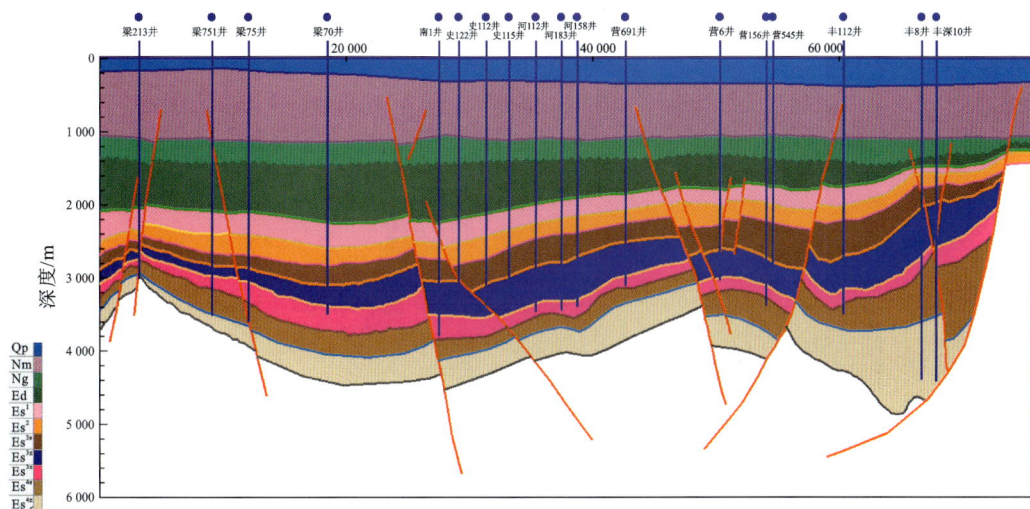

图 3-52　东营凹陷二维剖面 EW1 地质模型

现今利津洼陷西部沙四上亚段烃源岩转化率最大已经接近 100%,烃源岩转化率大部分都在 80%以上;沙三下亚段底界烃源岩转化率已经超过 90%,其顶界在 50%以上;沙三中亚段烃源岩转化率为 20%~60%。民丰洼陷沙四上亚段烃源岩大部分转化率为 30%~90%;沙三下亚段烃源岩转化率分布范围为 10%~60%;沙三中亚段烃源岩转化率在 30%以下。利津洼陷西部沙四上亚段烃源岩转化率在距今 28 Ma 达到 10%,距今 25 Ma 达到 60%,在距今 4 Ma 已经达到 90%;沙三下亚段烃源岩转化率在距今 26 Ma 达到 10%,距今 8 Ma 达到 60%。民丰洼陷沙四上亚段烃源岩转化率在距今 28 Ma 达到 10%,距今 4 Ma 达到 60%;沙三下亚段烃源岩转化率在距今 25 Ma 达到 10%,现今还没有达到 60%。

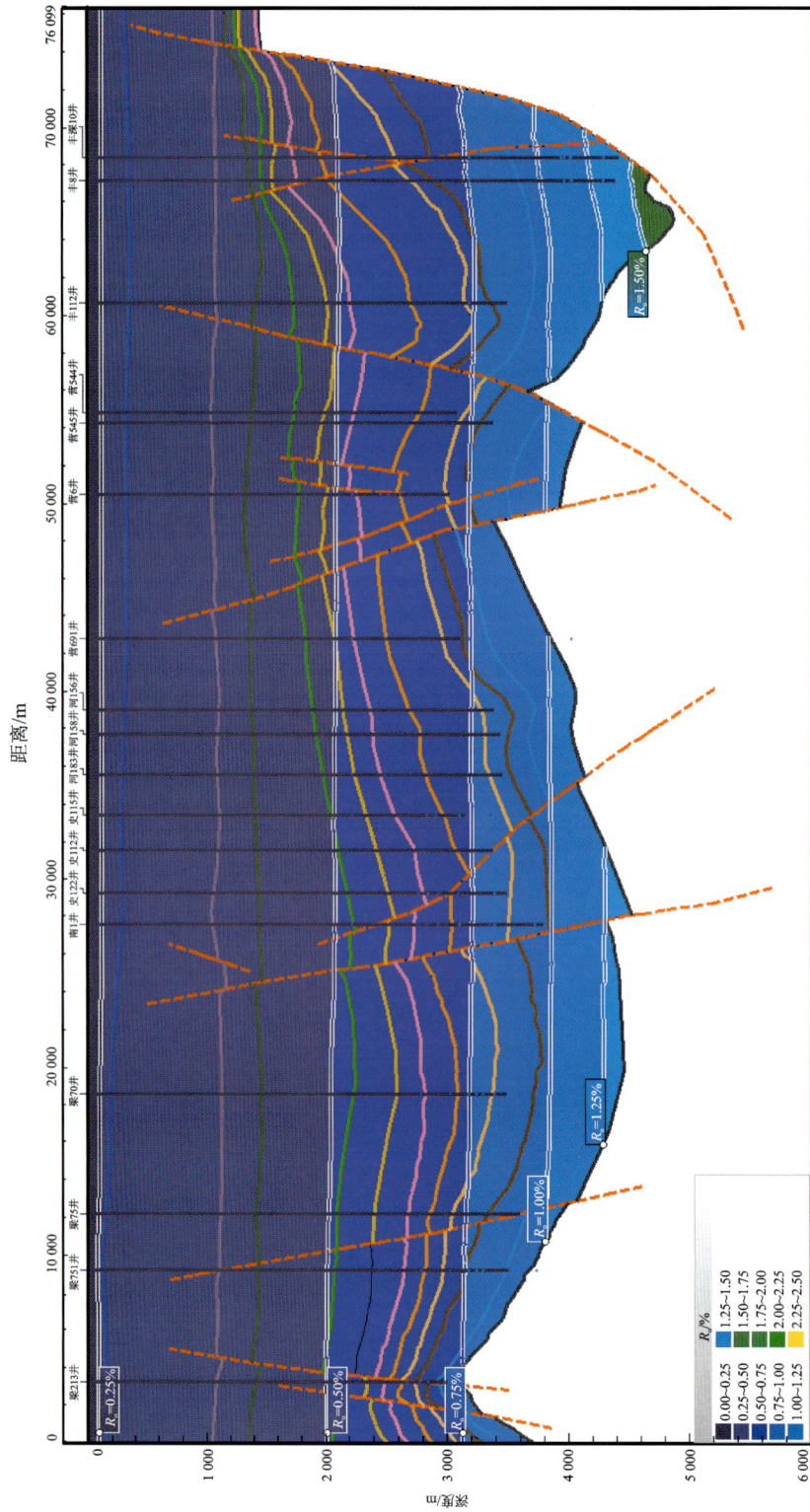

图 3-53　图东营凹陷二维测线 EW1 现今 R_o 剖面（层位线与图 3-52 一致）

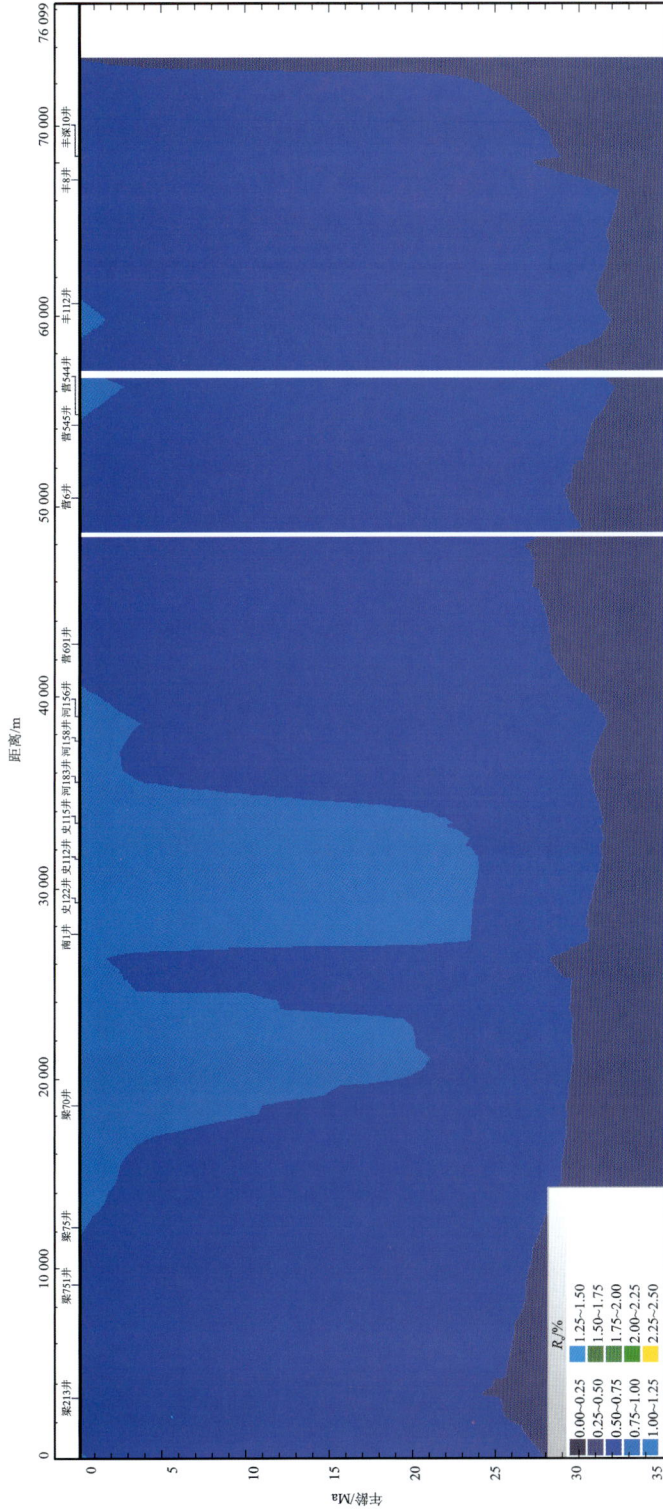

图 3-54　东营凹陷二维测线 EW1 沙四上亚段沙四上亚段 R_o 演化剖面（沙四上亚段中间深度线）

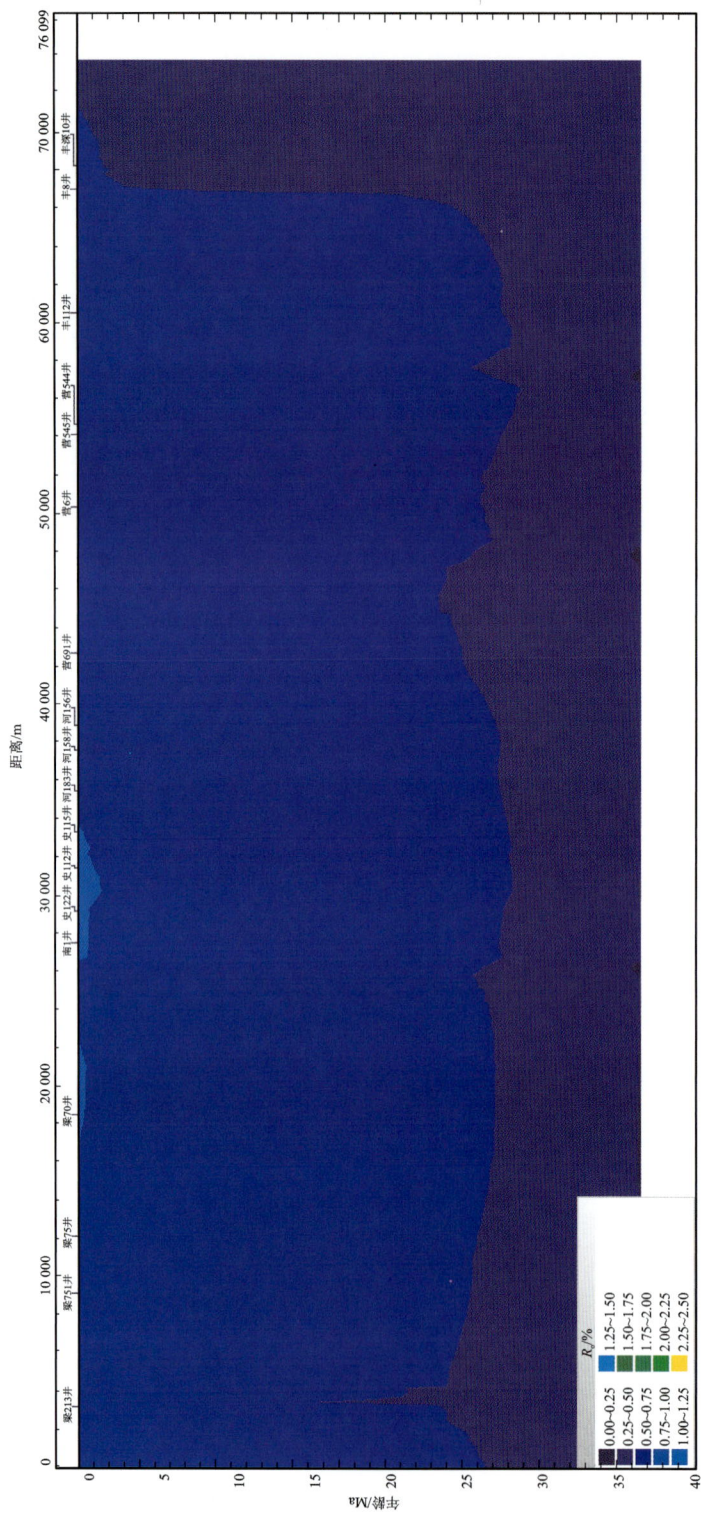

图 3-55　东营凹陷二维测线 EW1 沙三下亚段 R_o 演化剖面（沙三下亚段中间深度线）

3.5　油气成藏期次和时间

东营凹陷沙四段和沙三段烃源岩超压成因机制是生油作用,因此烃源岩生烃和排烃都直接影响超压发育过程。烃源岩排烃时间的确定对超压演化具有重要意义,决定了烃源岩超压释放时间。东营凹陷具有近源成藏的特点,因此烃源岩排烃时间与油气充注(成藏)时间基本一致。本书将利用流体包裹体技术和有机流体包裹体定量荧光技术(QGF和 TSF)相结合确定油气成藏期次,并在恢复东营凹陷埋藏史和热史的基础上确定油气成藏时间。

3.5.1　样品与实验方法

本书研究选取了东营凹陷 20 口单井的 27 块砂岩样品,均属于沙四段和沙三段储层(表 3-3)。将采集的岩心样品制成双面抛光薄片,对其进行显微观察,并开展荧光光谱分析、均一温度测定、群包裹体 TSF 和 QGF 分析、油包裹体激光共聚焦分析、群包裹体成分分析和压力模拟工作。流体包裹体显微观察采用 Olympus 显微镜,配有 20 倍、50 倍和100 倍工作镜头,并利用荧光光谱仪获得单个油包裹体光谱,激发光波长为 365 nm。流体包裹体均一温度和冰点采用 Linkam 公司的 THMS600G 冷热台测定,测定过程中使用循环技术。均一温度测定结果精确到 1 ℃,冰点温度精确到 0.1 ℃。油包裹体体积采用激光共聚焦仪器测定,群包裹体成分分析采用澳大利亚 CSIRO 实验室开发的包裹体在线压碎分析方法。

表 3-3　流体包裹体样品信息表

编号	井号	深度/m	层位	岩性	测试项目	盐水包裹体 Th_{min}/℃
D01	滨 661	2 677.70	Es^3	黑色含砾粗砂岩	①②④⑥	95
D02	滨 665	2 733.50	Es^4	灰褐色细砂岩	①②④⑥	107
D03	丰 112	2 893.40	Es^3	细砂岩	②	110
D04	丰深 1	4 323.00	Es^4	粗砂岩	①②③④⑥	156
D05	丰深 10	4 263.00	Es^4	粗砂岩	①②③④⑤⑥	145
D06	河 134	3 415.34	Es^3	中-细砂岩	②	122
D07	河 134	3 417.50	Es^3	中砂岩	②	123
D08	河 143	3 150.75	Es^3	深灰褐色细砂岩	①②④⑥	112
D09	河 144	2 694.75	Es^3	中砂岩	②	107
D10	河 145	2 612.55	Es^3	灰黑色中砂岩	②	108
D11	河 169	2 942.00	Es^3	浅灰色细砂岩	②	120
D12	河 169	3 025.40	Es^3	中-细砂岩	②	116
D13	河 169	3 030.80	Es^3	中砂岩	②	114

编号	井号	深度/m	层位	岩性	测试项目	盐水包裹体 Th$_{min}$/℃
D14	利91	2 881.64	Es^3	中-粗砂岩	②	108
D15	利91	3 024.50	Es^4	粗砂岩	①②③④⑤⑥	107
D16	利深101	4 164.50	Es^4	粗砂岩	①②③④⑥	141
D17	梁218	3 165.10	Es^4	棕褐色细砂岩	①②④⑥	118
D18	史105	3 215.00	Es^3	中-粗砂岩	②	119
D19	史105	3 252.70	Es^3	粗-中砂岩	②	121
D20	史110	3 266.00	Es^3	中-粗砂岩	②	118
D21	史115	3 069.77	Es^3	褐色细砂岩	①②④⑥	110
D22	史126	3 311.50	Es^3	中-细砂岩	②	120
D23	史126	3 472.20	Es^3	粗-中砂岩	②	120
D24	史126	3 514.60	Es^3	中-粗砂岩	②	117
D25	坨711	3 195.60	Es^3	中-粗砂岩	①②③④⑥	114
D26	坨731	2 944.00	Es^3	中-粗砂岩	①②③④⑥	105
D27	营922	2 961.53	Es^3	深灰褐色细砂岩	①②④⑥	110

注：①荧光光谱；②均一温度；③群包裹体 TSF 和 QGF；④激光共聚焦；⑤群包裹体成分分析；⑥压力模拟

群包裹体定量荧光技术(QGF 和 TSF)在澳大利亚 CSIRO Petroleum 流体分析组实验室进行。砂岩样品 QGF 方法:①把样品碎成单颗粒,筛选出 63～180 μm 范围内颗粒;将样品进行磁力浮选,将石英颗粒挑选出来,去除掉其他一些矿物颗粒;②用 20 mL 高效液相色谱级的二氯甲烷超声 10 min,再静置 20 min 后将溶剂倒掉,除去颗粒表面吸附的油;③将已经干燥的石英颗粒浸泡在 40 mL 双氧水中(室温下)1 h,开始 10 min 和最后 10 min 采用超声,除去颗粒表面的有机质和黏土颗粒;④室温条件下,将样品浸泡在 40 mL 王水(盐酸和硝酸的混合物)中 20 min,不断地搅拌,除去可能的碳酸盐岩矿物;⑤重复操作步骤②,完成后用 20 mL 高效液相色谱级的二氯甲烷超声 10 min,再静置 20 min后,将溶剂用 Verina Cyar-EcliPse 荧光光谱计的紫外光扫描,确定溶剂中不含油之后(扫描结果和二氯甲烷结果一样),样品干燥后就可以开始 QGF 分析;⑥将约 1 g 干净的石英放在定做的微型小盘中(盘中可以同时放多个样品进行自动分析),用固定的激发波长(254 nm)进行扫描,记录 300～600 nm 的发射光谱。

储层样品在进行 TSF 分析之前的前处理方法与有机包裹体 QGF 分析的处理方法相同,直到最后确认样品表面的有机质被完全清除,才可以将样品砸碎,用溶剂萃取包裹体释放出来的烃类,用 Verina Cyar-EcliPse 荧光光谱计的紫外光扫描,激发波长为 250～540 nm 每隔 5 nm 的波长;同时用同步扫描选项从 220 nm 扫描到 340 nm,记录荧光发射光谱,获得三维荧光光谱。

3.5.2 油包裹体特征

流体包裹体是指在矿物结晶生长时,被捕获在矿物晶格的缺陷或空穴内的那部分成矿液体。包裹体形成后,由于没有外来物质的加入和自身物质的流出,因而可以作为原始的成矿流体进行研究,在石油地质研究中得到了广泛的应用(马红强等,2003;柳少波等,1997;麦碧娴等,1991;潘长春等,1990;施继锡等,1987)。油包裹体由于含有芳烃在透射光照射下的荧光颜色可以是无色、黄色、褐色或灰色和黑色,其荧光特征反映了有机质的成分特征及其热演化程度(张义杰,2003;Oxtoby,2002;George et al.,2001;李荣西等,1998;柳少波等,1997;Stasiuk et al.,1997)。油包裹体荧光属性主要取决于芳烃特征,与饱和烃无关(Lumb,1978)。非烃组分也可以产生荧光,但荧光强度相对于芳烃产生的荧光强度小得多(Khavari,1987;Hagemann et al.,1986)。运用微束荧光光谱仪可以获得单个油包裹体光谱特征,选取其中的参数 λ_{max} 和 Q 可以估算油包裹体成分(Stasiuk et al.,1997)。澳大利亚 CSIRO Petroleum 实验室的 QGF(quantitative grain fluorescence)和 TSF(total scaning fluorescence)技术可以获取砂岩颗粒和液态烃荧光光谱信息,并用于油源对比(Li et al.,2008)、调查颗粒中包裹体丰度(Liu et al.,2003)、确定古油水界面(Liu et al.,2003),以及研究油气充注史(Liu et al.,2007)。

在东营凹陷所取得的砂岩样品中,油包裹体主要发育在石英颗粒裂纹中,发育在石英加大边和方解石胶结物中的相对较少。所观察到的油包裹体荧光颜色主要有蓝白色和黄色两种(图3-56)。从油包裹体所发荧光颜色看,东营凹陷主要发育两种类型的油包裹体。为了确定油包裹体类型,对 12 块流体包裹体样品中的 277 个油包裹体开展荧光光谱分析。结果反映观察到典型的蓝白色荧光和黄色荧光的油包裹体荧光光谱特征具有明显的区别(图3-57),主要表现为主波长的差异。发蓝白色荧光的油包裹体荧光光谱主波长均小于500 nm,一般为480 nm,而发黄色荧光的包裹体荧光光谱主波长大于 500 nm,一般为 520 nm。

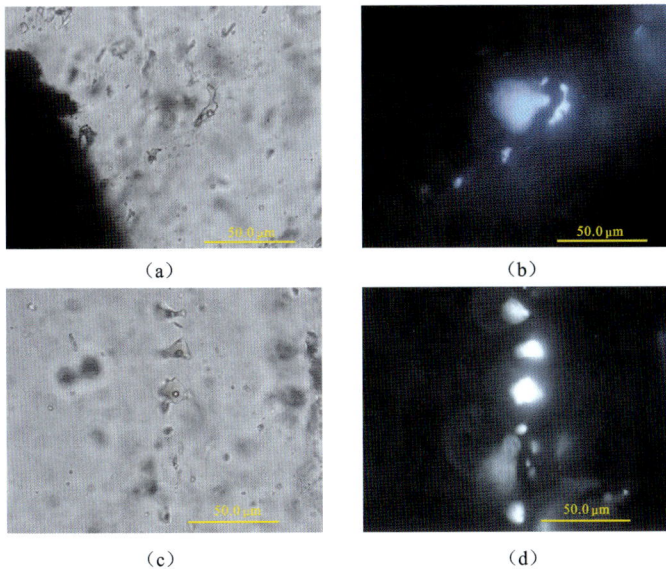

(a)

(b)

(c)

(d)

图 3-56 东营凹陷不同砂岩样品中油包裹体透射光和荧光照片

(a)和(b)分别为丰深 10 井,Es[4],4 263 m 可见光照片和荧光照片,荧光光谱主峰 485 nm;
(c)和(d)分别为利 91 井,Es[4],3 024.5 m 可见光照片和荧光照片,荧光光谱主峰 520 nm

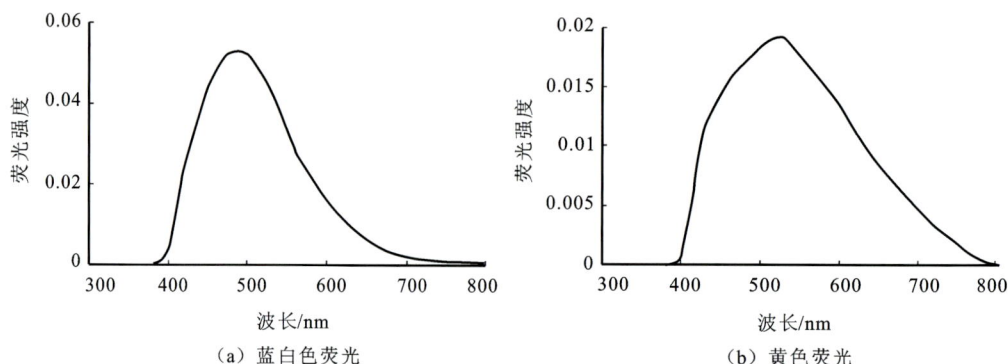

图 3-57　发蓝白色和黄色荧光油包裹体荧光光谱图特征

由于人眼对荧光颜色的分辨能力有限,而由荧光光谱计算得到的颜色坐标 CIE_X 和 CIE_Y 可以准确地反映油包裹体荧光颜色特征。由东营凹陷 277 个油包裹体荧光光谱计算得到的颜色坐标 CIE_X 和 CIE_Y 说明在东营凹陷不是所有的油包裹体荧光颜色都是呈现出典型的蓝白色和黄色(图 3-58)。图 3-58 显示出油包裹体的荧光颜色范围比较宽,包括蓝色、蓝白色、黄色及黄白色。颜色坐标 CIE_X 和 CIE_Y 几乎呈现出连续分布的特征,CIE_X 的变化范围为 0.17～0.38,CIE_Y 从 0.22 增加到 0.43。蓝色荧光和蓝白色荧光的油包裹体相对黄色荧光和黄白色荧光的油包裹体 CIE_X 和 CIE_Y 都偏低。

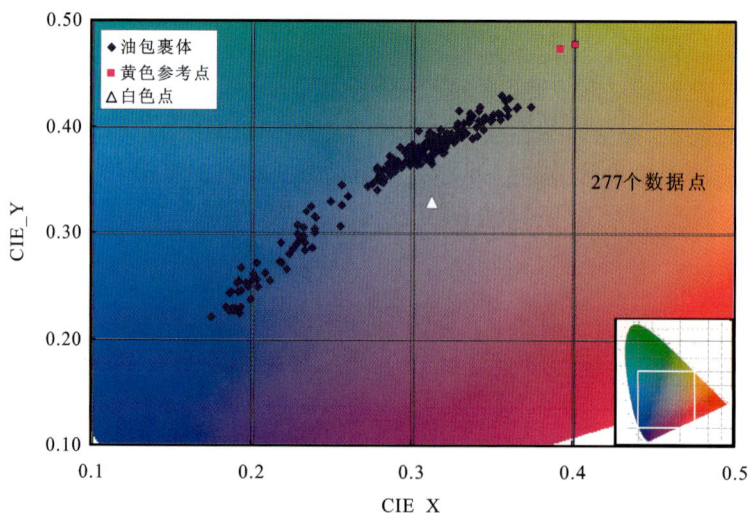

图 3-58　利用颜色坐标 CIE_X 和 CIE_Y 确定油包裹体荧光颜色

Stasiuk 和 Snowdon(1997)探讨了油包裹体荧光光谱参数主波长和 Q 值(Q=荧光强度 $I_{\lambda=650}$／荧光强度 $I_{\lambda=500}$)与油包裹体饱和烃、芳烃、非烃以及 API 的关系,认为随着主波长和 Q 值的增加油包裹体饱和烃含量和 API 逐渐减小、芳烃和非烃含量逐渐增加。277 个油包裹体荧光光谱参数 CIE_X 和主波长关系反映随着主波长的增加 CIE_X 逐渐增大,油包裹体荧光光谱主波长也呈现出连续分布的特征,其变化范围为 440~550 nm (图 3-59)。主波长和 Q 值的关系图也表明这种连续分布的特征(图 3-59),随着油包裹体荧光光谱主波长的增加 Q 值也逐渐增大。发蓝色荧光和蓝白色荧光的油包裹体 Q 值小于 0.21,发黄色荧光和黄白色荧光的油包裹体 Q 值大于 0.21。由于油包裹体荧光光谱主波长和 Q 值均可以反映油包裹体族组分和 API 特征,因此主波长和 Q 值的连续分布特征也说明油包裹体族组分和 API 是连续变化的。

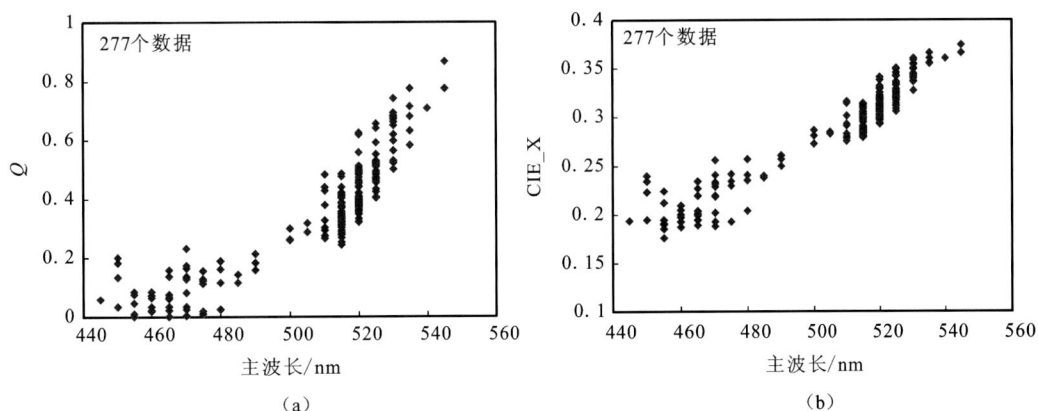

图 3-59　油包裹体荧光光谱参数关系图

为了揭示东营凹陷油包裹体族组分和 API 特征,选取了三块样品中含有发蓝色荧光或者蓝白色荧光的油包裹体和三块样品中含有发黄色荧光或者黄白色荧光的油包裹体计算其族组分分布特征。发蓝色荧光或者蓝白色荧光的油包裹体荧光光谱主波长范围为 440~495 nm,Q 值范围为 0~0.2。发黄色荧光或者黄白色荧光的油包裹体荧光光谱主波长范围为 500~530 nm,Q 值范围为 0.3~0.55。油包裹体族组分和 API 计算结果如图3-60所示。由于油包裹体族组分和 API 均是由 Stasiuk 等(1997)数据拟合的关系式计算得到,因此和真实值之间可能存在一定的误差,但可以准确地反映不同荧光颜色的油包裹体之间族组分和 API 的特征。图 3-60 显示出两种类型的油包裹体在族组分和 API 方面都存在差异,但也表明了其连续性的特征。发蓝色荧光或者蓝白色荧光的油包裹体相对发黄色荧光或者黄白色荧光的油包裹体饱和烃含量和 API 偏高,芳烃和非烃含量偏低。由于油的族组分与成熟度具有密切关系,说明发蓝色荧光或者蓝白色荧光的油包裹比发黄色荧光或者黄白色荧光的油包裹体成熟度偏高。发蓝色荧光或者蓝白色荧光的油包裹体饱和烃含量为 64%~78%、芳烃含量为 20%~27%、非烃含量为 0~5%、API 为 39°~63°;发黄色荧光或者黄白色荧光的油包裹体饱和烃含量为 42%~62%、芳烃含量为 28%~38%、非烃含量为 7%~13%、API 为 30°~37°。反映出在族组分和 API 方面连续分布的特征,从中说明油包裹体成熟度是连续变化的,进一步可能指示了其来自不同埋深的烃源岩。

为了进一步分析发蓝白色荧光油包裹体和发黄色荧光油包裹体的特征,选取东营凹

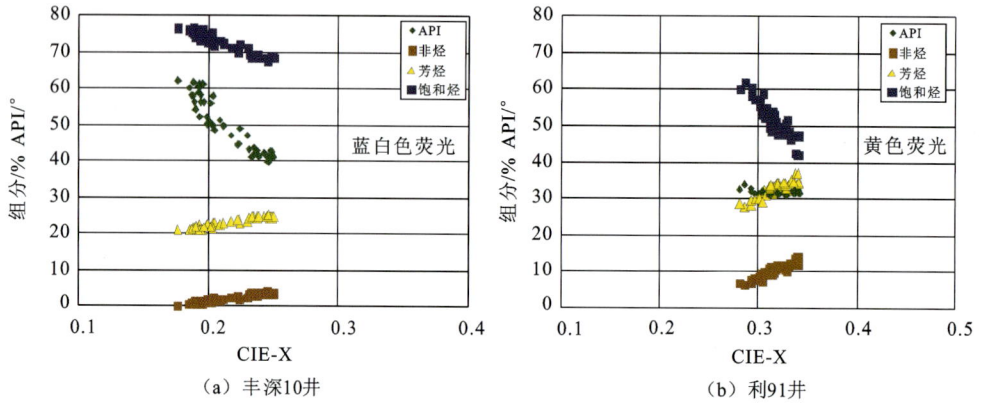

（a）丰深10井　　　　　　　　　　　　　　　（b）利91井

图 3-60　由油包裹体荧光光谱参数计算的油包裹体组分和 API

陷丰深 1 井、丰深 10 井、利深 101 井、坨 711 井、坨 731 井、利 91 井六口单井中六块砂岩样品对起群包裹体开展 QGF（quantitative grain fluorescence）和 TSF（total scan fluorescence）分析，六块砂岩样品中含有发蓝白色荧光油包裹体和发黄色荧光油包裹体的样品各三块，而且每块砂岩样品中只包含发一种荧光颜色的油包裹体以防止不同荧光颜色的油包裹体光谱互相干扰。由 Verina Cyar-EcliPse 荧光光谱计扫描得到的发蓝白色荧光油包裹体和发黄色荧光油包裹体 QGF 谱图（图 3-61）和 TSF 指纹图（图 3-62）具有明显的区别。发蓝白色荧光油包裹体 QGF 光谱主波长相对发黄色荧光油包裹体偏小，发蓝白色荧光油包裹体 QGF 光谱主波长大概为 420 nm，发黄色荧光油包裹体 QGF 光谱主波长大概为 470 nm。QGF 光谱主波长相对荧光光谱稍微偏小，可能主要是因为激光光波长的差异。发蓝白色荧光油包裹体 TSF 指纹相对发黄色荧光油包裹体范围宽，而且两种荧光颜色的包裹体 TSF 指纹主波长也具有一定的差异。TSF 和 QGF 参数关系也明显地反映出发蓝白色荧光和发黄色荧光油包裹体的区别。发黄色荧光的油包裹体光谱参数 Lamda_1、Lamda_2、Lamda_max、R_1、R_2、R_3 相对发蓝白色荧光的油包裹体均偏高（图 3-63）。

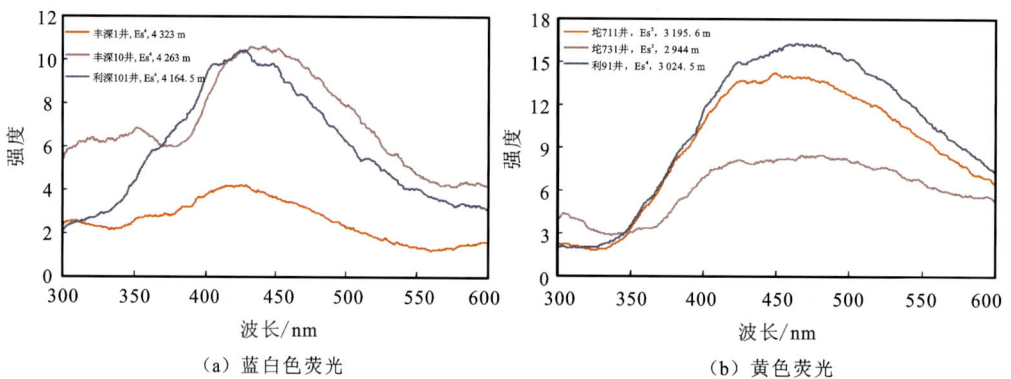

（a）蓝白色荧光　　　　　　　　　　　　　　（b）黄色荧光

图 3-61　东营凹陷不同荧光颜色群包裹体 QGF 谱图

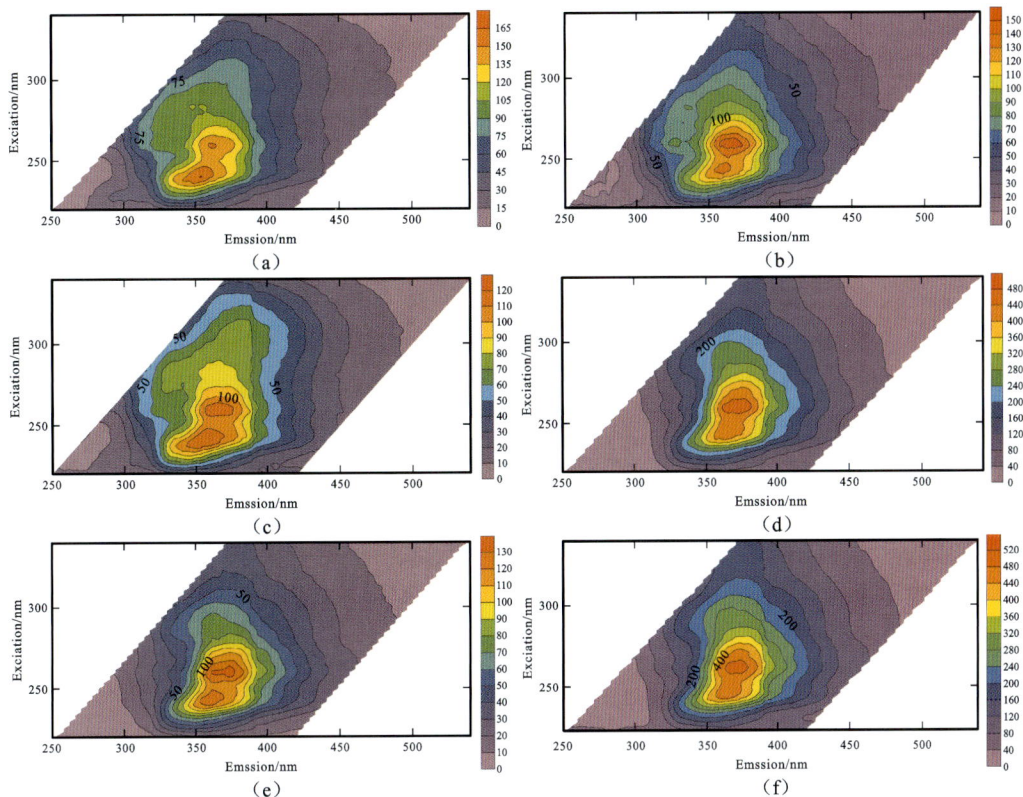

图 3-62　东营凹陷不同荧光颜色油包裹体 TSF 指纹图

(a)丰深 1 井,Es⁴,4 323 m,蓝白色荧光;(b)丰深 10 井,Es⁴,4 263 m,蓝白色荧光;(c)利深 101 井,Es⁴,4 164.5 m,蓝白色荧光;(d)坨 711 井,Es³,3 195.6 m,黄色荧光;(e)坨 731 井,Es³,2 944 m,黄色荧光;(f)利 91 井,Es⁴,3 024.5 m,黄色荧光

3.5.3　包裹体均一温度和充注时间

　　分析油气成藏期的方法很多,有根据烃源岩的主生油期、圈闭形成期、油藏饱和压力分析油气藏形成时期。油气藏的形成是油气在圈闭中聚集的结果,只有形成了圈闭,油气才能聚集形成油气藏。因此,可以根据圈闭的形成时间确定油气藏形成的最早时间。这种方法只能确定油气藏形成时间的上限。烃源岩达到主生油期时才能大量生成、排出石油,才可能有油气聚集并形成油气藏。因此,烃源岩中油气大量生成和排出的主要时期就可能是油气藏形成的最早时间。根据油气藏的饱和(或露点)压力确定油气藏形成时间的基本依据是认为原油自烃源岩中排出时,就饱含天然气。饱和天然气的石油沿输导层运移,遇到合适的圈闭便聚集起来形成油气藏,此时,油藏的地层压力与饱和压力相等。因此,由饱和压力推算出油气藏的埋藏深度,其对应的地质时代,即为该油气藏的形成时间。

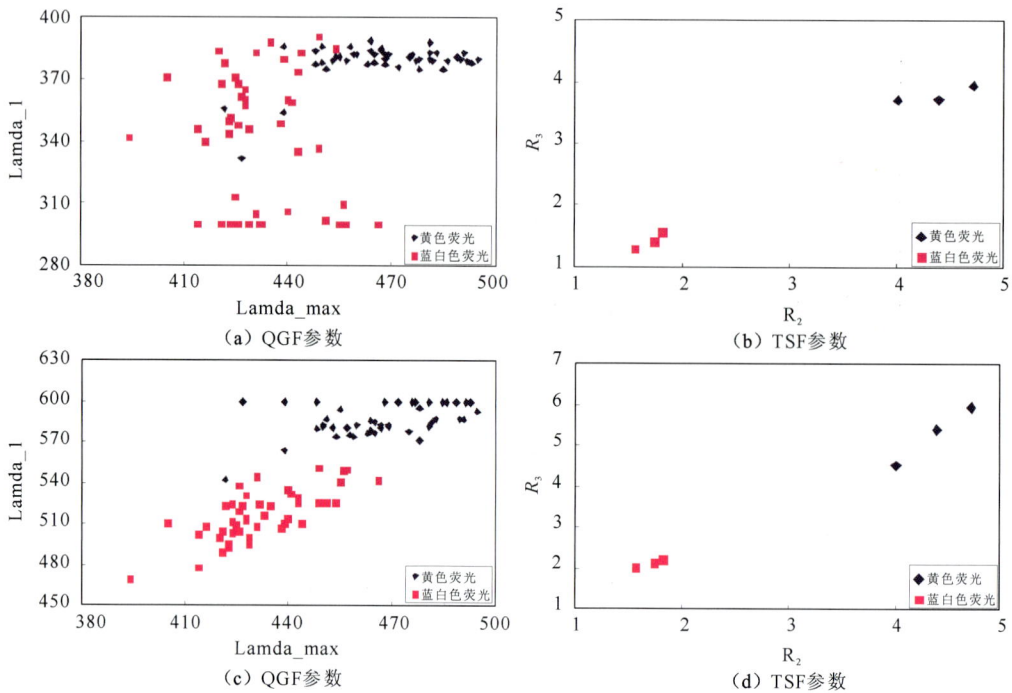

图 3-63　不同颜色荧光油包裹体 QGF 和 TSF 参数关系

(Lamda_1 和 Lamda_2 分为最大荧光强度 $\frac{1}{2}$ 处的波长;$R_1 = I_{\lambda=360}/I_{\lambda=320}$ 激发光 $\lambda=270$;

$R_2 = I_{\lambda=360}/I_{\lambda=320}$ 激发光 $\lambda=260$;$R_3 = I_{\lambda=319}/I_{\lambda=359}$ 激发光 $\lambda=254$)

这种方法仅适用于构造相对稳定、充注期次单一的单旋回盆地,且油气藏无压力异常。另外,确定油气成藏时期的方法还有根据储层成岩事件及自生矿物生成序列确定油气藏形成时间、运用储集层固体沥青确定油气藏形成时间、应用油气藏地球化学方法确定油气藏形成时间、利用有机流体包裹体确定油气成藏时间以及成岩矿物同位素年龄测定确定油气藏形成时间等。

　　烃源岩生烃史模拟结果表明东营凹陷主要发生在两个阶段:第一个阶段发生在距今 30~20 Ma,在深凹处时间稍微早些;第二个阶段发生在距今 5~0 Ma。第一个阶段生烃晚期就接着东营凹陷发生地层抬升剥蚀,抬升剥蚀将造成地层压力释放,对于烃源岩排烃是压力释放必将伴随着流体排出(油和水),因此东营凹陷东营组沉积末期将可能发生油气充注,前人研究也都证实了这点(陈筱康,2007;祝厚勤等,2007;卓勤功等,2006;陈冬霞等,2005;蒋有录等,2003)。第二个阶段生烃发生在明化镇组沉积末期,在此阶段是否有油气充注到储层,以下将利用流体包裹体均一温度资料确定。从油包裹体荧光颜色来看,东营凹陷沙三段和沙四段捕获了从黄色到蓝白色荧光的油包裹体,那这些油包裹体是不同时期捕获的还是同一时期捕获来自不同深度烃源岩的油?以下将利用包裹体均一温度资料进行进一步分析。

流体包裹体在形成时是均匀体系随着温度和压力的下降,包裹体内流体分离成气、液两相。把流体包裹体加热,随温度的增大两相逐步复原为一个均匀的相,这时的温度叫均一温度。均一温度是流体包裹体捕获时的最小温度条件,不同均一温度范围的流体包裹体代表了不同的期次,根据均一温度可以划分流体包裹体的期次。从东营凹陷取的 27 块砂岩样品中观察到大量油包裹体,选择了其中的 12 块样品中的油包裹体均一温度,各块样品中油包裹体均一温度统计直方图如图 3-64 所示。从统计结果可以看出,各块样品中油包裹体均一温度差别不大,一般在 20～30 ℃ 以内,有 2 块样品在 40 ℃ 以内,1 块样品在 50 ℃ 以内。发蓝白色荧光和发黄色荧光的油包裹体均一温度不存在明显差别,如样品 D04、D05 和 D16 中油包裹体均发蓝白色荧光,其均一温度范围分别为 100～140 ℃、80～130 ℃ 和 80～100 ℃,发黄色荧光的油包裹体均一温度分别在 60～110 ℃ 范围内。由于油包裹体均一温度受包裹体在捕获后晚期发生的化学变化、热裂解以及含气饱和度等因素的影响(MunzAl et al.,1999;Munz,2001;Okubo,2005),因此造成油包裹体均一温度与捕获时的地层温度具有一定的差异,不能很好地用于确定油气充注时间。

与油包裹体均一温度相比,与油包裹体共生的盐水包裹体均一温度更接近捕获时的地层温度,可以用于划分油气成藏期次以及确定油气充注时间。东营凹陷沙四段和沙三段 27 块砂岩样品中与油包裹体共生的盐水包裹体均一温度统计直方图(图 3-64)显示每块样品中盐水包裹体均一温度变化范围不大,其差别不超过 30 ℃。取样深度大的样品盐水包裹体均一温度比取样深度小的样品高。如样品 D04、D05 和 D16,埋藏深度都在 4 000 m 以上,盐水包裹体均一温度分别在 150 ℃、140 ℃ 和 130 ℃ 以上,相对其他样品中盐水包裹体均一温度都高。将与油包裹体共生的盐水包裹体均一温度投影到叠加古地温的埋藏史上就可以获得油气充注时间。但应用包裹体均一温度必须满足三个前提条件:①均一体系,即包裹体形成时,被捕获在包裹体内的物质为均匀相态;②封闭体系,包裹体形成后没有物质进入或逸出;③等容体系,包裹体形成后体积没有发生变化。符合上述三个条件的包裹体均一温度测定结果才能代表包裹体被捕获时的地层温度。但是,有很多包裹体并不是从均匀流体体系中捕获,如盐水包裹体中含有少量气体,或者即使是从均匀流体体系中捕获的包裹体,也在后期地层埋藏过程中随着温度和压力条件的变化发生形变,甚至泄漏,这样都将导致包裹体均一温度升高。基于以上原由,选择与油包裹体共生的盐水包裹体最低均一温度确定油气充注时间。个别样品可能由于共生的盐水包裹体数量较少造成无法获得最低均一温度,但选取所测的最低均一温度与实际地质情况最为接近。沙四段和沙三段 27 块砂岩样品中与油包裹体共生的盐水包裹体最低均一温度见表 3-3。将这些盐水包裹体最低均一温度"投影"到有古地温演化的埋藏史图中得到的油气充注时间如图 3-65 所示,反映东营凹陷沙四段和沙三段砂岩储层发生过两期油气充注。第一期油气充注发生在东营组沉积末期,从所取得的砂岩样品中盐水包裹体均一温度资料反映为距今 24～20 Ma,应该是地层遭受抬升剥蚀,烃源岩压力释放而伴随着排烃的结果;第二期发生在明化镇组沉积末期,时间为距今 3～2 Ma。

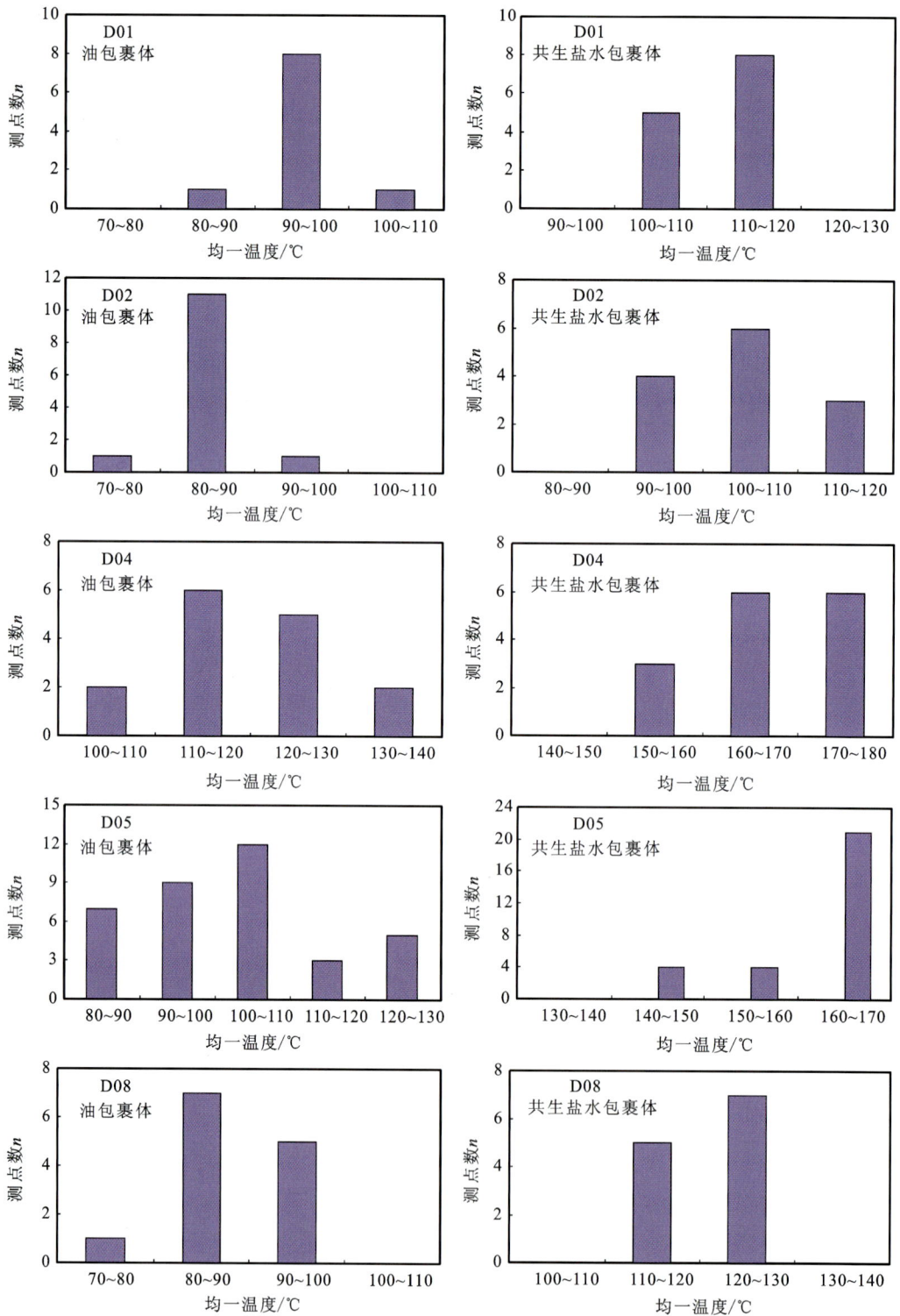

图 3-64　东营凹陷砂岩样品中流体包裹体均一温度统计直方图

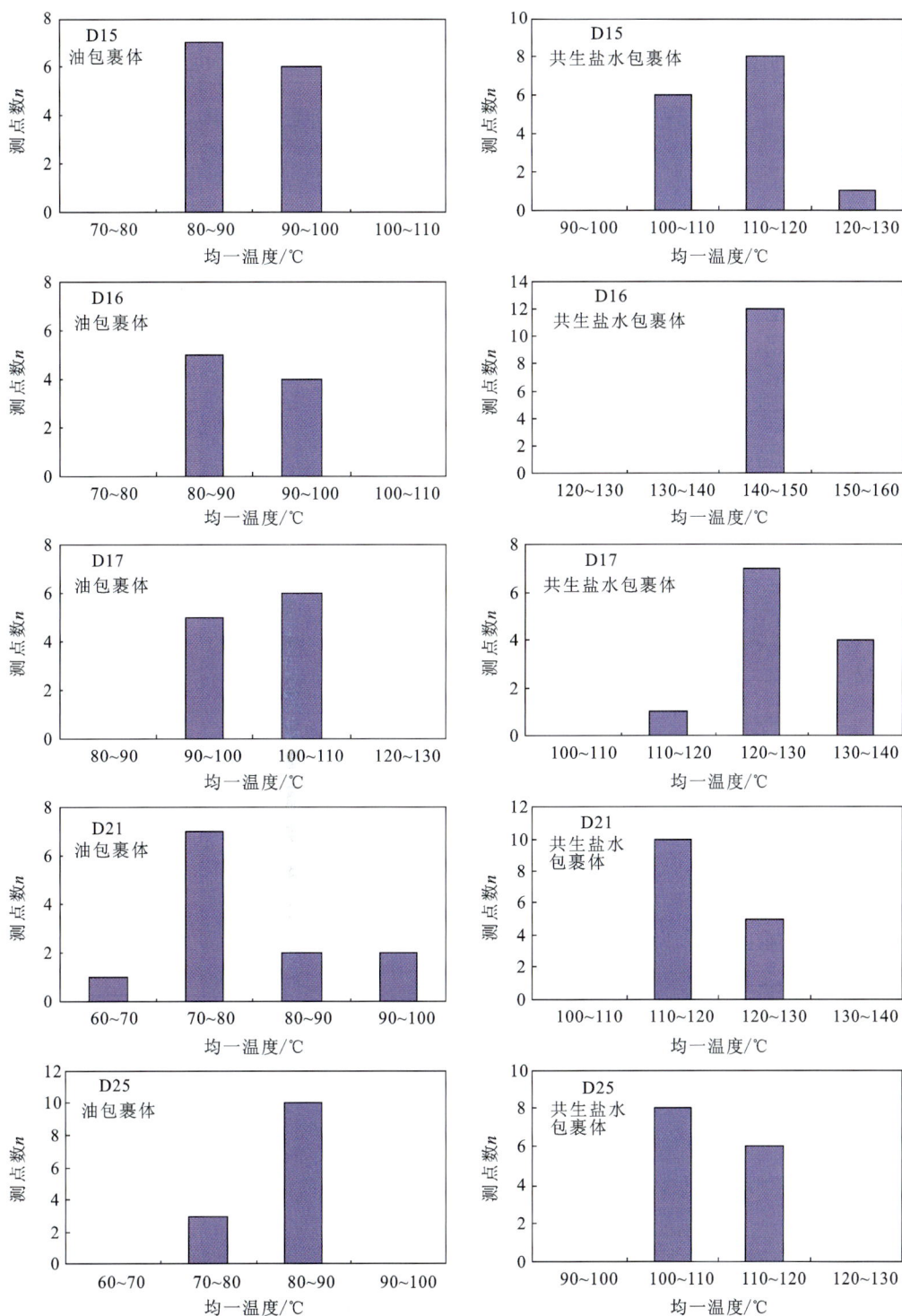

图 3-64 东营凹陷砂岩样品中流体包裹体均一温度统计直方图(续)

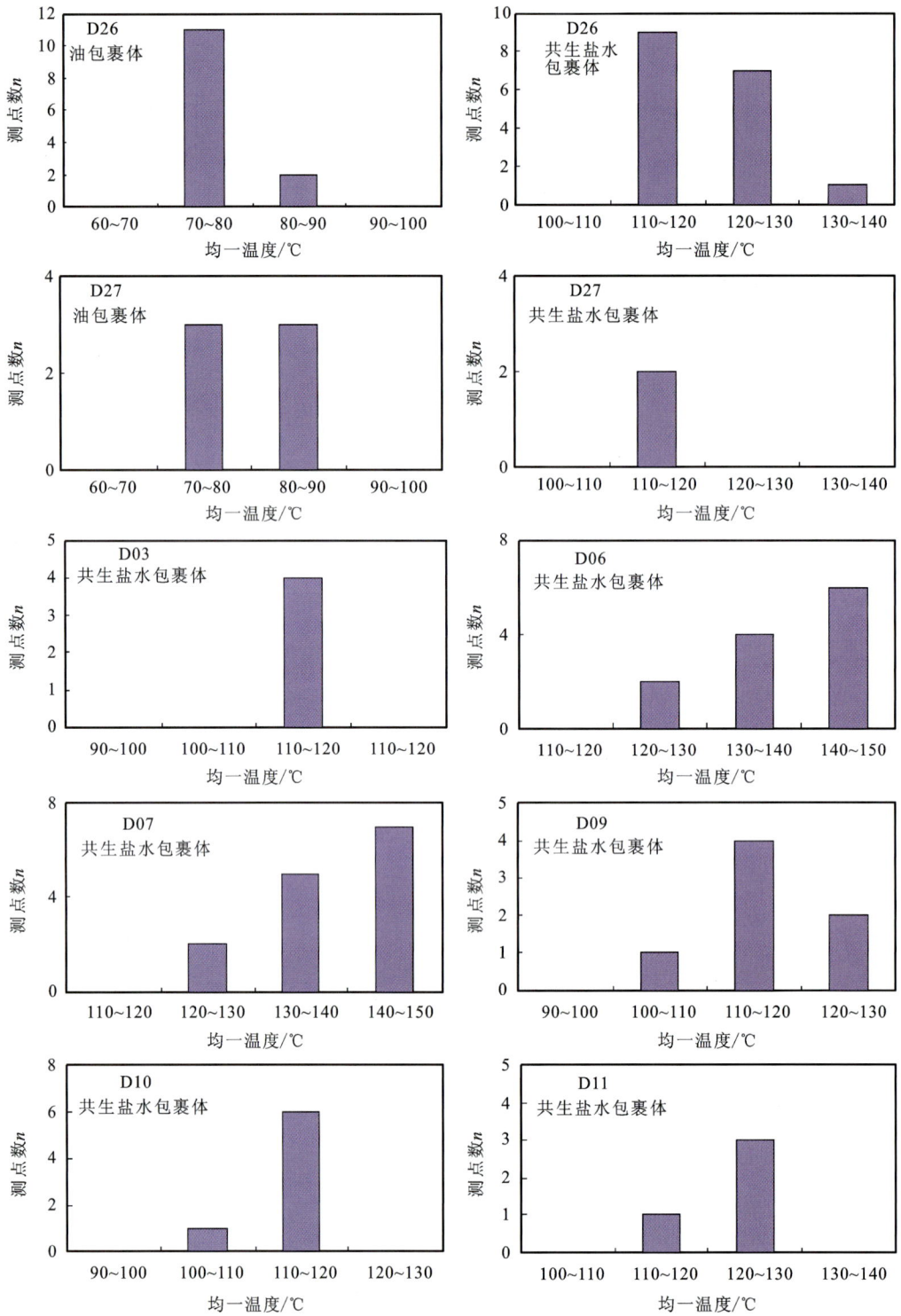

图 3-64　东营凹陷砂岩样品中流体包裹体均一温度统计直方图（续）

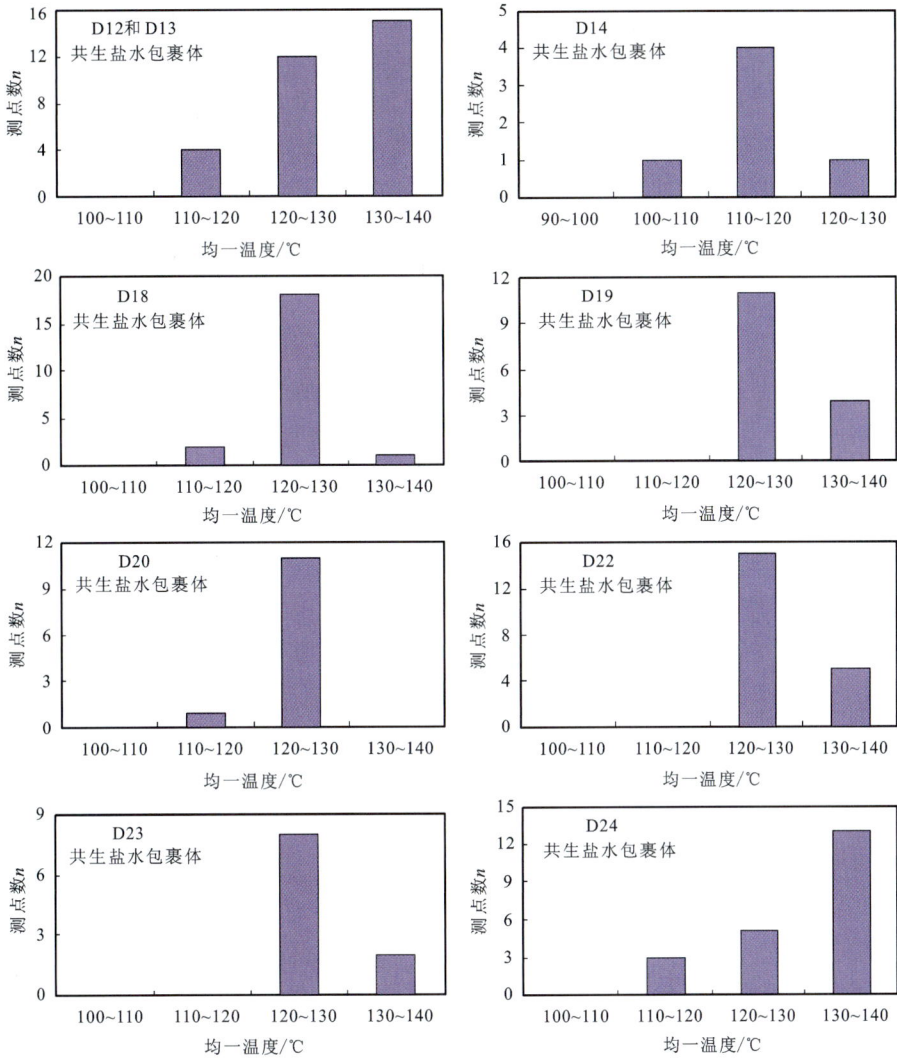

图 3-64　东营凹陷砂岩样品中流体包裹体均一温度统计直方图（续）

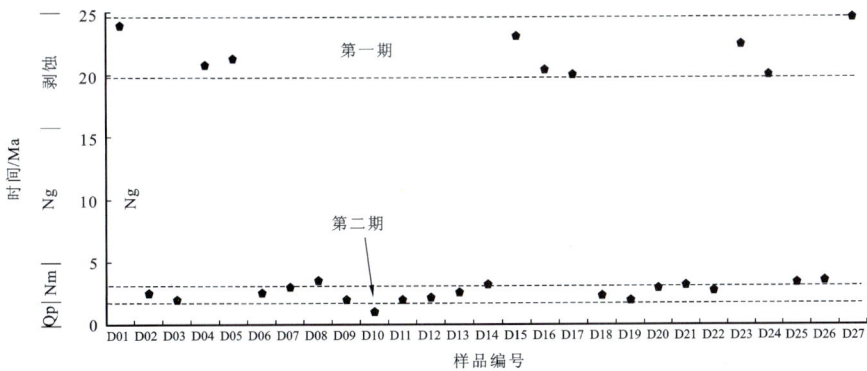

图 3-65　东营凹陷油气充注期次和时间

3.6　储层压力演化

地层压力演化包括烃源岩和储层孔隙压力演化两个部分,由于烃源岩和储层中超压形成机制不同,超压演化存在差异性。东营凹陷烃源岩超压主要是由生油作用使孔隙流体发生膨胀形成,储层超压主要是由高压流体充注到储层中而发生压力传递的结果。本书采用流体包裹体恢复储层油气充注时的古压力,从而恢复储层孔隙压力演化过程。同期捕获的烃类包裹体和盐水包裹体一般具有不同的均一温度,在 P-T 相图上沿各自的等容线发生变化。由于烃类包裹体与盐水包裹体在 P-T 相图上具有不同的斜率,在单相区会相交于一点,该点的温压值即可代表不混溶包裹体组合捕获时的温压值。建立上述两类包裹体等容线方程和进行捕获压力的计算,就需要获取包裹体的均一温度、包裹体的气液比和包裹体的成分。

3.6.1　油包裹体气液比测定

由于油包裹体在激光的照射下可以产生荧光,而气泡部分在激光照射下呈现黑色,利用此原理就可以将包裹体中的气泡部分和液体部分区分开来。激光扫描共聚焦显微镜利用此原理在对油包裹体激光照射条件下进行二维切片,这样就获得一系列的二维扫描图片(图 3-66),再利用三维图像重建软件将一系列的二维图转化为假三维图像,直接精确测量气液体积比,使得烃类包裹体的气液体积比的测量精度得到了明显提高。本书选取了东营凹陷的 12 块砂岩样品中的 68 个油包裹体运用激光扫描共聚焦显微镜分析气液体积比。结果反映在常温条件下油包裹体气液体积比分布范围在 2.6%～14%,而且所测的油包裹体均一温度与气液体积比具有正相关关系(图 3-67),随着均一温度的升高油包裹体气液体积比具有增大的趋势。

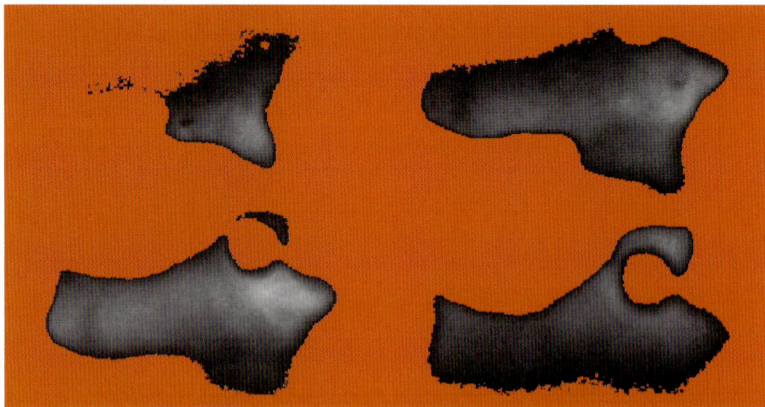

图 3-66　油包裹体二维扫描图片

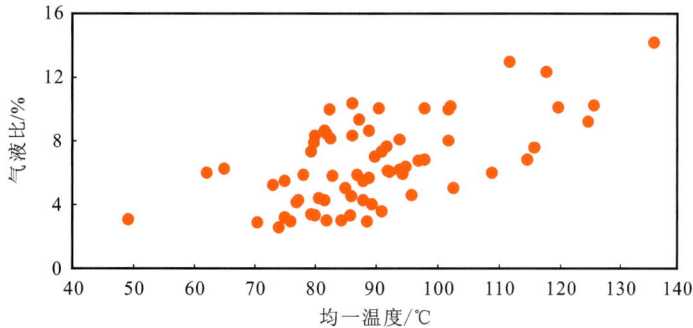

图 3-67　油包裹体均一温度与气液体积比关系图

3.6.2　油包裹体成分分析

油包裹体成分是研究包裹体 PVT 性质的关键参数,不同成分的油包裹体具有不同的等容线方程。包裹体成分也是目前恢复包裹体 PVT 参数研究中的一个难点,目前包裹体的成分分析方法可分为单个包裹体成分分析和群包裹体成分分析。单个包裹体成分分析方法有激光照射爆裂、激光探针、二次离子质谱等。这些方法存在的缺点是打开流体包裹体时气相成分的挥发、溶液与空气中的物质可能发生反应使成分改变。另外,单个包裹体成分分析方法还有如红外显微镜、显微拉曼光谱法、显微傅里叶变换红外光谱法等,这些方法虽然不会破坏包裹体,但给出成分数据不能完全定量。群包裹体成分分析方法是首先将样品清洗干净,再砸碎使流体包裹体破裂,再抽提出包裹体烃类通过质谱仪分析流体成分,这种方法存在着其他时代流体包裹体的干扰,而且打开流体包裹体后与外界物质可能的交换和化学反应使得测试结果不够准确。

本书为了避免群包裹体成分分析方法的问题,选取了东营凹陷两块只含有一种荧光颜色的油包裹体样品进行在线压碎分析方法。所取的两块砂岩样品 D05 和 D15 分别只含有发蓝白色荧光和黄色荧光的油包裹体,均一温度测定结果也显示只有一期。砂岩样品的清洗方法和 TSF 测试方法的清洗方法相同。将清洗干净的样品在封闭条件下压碎再直接利用质谱仪检测群包裹体成分。所得到的发蓝白色荧光和发黄色荧光的油包裹体 C_1-C_9 成分分布特征如图 3-68 所示。发蓝白色荧光的油包裹体甲烷含量比较高,发黄色荧光的油包裹体 C_9 含量比较高,反映两种油包裹体成分之间的差异。此油包裹体成分数据将用于包裹体古压力模拟,分别代表发蓝白色荧光和黄色荧光的油包裹体。

3.6.3　古压力模拟及储层压力演化

流体包裹体捕获压力模拟在中石化无锡石油地质研究所测试中心开展,所使用的软件为 VTflinc 模拟软件,模拟过程中输入的参数主要有流体包裹体均一温度、气液比和成分。本书对东营凹陷 12 块流体包裹体样品中的 68 个油包裹体捕获压力进行了模拟,通过模拟的油包裹体捕获压力再结合东营凹陷沙三段和沙四段储层超压成因为高压流体传递的特点就可以分析储层古超压演化特征。

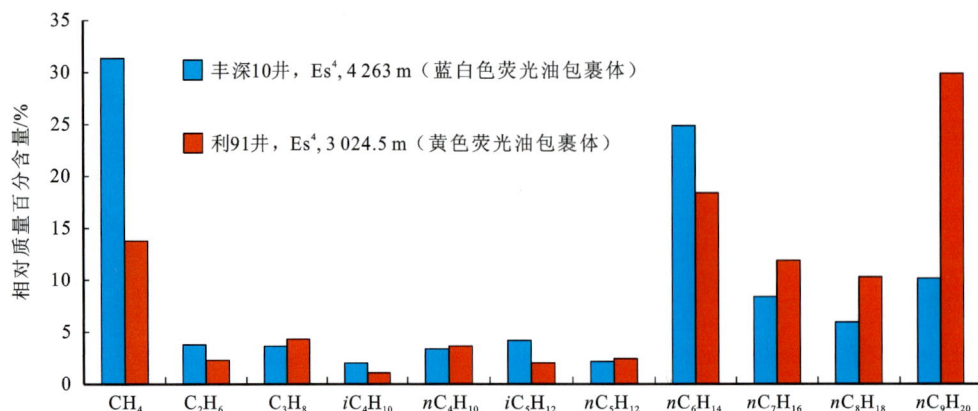

图 3-68　油包裹体成分分析结果

　　模拟的 12 块流体包裹体样品中的油包裹体捕获压力系数以及样品压力系数演化曲线如图 3-69 所示,详细的样品信息见表 3-3。从 12 块砂岩样品压力系数演化曲线可以将东营凹陷沙三段和沙四段储层孔隙流体压力演化分为五种基本类型。

　　类型一:以样品 D08 和 D21 为代表,储层只接受第二期油气充注;由于油气充注到储层中使储层形成超压,保存到现今依然是超压储层,在保存的时间内孔隙流体压力由于流体渗漏损失得比较少,反映超压储层的保存条件相对较好。

　　类型二:以样品 D02、D25 和 D26 为代表,储层只接受第二期油气充注;但由于油气充注到储层中使储层形成的超压强度不大,压力系数小于 1.4,在晚期的保存时间内由于流体渗漏使孔隙流体压力降低到现今的常压,压力系数小于 1.2。

　　类型三:以样品 D04 和 D05 为代表,其特征为油气充注到储层中后储层还是常压,保存到现今也为常压。

　　类型四:以样品 D01、D16、D17 和 D27 为代表,储层只接受第一期油气充注,发生的时间为东营组沉积末期;油气充注到储层中使储层形成超压,但经过长时间的保存虽然由于流体渗漏使孔隙流体压力有所降低,但是到现今仍旧为超压,和类型一相同,损失的孔隙流体压力很少。

　　类型五:以样品 D15 为代表,储层接受两期油气充注;在东营组沉积末期,储层接受第一期油气充注,使储层形成超压,但由于从东营组沉积末期到明化镇组沉积末期这段保存时间里流体渗漏使孔隙流体压力降低甚至降低到常压;在明化镇组沉积末期接受第二期油气充注使储层孔隙流体压力增大,保存到现今也是超压储层。

3.7　烃源岩生烃增压演化

　　生油作用是东营凹陷沙四段和沙三段烃源岩超压主要成因机制,幕式排烃为东营凹陷烃源岩一个重要的排烃方式,主要以油相形式从烃源岩中排出(陈中红和查明,2006;张卫海等,2006;陈中红等,2004)。生油作用使烃源岩内部产生异常高压,当烃源岩内部压

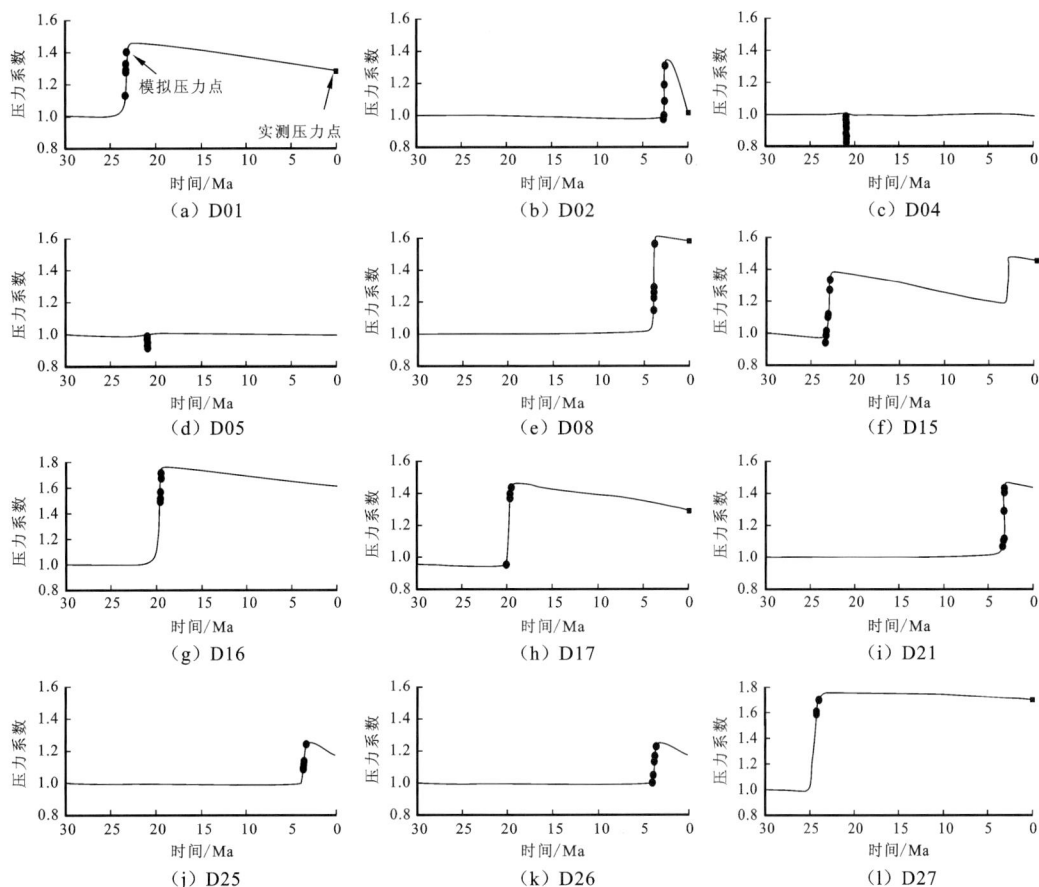

图 3-69 流体包裹体古压力模拟结果以及储层压力系数演化特征

力聚集到一定程度时,泥岩层的异常压力超过岩石的机械阻抗,泥岩会发生破裂,产生微裂缝。高压流体从烃源岩中排出,烃源岩内部压力释放,烃源岩中的裂缝为烃源岩排烃和压力释放主要通道。因此,本书在基于烃源岩生烃史和油气充注(成藏)时间的基础上,采用生烃增压模型定量计算超压演化过程。

3.7.1 一维烃源岩生烃增压演化史计算结果

烃源岩生烃过程中渗漏的烃量对生烃增压的影响很大,当烃源岩有机碳含量取 5%、氢指数为 1 000 mg/g、排出的烃量达到生烃量的 25% 时,则烃源岩孔隙流体压力接近常压。因此烃源岩排烃将促使孔隙流体压力快速降低,而确定石油残留系数 α 对东营凹陷计算生烃增压演化具有重要影响。储层超压的形成为烃源岩中高压流体运移到储层中发生超压传递的结果,所以当烃源岩排出的烃充注到邻近的储层时,则烃源岩排烃时的孔隙流体压力应该大于或者等于邻近的储层油气充注时的压力,因此利用流体包裹体模拟的储层油气充注时的古压力可以用以校正烃源岩古压力的计算以及确定石油残留系数 α。

本书选取了样品 D08、D15、D16 等六块样品附近的烃源岩试算了其生油增压演化过程(图 3-70),根据计算结果和包裹体古压力模拟结果分析这几块砂岩样品中的油是否可能来自附近烃源岩以及确定石油残留系数 α。图 3-70 中计算的六块样品附近的烃源岩生油增压演化曲线中除了 D16 以外,其余的五块样品附近的烃源岩在计算生油增压演化时所取的烃源岩参数均高于样品附近的实测值,参数有机碳含量取值为 5%、氢指数取1 000 mg/g、石油残留系数 α 取 1,也就是完全封闭的状态。计算结果反映 D08、D15、D17、D21 四块样品中的烃类不可能来自附近的烃源岩,应该是来自更深部的高压流体。主要是因为计算的烃源岩排烃时的压力比模拟的油气充注时期的古压力小。计算的样品D25 附近的烃源岩在距今 3 Ma 开始排烃时的压力系数达到 1.3,而利用流体包裹体模拟的油气充注时期的古压力系数最大为 1.27,但由于所取的烃源岩地球化学参数以及油残留系数 α 偏高,因此 D25 中包裹体烃应该也不是来自其附近烃源岩。而计算样品 D16 附近的烃源岩生油增压演化曲线时采用的为附近利 101 井的实测有机碳含量取值和氢指数,改变石油的残留系数 α 以达到烃源岩排烃时的压力系数大于模拟的油气充注时期的古压力系数,最终当石油的残留系数 α 取 0.85 时,得到图 3-70 中的样品 D16 附近的烃源岩生油增压演化曲线。因此样品 D16 中的包裹体烃有可能来自其附近的烃源岩,石油的残留系数 α 取 0.85 也将用于计算烃源岩生油增压演化。

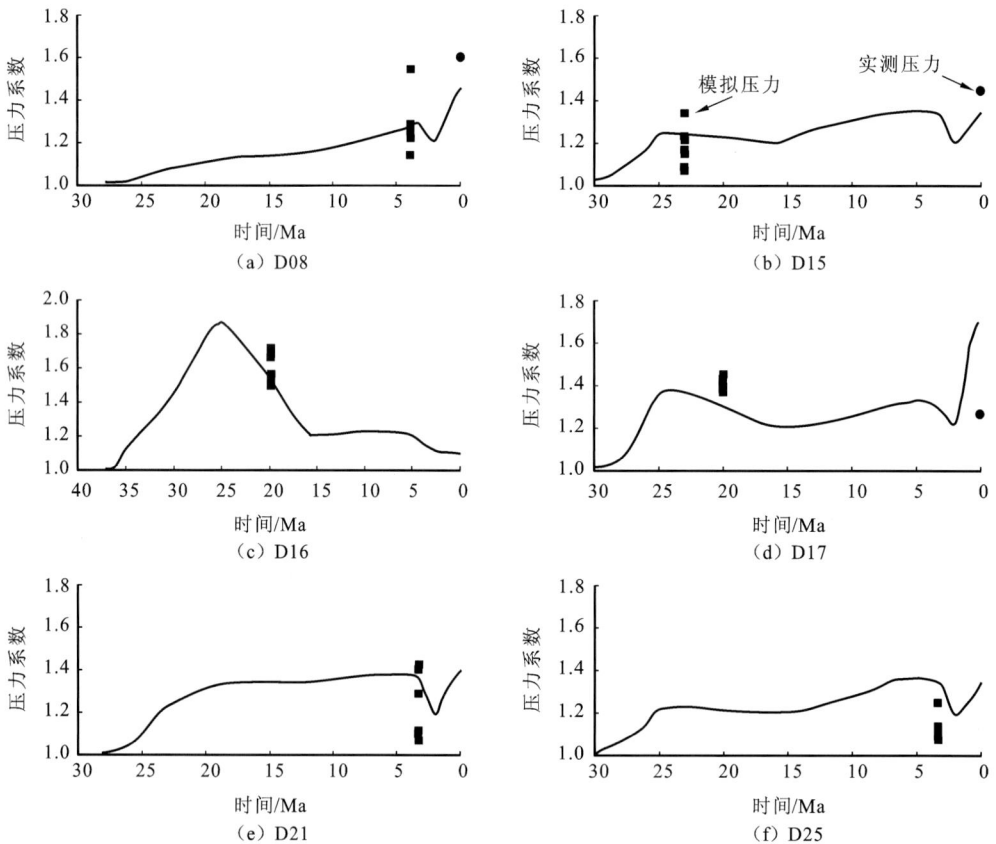

图 3-70 流体包裹体样品附近烃源岩生烃增压演化特征

　　计算烃源岩生油增压演化岩石、干酪根和石油密度、石油、地层水和干酪根压缩系数等参数见第 2 章，I 型干酪根的转化率由上述数值模拟得到，烃源岩地球化学参数参考附近井实测值，无实测值区通过实测值插值得到。由于油从烃源岩排出时需要一定的驱动力，因此设定在烃源岩排烃时期，当生油增压使烃源岩孔隙流体压力系数达到 1.2 时开始排烃，排烃结束时的孔隙流体压力系数也为 1.2。为了再现东营凹陷烃源岩生油增压演化特征，计算了二维剖面 NW4 和 EW1 沙四上亚段和沙三下亚段顶面及底面超压演化过程，并同时计算了剖面 NW4 利津洼陷最深处(坨 27 井附近)、剖面 EW1 利津洼陷西部梁70 井附近和民丰洼陷最深处(丰 8 井附近)三个单点一维沙四上亚段和沙三下亚段顶面及底面烃源岩生油增压演化曲线。三个单点定为点 a、b 和 c，分别代表了利津洼陷深部烃源岩、浅部烃源岩和民丰洼陷烃源岩生油增压演化过程，其生油增压演化曲线如图3-71所示。可以看出东营凹陷烃源岩生油增压可以分为三种类型。类型一以点 a 沙四上亚段顶面和底面烃源岩、点 b 沙四上亚段底面烃源岩生油增压演化曲线为代表，其特征为超压

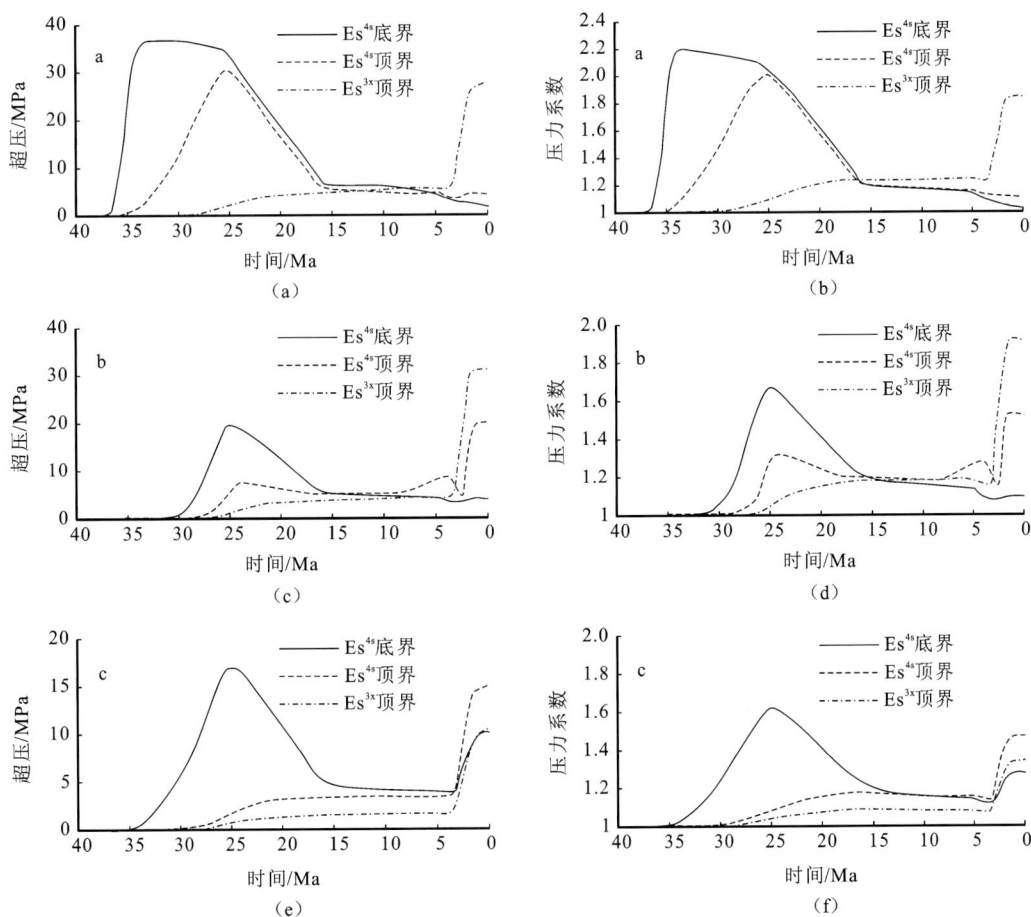

图 3-71　虚拟单井沙四上亚段和沙三下亚段顶底界面烃源岩生烃增压演化曲线

a 为二维剖面 NW4 利津洼陷最深处点；b 为二维剖面 EW1 利津洼陷西部最深处点；c 为二维剖面 EW1 民丰洼陷最深处点

在距今 25 Ma 发育,在东营组沉积末期之后为常压,主要是因为不能生成更多的油,烃源岩转化率达到近 100%;类型二以点 b 沙四上亚段顶面烃源岩和点 c 沙四上亚段底面烃源岩生油增压演化曲线为代表,其特征为超压在距今 25 Ma 之前和 2 Ma 之后均发育,但点 b 沙四上亚段顶面烃源岩和点 c 沙四上亚段底面烃源岩生油增压演化曲线也有所不同,点 b 沙四上亚段顶面烃源岩经历了两次排烃,而点 c 沙四上亚段底面烃源岩由于到距今 2 Ma 压力系数还不到 1.2,因此在晚期没有排烃;其余的都属于类型三,其特征是烃源岩只在晚期发育超压,有的在距今 3～2 Ma 排烃,如点 b 沙三下亚段顶面烃源岩,有的到现今也没有排烃。

3.7.2　二维剖面烃源岩生烃增压演化史计算结果

用于计算烃源岩生烃增压演化史两条二维剖面与烃源岩生烃史模拟的剖面一致。图 3-72 为剖面 NW4 沙四上亚段底面烃源岩生油增压和压力系数演化剖面,反映出东营凹

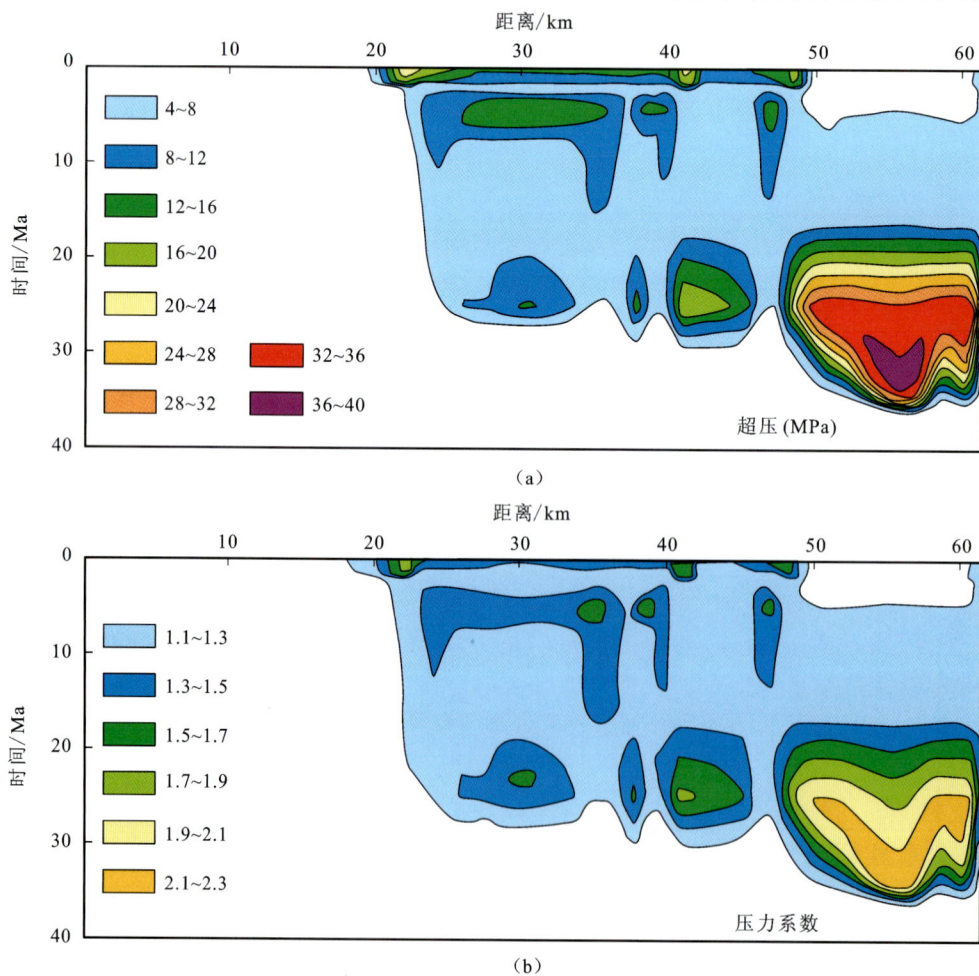

图 3-72　东营凹陷 NW4 测线沙四上亚段底界生烃增压演化剖面

陷主要超压发育具有旋回性的特征。利津洼陷深部烃源岩沙四上亚段底面烃源岩超压发育的时间在距今 35～25 Ma，距今 25～16 Ma 为超压释放时间，发育第一个压力旋回。剖面显示利津洼陷深部烃源岩沙四上亚段底面烃源岩在距今 35 Ma 可以产生 4 MPa 以上的超压，压力系数达到 1.2。随着烃源岩快速生烃，转化率快速增加，使烃源岩超压在 34 Ma 就达到最大超过 36 MPa，压力系数在 2.1 以上。在距今 34～25 Ma，由于烃源岩转化率达到近 100%，生成的烃类很少，因此超压有所降低；到距今 25 Ma，由于东营凹陷地层抬升并遭受剥蚀，烃源岩排烃，孔隙流体压力快速释放，到晚期均为常压。因此烃源岩排烃主要发生在东营组沉积末期。而在利津洼陷以南的中央背斜带和牛庄洼陷均发育三个旋回的超压。中央背斜带沙四上亚段底面烃源岩在距今大约 30 Ma 开始产生超压，压力系数达到 1.2；到距今 25 Ma 超压开始释放，到距今 16 Ma 为常压。而烃源岩埋藏深度相对较浅的烃源岩由于在早期生烃量少，在东营组沉积末期压力系数小于 1.2，因此没有排烃。直到距今大约 16 Ma 压力系数达到 1.2 以上，到距今 3 Ma 烃源岩由于排烃使超压降低。到距今 2 Ma 由于烃源岩埋藏深度增加，生烃量继续增大，超压再次增加，直到现今保持为超压。牛庄洼陷沙四上亚段底面烃源岩在东营组沉积末期之前发育的超压幅度比中央背斜带小，在距今 15 Ma 开始发育第二个旋回的超压，此阶段超压最大超过 12 MPa，压力系数在 1.5 以上。现今发育的超压最强，超压最大超过 24 MPa，压力系数在 1.7 以上。

　　剖面 NW4 沙四上亚段顶面烃源岩生油增压和压力系数演化剖面如图 3-73 所示，可以看出沙四上亚段顶面烃源岩除了利津洼陷深部烃源岩以外，超压主要在距今 2 Ma 以后发育。利津洼陷深部沙四上亚段顶面烃源岩在距今大约 33 Ma 就可以产生超压，在距今 27 Ma 超压达到最大，其压力系数为 1.8～2.0，超压超过 28 MPa；在距今 25 Ma 超压开始释放，到距今 16 Ma 压力系数只有 1.2；到距今 3 Ma，超压最大不到 12 MPa，压力系数在 1.4 以下；现今的压力系数也不到 1.4，超压不到 12 MPa，主要是因为烃类主要生成时间在东营组沉积末期之前，烃类主要在距今 25～16 Ma 排出。中央背斜带和牛庄洼陷沙四上亚段顶面烃源岩在东营组沉积末期之前均未发育超压，而在距今 3 Ma 之前也只有在局部发育超压。在中央背斜带，沙四上亚段顶面烃源岩在距今 3 Ma 之前发育的最大超压大约只有 12 MPa，最大压力系数不到 1.6；牛庄洼陷发育的最大超压也在 12 MPa 以上，但最大压力系数超过 1.6。现今大部分中央背斜带和牛庄洼陷沙四上亚段顶面烃源岩发育较大幅度超压，最大超压在 20 MPa 以上，最大系数超过 1.6。剖面 NW4 沙三下亚段顶面烃源岩由生油作用形成的超压主要发育在距今 2 Ma 以后（图 3-74），只有利津洼陷深部烃源岩在 3 Ma 之前发育一定幅度超压，最大的超压不到 12 MPa，压力系数不到 1.6。现今沙三下亚段顶面绝大部分烃源岩发育超压，在利津洼陷沙三下亚段顶面烃源岩最大超压超过 20 MPa，压力系数在 1.8 以上；在中央背斜带沙三下亚段顶面烃源岩最大超压超过 16 MPa，压力系数在 1.6 以上；在牛庄洼陷沙三下亚段顶面烃源岩最大压力系数接近 1.6。超压主要发育在 2 Ma 以后反映早期生烃量很少，排烃量也少，只有在利津洼陷有排烃，因此说明沙三下亚段以上的烃源岩在东营凹陷中央背斜带和牛庄洼陷应该不是主要烃源岩。

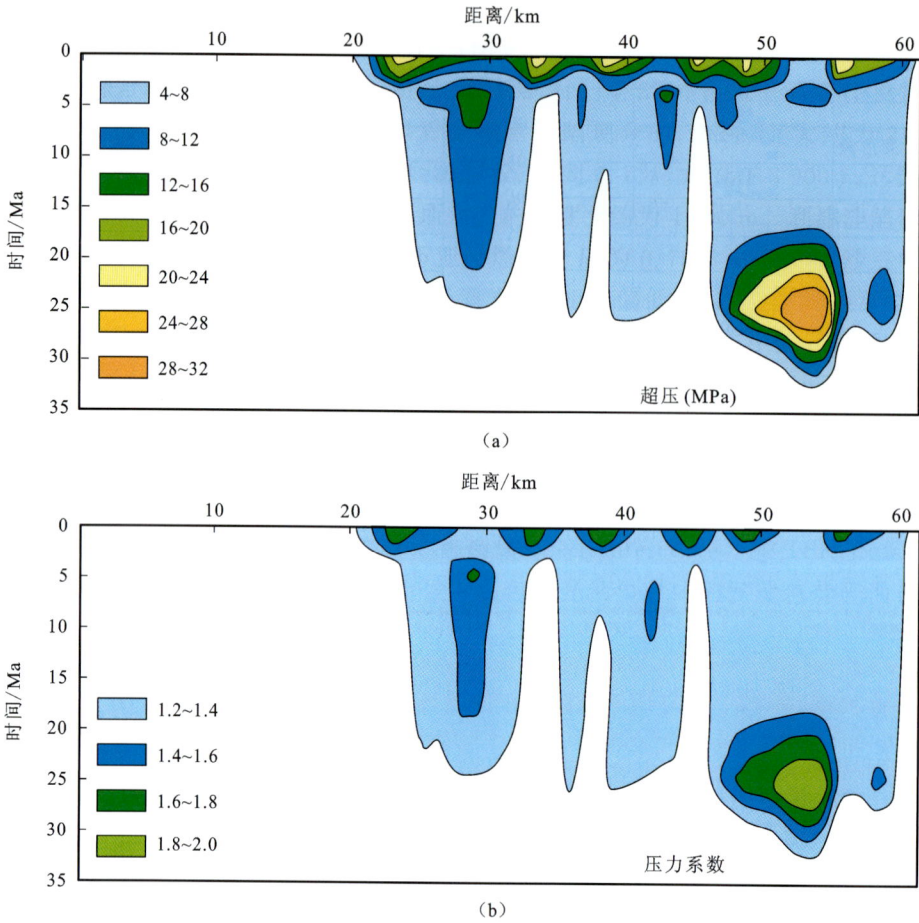

距离/km

(a)

(b)

图 3-73　东营凹陷 NW4 测线沙四上亚段顶界生烃增压演化剖面

　　东营凹陷 EW1 测线过利津洼陷西部和民丰洼陷,沙四上亚段底面烃源岩生油增压和压力系数演化剖面如图 3-75 所示。很明显地反映了利津洼陷西部和民丰洼陷沙四上亚段底面烃源岩发育了两个旋回的超压,第一个旋回是在距今 35~16 Ma,第二个旋回的超压发育在距今 3 Ma 以后。因此,利津洼陷西部和民丰洼陷沙四上亚段底面烃源岩主要排烃时间是在东营组沉积末期。民丰洼陷沙四上亚段顶面烃源岩在距今大约 35 Ma 开始产生超压,在距今大约 26 Ma 达到最大,最大超压在 24 MPa 以上,压力系数超过 1.8;在距今 16~3 Ma,压力系数都在 1.4 以下,超压小于 8 MPa;在距今 3 Ma,部分地区再次产生超压,最大超压和压力系数分别在 16 MPa 和 1.6 以上。利津洼陷西部在距今大约29 Ma开始产生超压,在距今大约 25 Ma 达到最大,最大超压在 20 MPa 以上,压力系数超过 1.6;在距今 16~3 Ma,压力系数都在 1.4 以下,超压小于 8 MPa;在距今 3 Ma,利津洼陷西部埋藏深度相对比较浅的地区开始发育超压,最大超压在 20 MPa 以上,压力系数大于 1.8。在晚期能产生超压主要是因为明化镇组沉积速率相对馆陶组大,使烃源岩埋藏深度明显增大,温度升高使生烃率明显增加。

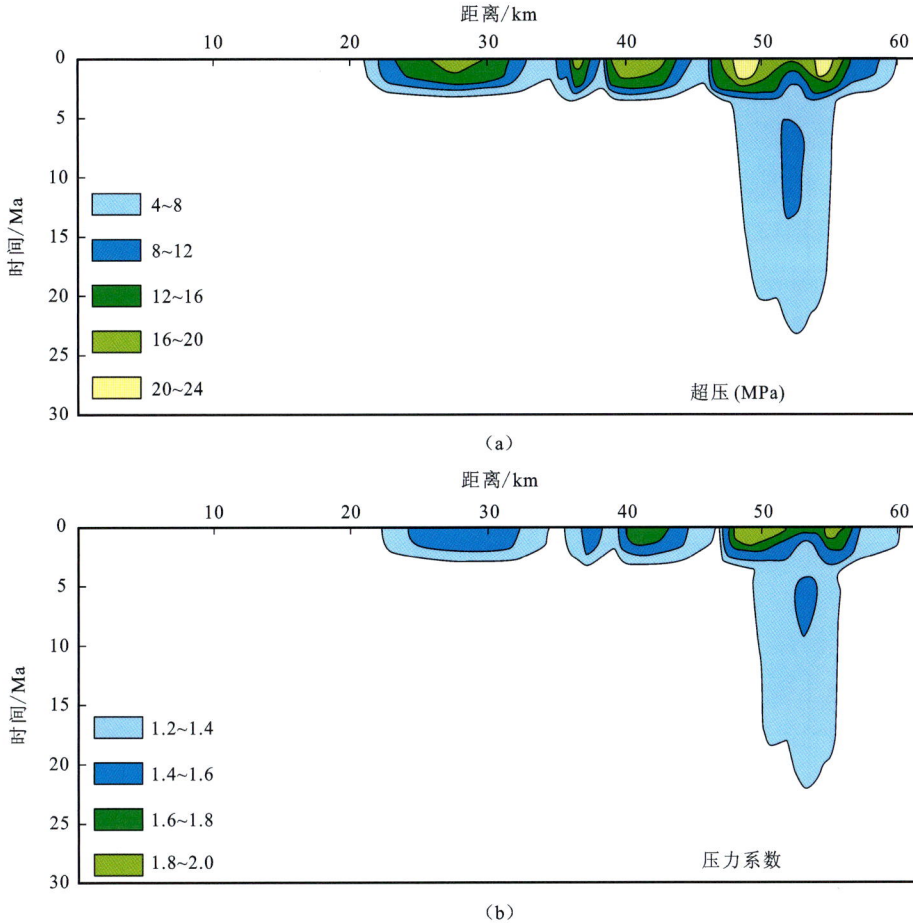

图 3-74 东营凹陷 NW4 测线沙三下亚段顶界生烃增压演化剖面

利津洼陷西部和民丰洼陷沙四上亚段顶面烃源岩也发育了两个旋回的超压（图 3-76），第一个旋回是在距今 25～3 Ma，第二个旋回的超压发育在距今 3 Ma 以后。但是第一个旋回发育的超压幅度不是很大，在民丰洼陷最大超压不到 9 MPa，压力系数小于 1.4。在利津洼陷西部第一个旋回的超压在距今大约 25 Ma 开始出现，达到的最大超压为 9 MPa 以上，最大的压力系数不到 1.5。现今利津洼陷西部和民丰洼陷沙四上亚段顶面烃源岩均存在超压，在民丰洼陷大部分地区超压在 12 MPa 以上，压力系数超过 1.3，最大不到 1.6；利津洼陷西部沙四上亚段顶面烃源岩超压最大在 18 MPa 以上，最大压力系数在 1.7 以上，大部分地区超压在 12 MPa 以上，压力系数超过 1.4。民丰洼陷沙三下亚段顶面烃源岩只发育一个旋回的超压（图 3-77），时间为在 3 Ma 以后，现今最大超压大于 15 MPa，压力系数在 1.5 以上。利津洼陷西部沙三下亚段顶面烃源岩以发育距今 3 Ma 以后的超压为主，只在少部分地区发育距今 3 Ma 以前的超压，现今的最大超压大于 24 MPa，压力系数超过 1.7，超压幅度比较大。

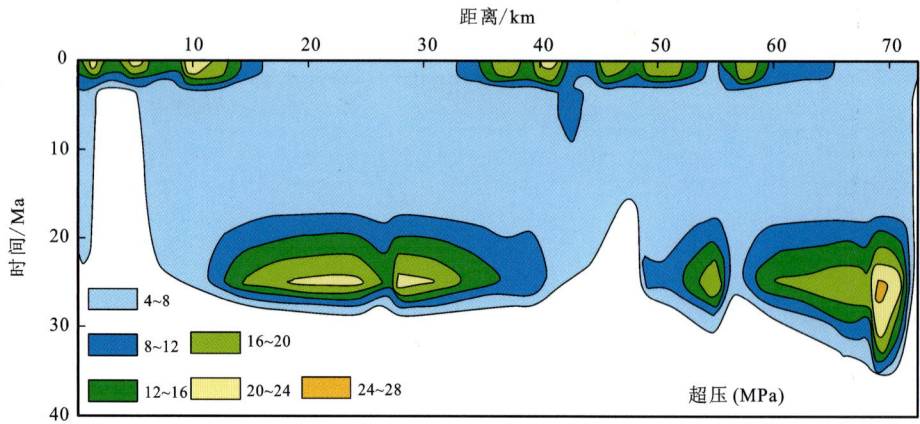

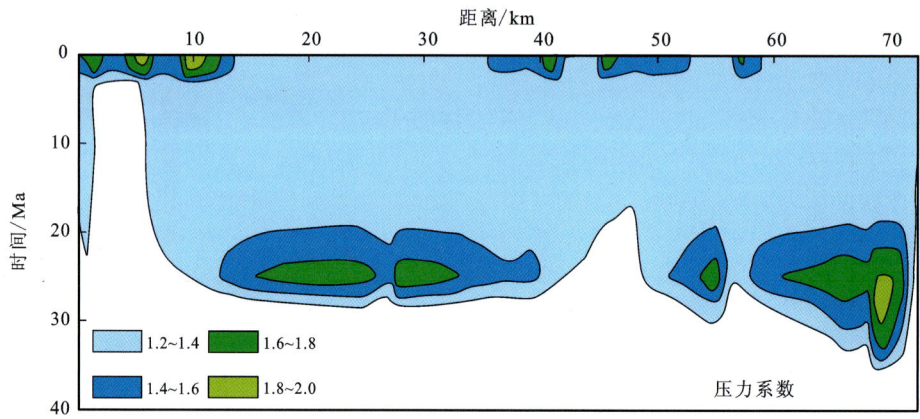

图 3-75　东营凹陷 EW1 测线沙四上亚段底界生烃增压演化剖面

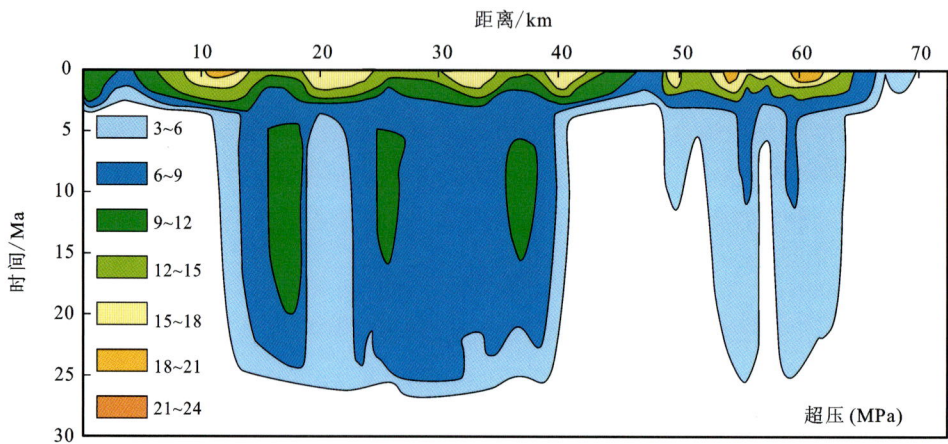

图 3-76　东营凹陷 EW1 测线沙四上亚段顶界生烃增压演化剖面

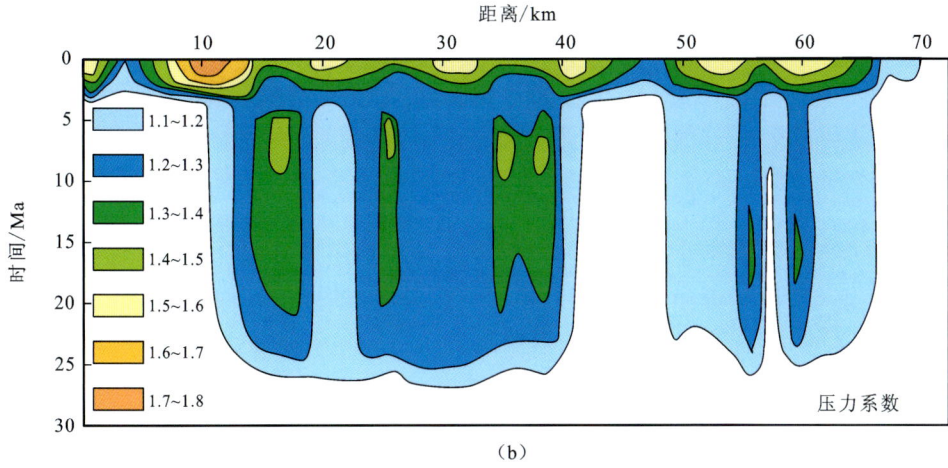

（b）

图 3-76　东营凹陷 EW1 测线沙四上亚段顶界生烃增压演化剖面（续）

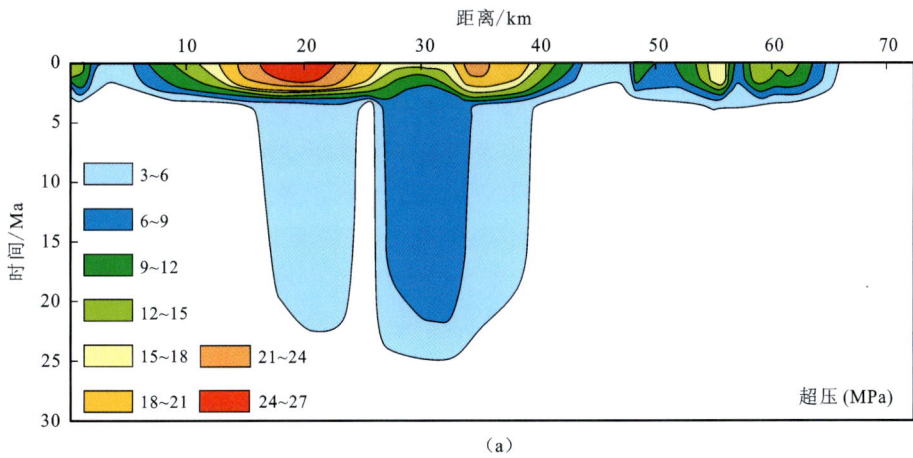

（a）

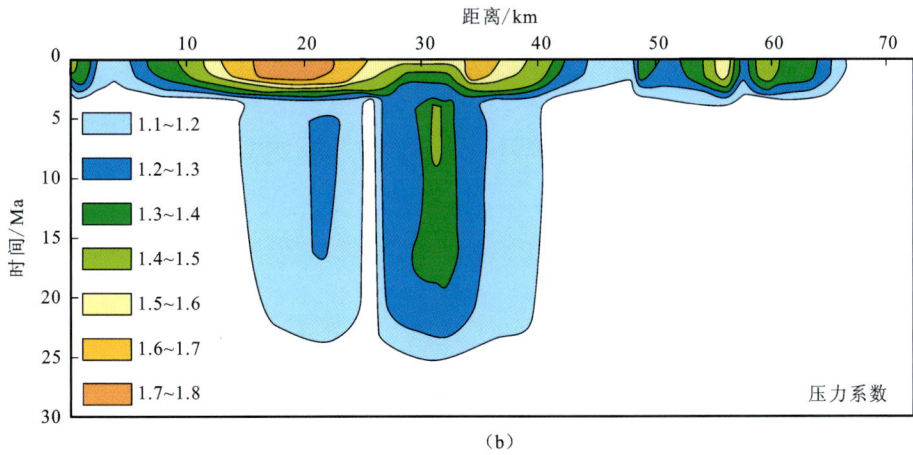

（b）

图 3-77　东营凹陷 EW1 测线沙三下亚段顶界生烃增压演化剖面

生气增压定量化评价模型 第 4 章

烃源岩中干酪根裂解生气和原油裂解成气过程是超压形成的一个重要成因机制。Ungerer 等(1983)和 Meissner(1978)计算表明 II 型干酪根在 R_o 达到 2‰时,生气引起的体积膨胀可达 50‰~100‰,因此干酪根裂解生气或者原油裂解成气都可以造成压力的急剧增加。Barker(1990)认为在理想封闭系统内,1‰体积的原油裂解成气就可能使储层压力达到静岩压力,进一步的裂解将导致岩石破裂和气体的泄漏。

4.1 生气增压数学模型

III 型干酪根以生气为主,同时伴生少量的油,如果烃源岩早期生成的油在孔隙中没有排出则随着烃源岩埋藏深度的增加和地温的升高,达到一定的温度时生成的原油将逐渐裂解成天然气。因此,III 型干酪根生烃增压是一个复杂过程,包括生油、生气和原油裂解成气三个增压因素。本书建立的生烃增压模型采用与正常压实状态下没有烃类生成相比较的方法,并遵循以下原则:①地层为正常压实,没有烃类生成时孔隙流体压力为常压;②油气水共存于烃源岩孔隙中,具有统一的压力系统;③生烃过程中岩石、有机质和流体的压缩属性不变;④没有烃类生成时孔隙被水充满;⑤干酪根减小的质量与生成烃类的质量相同;⑥不考虑孔隙流体的热膨胀;⑦不考虑油在水中的溶解。建立 III 型干酪根烃源岩生烃增压模型示意图如图 4-1 所示,在无烃类生成和有烃类生成条件下各取一个相同深度为 Z 的状态点 C 和 D。假设状态点 C 的孔隙流体压力为静水压力 P_h(MPa);孔隙水的体积为 V_{w1}(cm³);干酪根的体积为 V_{k1}(cm³);干酪根的质量为 M_k(g);状态点 D 的孔隙流体压力为 (P_h+P)(MPa);生成油的体积为 V_o(cm³);油的质量为 M_o(g);生成天然气的质量为 M_g(g)。

由于烃源岩属于正常压实,孔隙度计算采用倒数压实模型(Falvey and Middleton,1981):

$$\frac{1}{\phi_C} = \frac{1}{\phi_0} + KZ \tag{4-1}$$

式中,Z 为深度(m);K 为压缩因子,取 $\frac{2.4}{1\,000}$ m(为 Basinmod 软件默认值);ϕ_C 为烃源岩在状态 C 处的孔隙度;ϕ_0 为烃源岩初始孔隙度。

在没有烃类生成的情况下,泥岩孔隙全被水充满,则

$$\phi_C = V_{w1} \tag{4-2}$$

在生成油和气的状态下(状态 D),干酪根减小的质量全部转化为烃类:

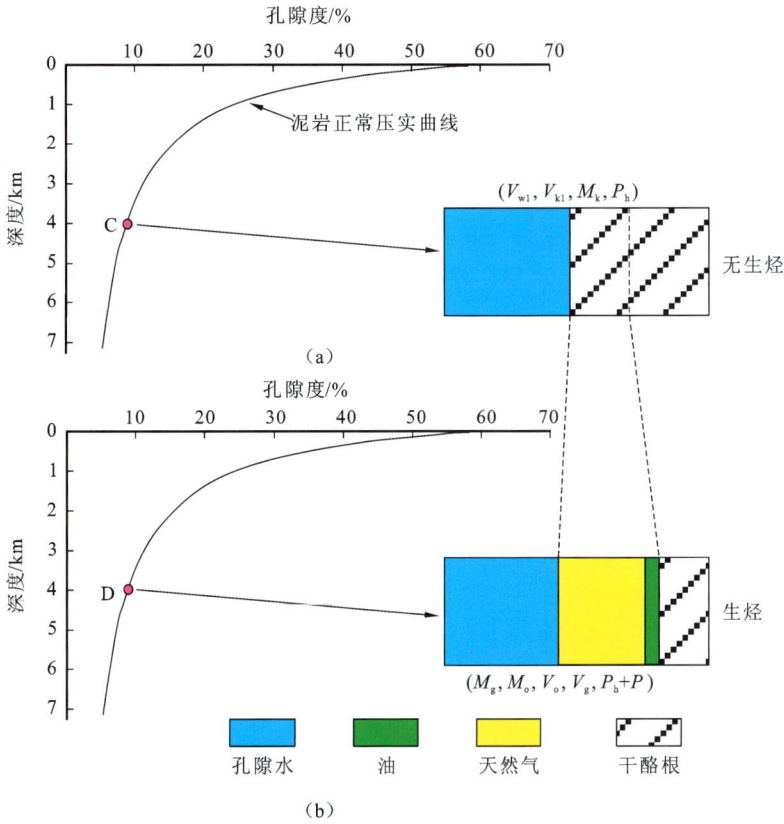

图 4-1　烃源岩生烃增压概念模型

$$IFM_k = M_g + M_o \tag{4-3}$$

式中，F 为烃源岩转化率；I 为氢指数（mg HC/g TOC）。

　　烃源岩由于生烃作用将产生一定的超压 P，使孔隙水和干酪根相对于状态 C 压缩更强烈。

$$\Delta V_w = C_w \Delta PV_{w_1} \tag{4-4}$$

$$\Delta V_k = (1-IF)C_k \Delta PV_{k_1} \tag{4-5}$$

式中，$C_w(\text{MPa}^{-1})$ 和 $C_k(\text{MPa}^{-1})$ 分别为水和干酪根的压缩系数；ΔV_w 和 ΔV_k 分别为生烃作用增加的压力而使孔隙水和干酪根体积的压缩量（cm³）。

　　生烃过程中干酪根转化为油、气及固体残留物而使烃源岩增加的孔隙空间体积 $\Delta V_D(\text{cm}^3)$ 为

$$\Delta V_D = \frac{(M_g + M_o)}{\rho_k} \tag{4-6}$$

残留在烃源岩孔隙中液态油和气态烃的体积等于减少的干酪根体积和状态 D 相对于状态 C 的水和干酪根被压缩的体积之和。结合公式（4-4）、（4-5）、（4-6）得到：

$$V_o + V_g = C_w\, PV_{w1} + \frac{(M_g + M_o)}{\rho_k} + (1-IF)C_k\, PV_{k1} \tag{4-7}$$

由于 III 型干酪根生气的同时伴生少量的油,则液态石油中溶解的天然气的质量为

$$M_{go}=M_o S_{go} \tag{4-8}$$

式中,S_{go} 为天然气在油中的溶解度;M_{go} 为溶解在油中天然气的质量。

孔隙水中也会溶解少量天然气,其质量 $M_{gw}(g)$ 可以表述为

$$M_{gw}=V_{w1} \rho_w S_{gw} \tag{4-9}$$

式中,S_{gw} 为天然气在水中的溶解度。

溶解的天然气的质量 $M_{gs}(g)$ 为

$$M_{gs}=M_o S_{go}+V_{w1} \rho_w S_{gw} \tag{4-10}$$

在状态 D 以液态石油存在于烃源岩孔隙空间中的体积为

$$V_o=\frac{[1-(P_h+P)C_o]M_o}{\rho_o} \tag{4-11}$$

式中,C_o 为石油的压缩系数(MPa^{-1}),ρ_o 为地表处石油密度(g/cm^3)。

烃源岩生烃过程中天然气可能发生散失,散失的量与烃源岩渗透率和流体驱动力具有重要关系。为了表述烃源岩对天然气的封闭能力,定义天然气残留系数 β,则残留在孔隙中天然气的质量为

$$M_{gr}=\beta(M_g-M_{gs}) \tag{4-12}$$

式中,$M_{gr}(g)$ 为残留在孔隙中天然气的质量。可见,$0<\beta\leqslant1$ 是反映烃源岩封闭能力的参数,其大小受烃源岩渗透率的影响,渗透率越低,β 值越大,反之越小,其取值标准还需要进一步探讨研究。则以气态形式存在于烃源岩孔隙中的天然气的质量 M_{gr} 表达式为

$$M_{gr}=\beta[M_g-M_o S_{go}-V_{w1} \rho_w S_{gw}] \tag{4-13}$$

气态形式存在于烃源岩孔隙中的天然气遵守实际气体状态方程:

$$V_g=\frac{P_0 M_{gr} T_D Z_D}{T_0 \rho_g (P_h+P) Z_0} \tag{4-14}$$

式中,ρ_g 为天然气在标准状态下的密度(g/cm^3);P_0 和 T_0 分别为地表压力(MPa)和温度(℃);Z_0 为天然气压缩因子($Z_0\approx1$);T_D 和 Z_D 分别是状态 D 处的温度(℃)和天然气压缩因子。

本书压缩因子的计算采用 Standing (1952)图版拟合成与温度和压力的关系式得到:

$$Z_D=0.217\ 3a(P_h+P)+b \tag{4-15}$$

其中,

$$a=0.021\ 8\left(\frac{T_D}{T_c}\right)^2-0.124\ 5\frac{T_D}{T_c}+0.209\ 1 \tag{4-16}$$

$$b=-0.231\ 5\left(\frac{T_D}{T_c}\right)^2+1.333\frac{T_D}{T_c}-1.063\ 4 \tag{4-17}$$

式中,T_c 为天然气的临界热力学温度,取 190.4 K。如果假设地表温度为 293 K,压力为 0.1 MPa,压缩系数 $Z_0=1$,可以得到天然气体积为

$$V_g=\frac{M_{gr} T_D[0.217\ 3a(P_h+P)+b]}{2\ 930 \rho_g (P_h+P)} \tag{4-18}$$

由式(4-7)、式(4-11)和式(4-18)联合整理得到

$$C_w P V_{w1} + \frac{(M_g + M_o)}{\rho_k} + (1-IF)C_k P \frac{M_k}{\rho_k}$$

$$= \left[1-(P_h+P)C_o\right]\frac{M_o}{\rho_o} + \frac{M_{gr} T_D \left[0.217\,3a(P_h+P)+b\right]}{2\,930\rho_g(P_h+P)} \tag{4-19}$$

整理得到:

$$A(P_h+P)^2 - B(P_h+P) - C = 0 \tag{4-20}$$

式中,

$$A = C_w V_{w1} + (1-IF)\frac{C_k M_{k1}}{\rho_k} + \frac{C_o M_o}{\rho_o} \tag{4-21}$$

$$B = C_w V_{w1} P_h + (1-IF)\frac{C_k M_{k1} P_h}{\rho_k} + 7.416\times10^{-5}\frac{aM_{gr} T_D}{\rho_g} - \frac{(M_o+M_g)}{\rho_k} + \frac{M_o}{\rho_o} \tag{4-22}$$

$$C = 3.413\times10^{-4} b M_{gr} \frac{T_D}{\rho_g} \tag{4-23}$$

则通过求解方程就可以得到 III 型干酪根生烃增压表达式为

$$P = \frac{B + \sqrt{B^2 + 4AC}}{2A} - P_h \tag{4-24}$$

虽然式(4-24)没有得到物理模拟实验的验证,主要是因为目前的实验条件对压力的限制无法达到实验要求,但采用同样方法建立的生油增压方程得到了物理模拟实验很好的验证(郭小文等,2011)。生油增压方程可以看成是本书推导生烃增压模型在生气量为零时的一个特例,因此也间接验证了模型的可靠性。

烃源岩生烃增压是因为高密度的干酪根转化成低密度的油和气而使孔隙流体发生膨胀的结果,但当烃源岩内部孔隙流体压力达到岩石破裂压力或者发生构造运动时使流体从烃源岩中排出将导致孔隙流体压力降低。假设烃源岩排烃结束时孔隙流体超压为 ΔP_{exp}(MPa),如果排烃后烃源岩孔隙度保持不变,则排烃后残留在孔隙中的天然气和油的体积分别为

$$V_{g1} = \frac{M_{gr} T_D \left[0.217\,3a(P_h+P_x)+b\right]}{2\,930\rho_g(P_h+P_x)} \tag{4-25}$$

$$V_{o1} = \frac{\left[1-(P_h+P_x)C_o\right]M_o}{\rho_o} \tag{4-26}$$

式中,V_{g1} 和 V_{o1} 分别为烃源岩排烃结束时残留天然气和油的体积(cm³);P_x 为排烃前孔隙流体超压(MPa)。

排烃后残留在孔隙中的天然气质量为

$$M_{g1} = \frac{V_{g1} T_0 \rho_g (P_h+P_{exp})}{P_0 T_D Z_D} \tag{4-27}$$

式中,M_{g1} 为排烃后残留在孔隙中的天然气的质量(g)。由式(4-25)和式(4-27)可以得到:

$$M_{g1} = \frac{M_{gr} T_0 \left[0.217\,3a(P_h+P_x)+b\right](P_h+P_{exp})}{2\,930 P_0 Z_D (P_h+P_x)} \tag{4-28}$$

排烃后残留在孔隙中的石油的质量 M_{o1}(g)为

$$M_{o1} = \frac{V_{o1}\rho_o}{1-(P_h+P_{exp})C_o} \qquad (4\text{-}29)$$

由式(4-26)和式(4-29)可以得到:

$$M_{o1} = \frac{M_o\left[1-(P_h+P_x)C_o\right]}{1-(P_h+P_{exp})C_o} \qquad (4\text{-}30)$$

随着烃源岩继续埋藏,烃源岩再生烃使孔隙压力再增加。烃源岩中残留的油和气的质量可以表达为

$$M_{o2} = (M'_o - M_o) + M_{o1} \qquad (4\text{-}31)$$

$$M_{g2} = \beta\left[(M'_g - M_g) - (M'_o - M_o)S_{go} - V_{w1}\rho_w S_{gw}\right] + M_{g1} \qquad (4\text{-}32)$$

式中,M_{o2} 和 M_{g2} 分别为烃源岩排烃后孔隙中油和天然气的质量(g);M'_o 和 M'_g 分别为烃源岩排烃后生成油和气的质量(g)。

则烃源岩排烃后孔隙中油和天然气的体积分别为

$$V_{o2} = \left[1-(P_h+P')C_o\right]\frac{M_{o2}}{\rho_o} \qquad (4\text{-}33)$$

$$V_{g2} = \frac{M_{g2}T_D\left[0.217\,3a(P_h+P')+b\right]}{2\,930\rho_g(P_h+P')} \qquad (4\text{-}34)$$

式中,V_{o2} 和 V_{g2} 分别为烃源岩排烃后孔隙中油和天然气的体积(cm³)。

排烃后孔隙中油和天然气的总体积为

$$V_{o2}+V_{g2} = C_w P' V_{w1} + \frac{(M'_g+M'_o)}{\rho_k} + (1-IF)C_k P' V_{k1} \qquad (4\text{-}35)$$

由式 (4-33) ~ 式(4-35)得到

$$A'(P_h+P')^2 - B'(P_h+P') - C' = 0 \qquad (4\text{-}36)$$

其中,

$$A' = C_w V_{w1} + (1-IF)\frac{C_k M_{k1}}{\rho_k} + \frac{C_o M_{o2}}{\rho_o} \qquad (4\text{-}37)$$

$$B' = C_w V_{w1} P_h + (1-IF)\frac{C_k M_{k1} P_h}{\rho_k} + 7.416\times10^{-5}\frac{a M_{g2} T_D}{\rho_g} - \frac{(M_o'+M_g')}{\rho_k} + \frac{M_{o2}}{\rho_o} \qquad (4\text{-}38)$$

$$C' = 3.413\times10^{-4}\frac{b M_{g2} T_D}{\rho_g} \qquad (4\text{-}39)$$

可以得到烃源岩排烃后生烃增压方程为

$$P' = \frac{B' + \sqrt{B'^2 + 4A'C'}}{2A'} - P_h \qquad (4\text{-}40)$$

如果排烃后上覆地层的压实作用将导致孔隙度减小,假设减小的孔隙空间为干酪根减少的体积,则

$$V_{o1}+V_{g1} = C_w P_{exp} V_{w1} + (1-IF)C_k P_{exp} V_{k1} \qquad (4\text{-}41)$$

如果烃源岩的 R_o 达到 2.0%,则孔隙中的原油全部裂解成天然气,孔隙空间被天然气和水充满,则

$$V_{g1} = C_w P_{exp} V_{w1} + (1-IF)C_k P_{exp} V_{k1} \qquad (4\text{-}42)$$

$$V_{o1} = 0 \qquad (4\text{-}43)$$

如果烃源岩在排烃后 R_o 小于 2.0%,则认为孔隙空间被油和水充满,因为天然气比油更

容易排出,而且由于干酪根和水的压缩性都不是很强,排烃结束时烃源岩不可能再保持比较高的超压,因此排烃后由孔隙流体超压所支撑的烃源岩的增加孔隙空间也很小,经计算一般小于孔隙空间的 1%。所以可以得到:

$$V_{g1} = 0 \tag{4-44}$$

$$V_{o1} = C_w P_{exp} V_{w1} + (1 - IF) C_k P_{exp} V_{k1} \tag{4-45}$$

烃源岩排烃结束时残留的天然气和油的质量可以通过式(4-27)和式(4-29)计算得到,排烃后残留的天然气和油的质量可以通过式(4-31)和式(4-32)计算得到,残留的天然气和油体积可以利用式(4-33)和式(4-34)计算得到。残留的天然气和油体积之和为

$$V_o + V_{g2} = C_w P' V_{w1} + \frac{(M_g' + M_o') - (M_g + M_o)}{\rho_k} + (1 - IF) C_k P' V_{k1} \tag{4-46}$$

结合式(4-33)、式(4-34)和式(4-46),可以得到:

$$A'(P_h + P')^2 - B'(P_h + P') - C' = 0 \tag{4-47}$$

式中,A' 和 C' 分别与式(4-37)和式(4-39)相同。

$$B' = C_w V_{w_1} P_h + \frac{(1 - IF) C_k M_{k1} P_h}{\rho_k} + \frac{7.416 \times 10^{-5} a M_{g2} T_D}{\rho_g} - \frac{(M_g' + M_o') - (M_g + M_o)}{\rho_k} + \frac{M_o'}{\rho_o} \tag{4-48}$$

得到烃源岩排烃后生烃增压方程为

$$P' = \frac{B' + \sqrt{B'^2 + 4A'C'}}{2A'} - P_h \tag{4-49}$$

4.2　生气增压模型参数敏感性分析

　　烃源岩生烃增压受到孔隙度、烃源岩成熟度、有机质丰度、天然气残留系数等多种参数的影响。为了揭示各参数对生烃增压的影响程度,在利用盆地模拟技术模拟 III 型干酪根油气生成的基础上,对烃源岩有机碳含量、氢指数和天然气残留系数 β 三个参数进行敏感性分析。模拟烃源岩油气生成时,选取一个理想的泥岩剖面,并设置烃源岩有机质类型为 III 型,有机碳含量为 1%、氢指数为 100 mgHC/g·TOC。烃源岩孔隙度的计算采用倒数压实模型(Falvey et al.,1981),取地表孔隙度 62%;现今热流采用瞬态热流模型计算得到,所用的平均地温梯度为 3.1℃/100 m,地表温度为 15℃;烃源岩成熟度模拟采用 EASY%R_o 模型(Sweeney et al.,1990),III 型干酪根的转化率和油气生成率计算采用 LLNL 干酪根生烃动力学模型(Braun et al.,1987;Burnham et al.,1987;Sweeney et al.,1987),没有考虑烃源岩生烃增压造成的岩石破裂和排烃。模拟的 III 型干酪根烃源岩生烃特征、油气生成率与转化率的关系以及渗透率特征如图 4-2 所示。III 型干酪根以生气为主,同时伴生有部分原油,干酪根快速转化的深度出现在 4 000～6 000 m,转化率从大约 30% 增加到 80%。从模拟的转化率和油气生成的关系曲线可以将 III 型干酪根的生烃过程分为三个阶段。第一阶段为油气生成阶段:随着烃源岩成熟度和转化率的增加,油气生成量逐渐增大,与烃源岩转化率呈线性关系。第二阶段为原油裂解成气阶段:当烃源岩 R_o 达到 1.3% 时,原油开始裂解成气,原油含量逐渐减小,天然气含量增加速率加快,当烃源岩转化率达到 80%,烃源岩 R_o 达到 2% 时,

原油完全裂解成气;第三阶段为干气生成阶段:生成天然气的量随着转化率的增加呈直线增加。模拟的水平渗透率和垂直渗透率均随埋深的增加而减小,且水平渗透率高于垂直渗透率。水平渗透率变化范围为 $0.1 \sim 3.0 \times 10^{-7}$ mD[①],对应的埋藏深度为 2 000~10 000 m。

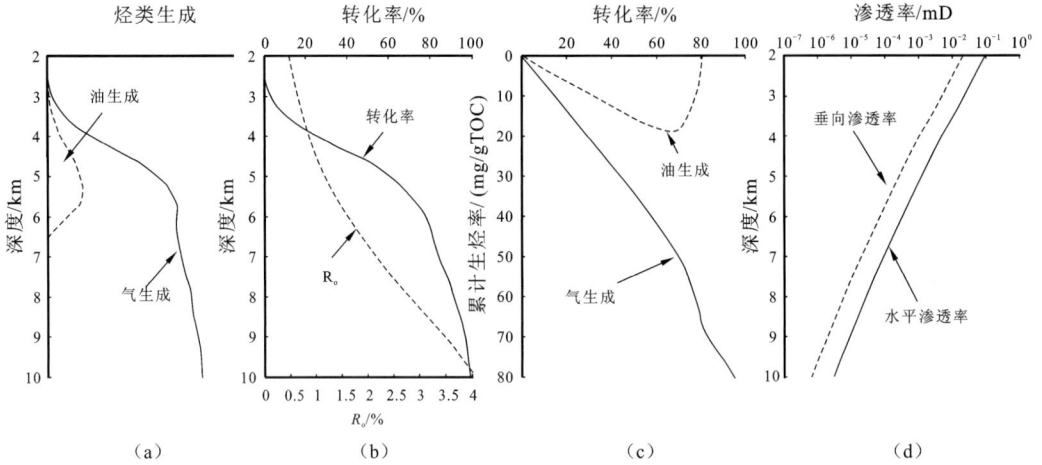

图 4-2　III 型干酪根生烃特征以及油气生成率与转化率的关系

　　计算 III 型干酪根生烃增压时干酪根的密度取 1 550 kg/m³,压缩系数取 1.4×10^{-3} MPa⁻¹ (DuBow,1984);石油密度取 900 kg/m³,压缩系数 2.2×10^{-3} MPa⁻¹(McCain,1990);地层水的压缩系数取 0.44×10^{-3} MPa⁻¹(Amyx et al.,1960),水的密度取 1 030 kg/m³。标准状态下天然气的密度取 0.677 3 kg/m³、重烃所占生成天然气的质量分数取 0.1、甲烷在水和油中的溶解度分别取 0.002 6 g/L 和 0.102 g/L。

　　烃源岩有机碳含量、氢指数和天然气残留系数三个参数以氢指数对 III 型干酪根生烃增压影响最大,天然气残留系数影响最小(图 4-3)。在烃源岩有机碳含量为 2% 完全封闭的条件下($\beta=1$),氢指数为 50 mg/g,在埋藏深度为 6 000 m 处由生烃作用就可以产生大约 60 MPa 的超压,压力系数达到 2.0;烃源岩氢指数每增加 100 mg/g 就使生烃作用产生的超压最大增加 180 MPa,对应的压力系数增加近 1.8;当烃源岩氢指数为 400 mg/g 时可以产生超过 700 MPa 的超压,压力系数可以超过 8.0。烃源岩有机碳含量对 III 型干酪根生烃增压也具有一定的影响。在氢指数为 100 mg/g,完全封闭的条件下,有机碳含量只有 0.5% 就可以产生超过 100 MPa 的超压,压力系数达 2.0 以上。随着有机碳含量的增加,超压强度也变大,有机碳含量为 1% 的烃源岩生烃作用产生的超压比有机碳含量为 0.5% 的烃源岩最大增加近 40 MPa 的超压,增加的压力系数大约为 0.4。天然气残留系数 β 的变化对 III 型干酪根生烃增压的影响却最小,意味着保存条件不是烃源岩形成生烃增压的主要控制因素。在烃源岩有机碳含量为 2%、氢指数为 100 mg/g 时,天然气残

---

① 1 mD＝0.986 923×10⁻³ μm²,毫达西。

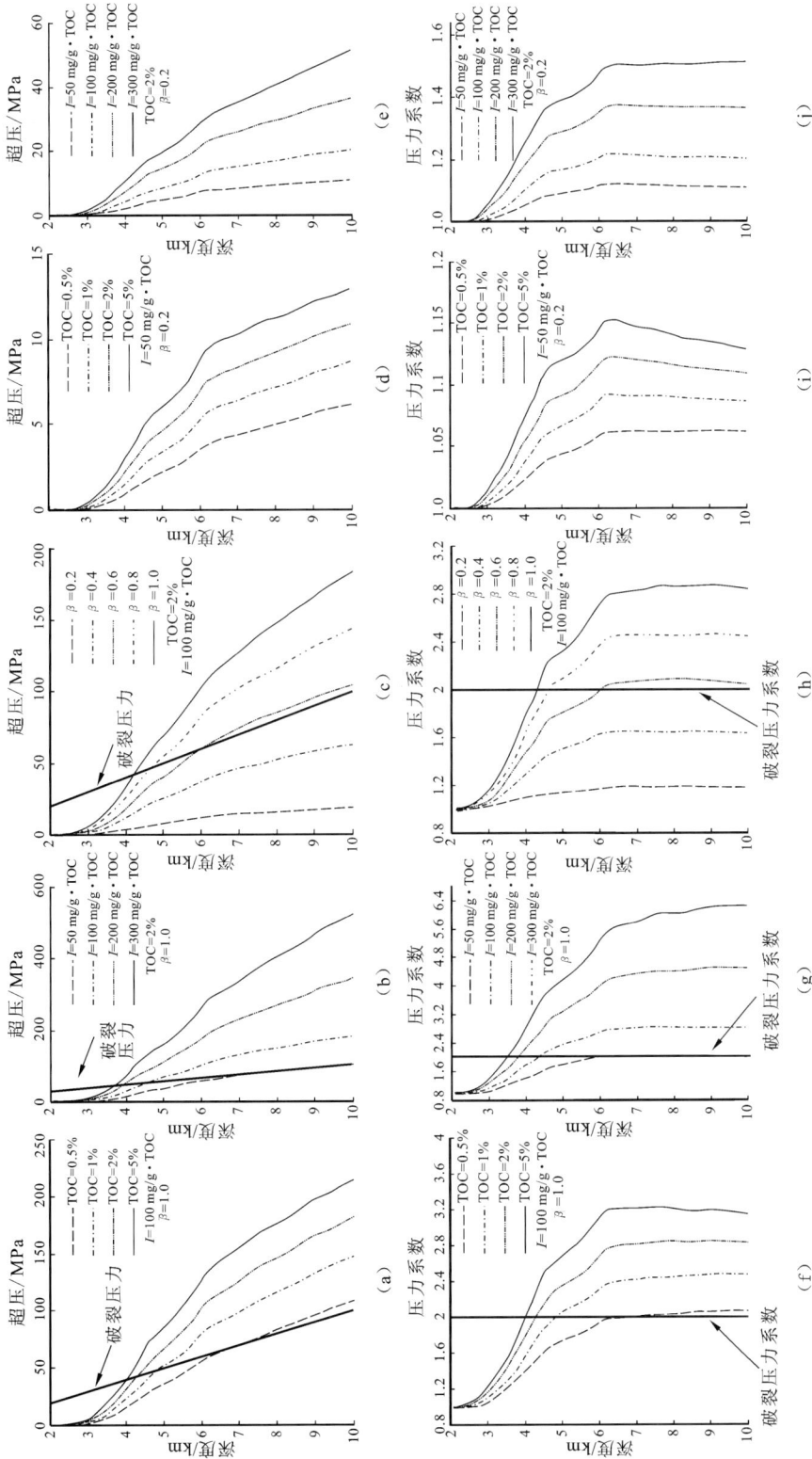

图 4-3　III型干酪根生烃作用形成的超压和压力系数随深度变化关系图

留系数 β 只要大于 0.2 就可以产生超压,也就是意味着天然气扩散的量只要小于生成量的 80% 就可以产生超压。天然气残留系数 β 每增加 0.2,增加的最大超压大约只有 40 MPa,所增加的压力系数大约只有 0.4。当天然气残留系数 β 为 0.2,烃源岩的氢指数设定为 50 mgHC/gTOC 时,烃源岩有机碳含量从 0.5% 增加到 5%,计算的超压在 15 MPa 以下,压力系数小于 1.2。当天然气残留系数 β 为 0.2、烃源岩的有机碳含量为 2% 时,烃源岩氢指数从 50 mg·HC/g·TOC 增加到 300 mg·HC/g·TOC,计算的最大超压在 70 MPa 以下,压力系数小于 1.7。从压力系数与深度关系可以看出超压可以出现的最小深度大约为 3 000 m,压力系数随着深度的增加而增大,在深度大约为 6 000 m 处压力系数达到最大,从 6 000 m 往下,压力系数基本不变或者有稍微减小的趋势。

在同一深度条件下的烃源岩具有相同原生孔隙度和转化率,有机碳含量、氢指数和天然气残留系数不同。超压发育的强度主要取决于烃源岩孔隙中残留烃量的多少。计算得到不同参数条件下烃源岩孔隙中的残留油和天然气质量随深度变化关系如图 4-4 所示。

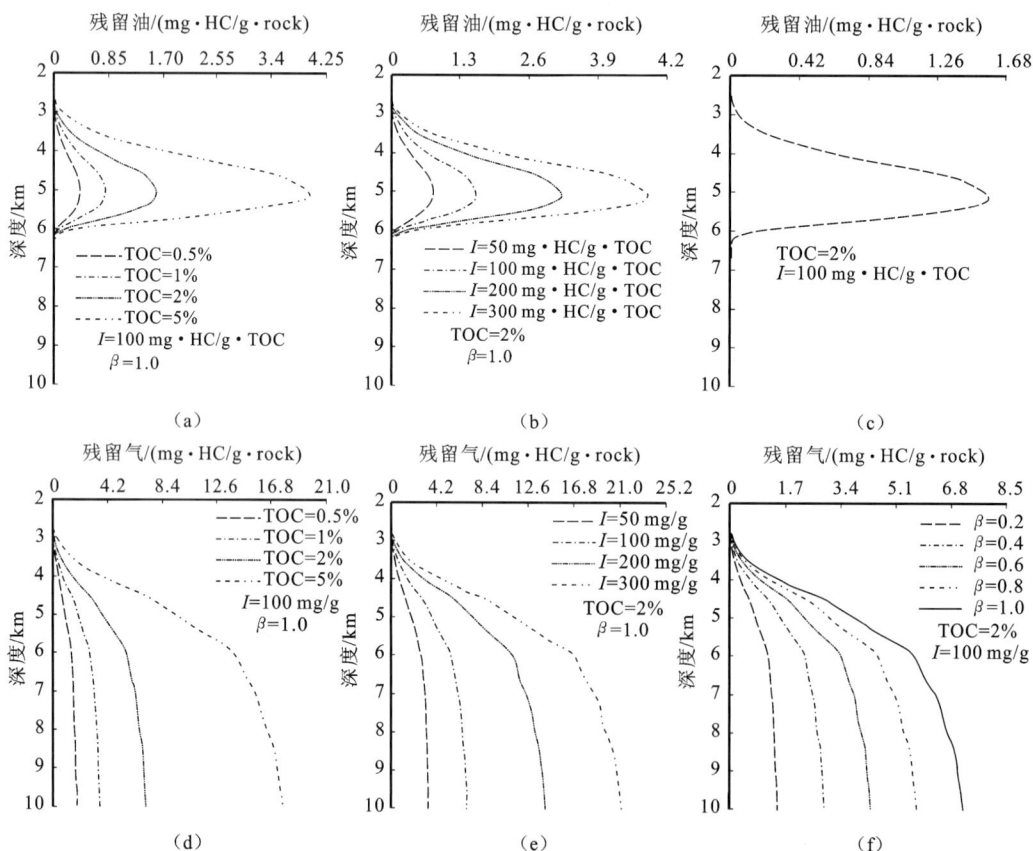

图 4-4　III 型干酪根烃源岩孔隙中的残留油和天然气质量随深度变化关系

由于假设烃源岩不排烃,因此残留油和天然气质量主要受有机碳含量、氢指数和天然气残留系数的控制。在天然气残留系数为 1 的前提下,残留油和天然气质量随着烃源岩机碳含量和氢指数的增加而增加。但是在烃源岩机碳含量比较低,氢指数比较高的情况下也可以产生强超压。烃源岩孔隙空间被水、油和天然气充满,改变天然气残留系数只对天然气质量有影响,而不影响油的质量。而改变氢指数可以造成天然气和油的质量都发生改变。由于油的压缩系数远小于天然气,因此氢指数比天然气残留系数对超压的影响更为敏感。

　　在实际地质条件下,当烃源岩孔隙流体压力足够大时将促使裂缝的形成,油气从烃源岩中排出,孔隙流体压力降低。假设烃源岩密度为 2.35 g/cm³,当烃源岩孔隙流体压力系数达到 2.0 时,油气从烃源岩中排出,计算得到烃源岩孔隙流体压力系数随深度的关系如图 4-5 所示。烃源岩生烃作用产生的超压随着埋藏深度的增加而逐渐增大,直到达到岩石的破裂压力之后,岩石产生裂缝,烃类从烃源岩中排出,孔隙流体压力系数迅速减小。烃源岩排烃之后,随着埋藏深度的增加和烃类的生成,压力系数再次增加直至达到岩石破裂压力。幕式排烃所发生的主要深度范围为 3 500～6 000 m,是因为烃类主要在这个深度范围内生成。

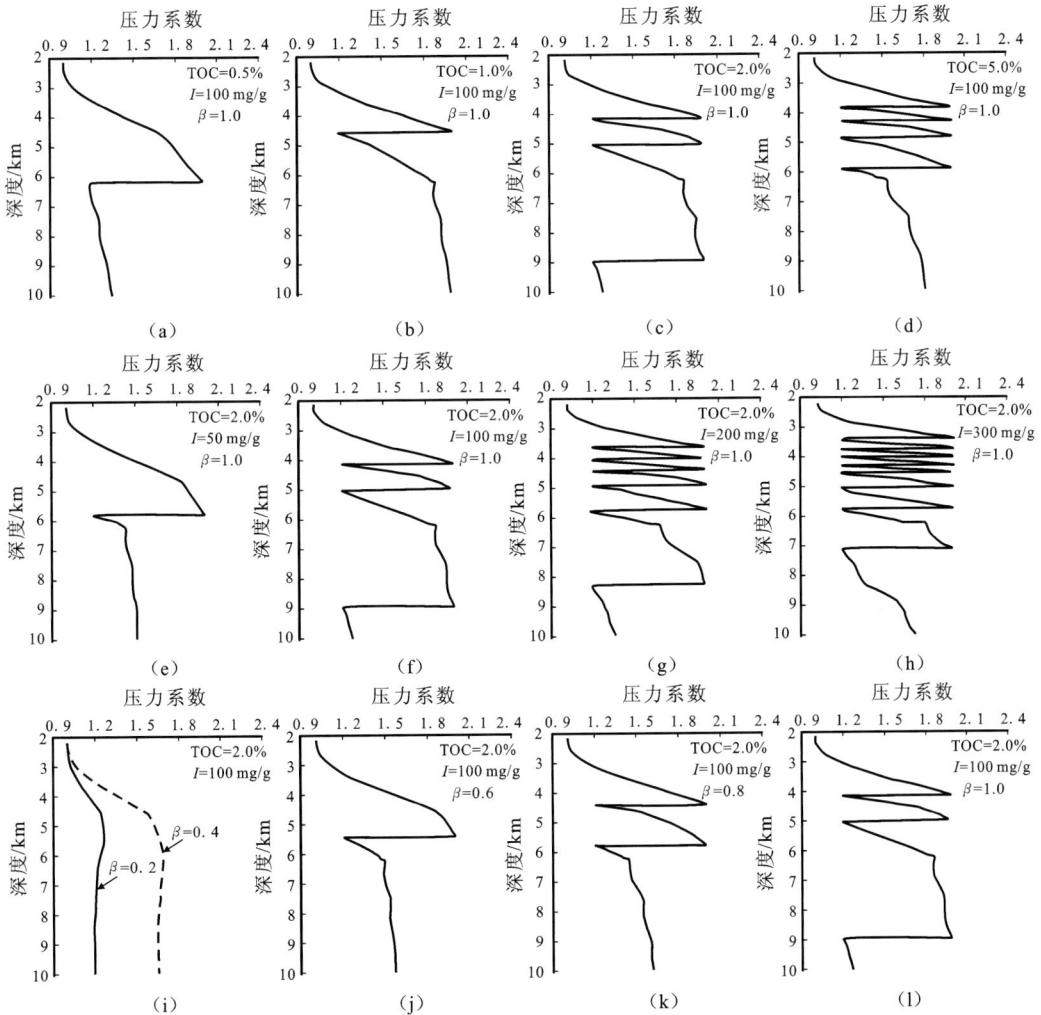

图 4-5　烃源岩孔隙流体压力系数随深度的关系

在考虑排烃条件下,烃源岩中残留烃的质量随深度变化特征如图 4-6 所示,结果显示烃源岩中残留烃的质量明显比不排烃条件下要少。在残留系数一定的条件下,残留油和天然气的质量随着烃源岩有机碳含量和氢指数的增加而增加。排出的烃类以天然气为主,因为天然气相对于原油更容易排出。

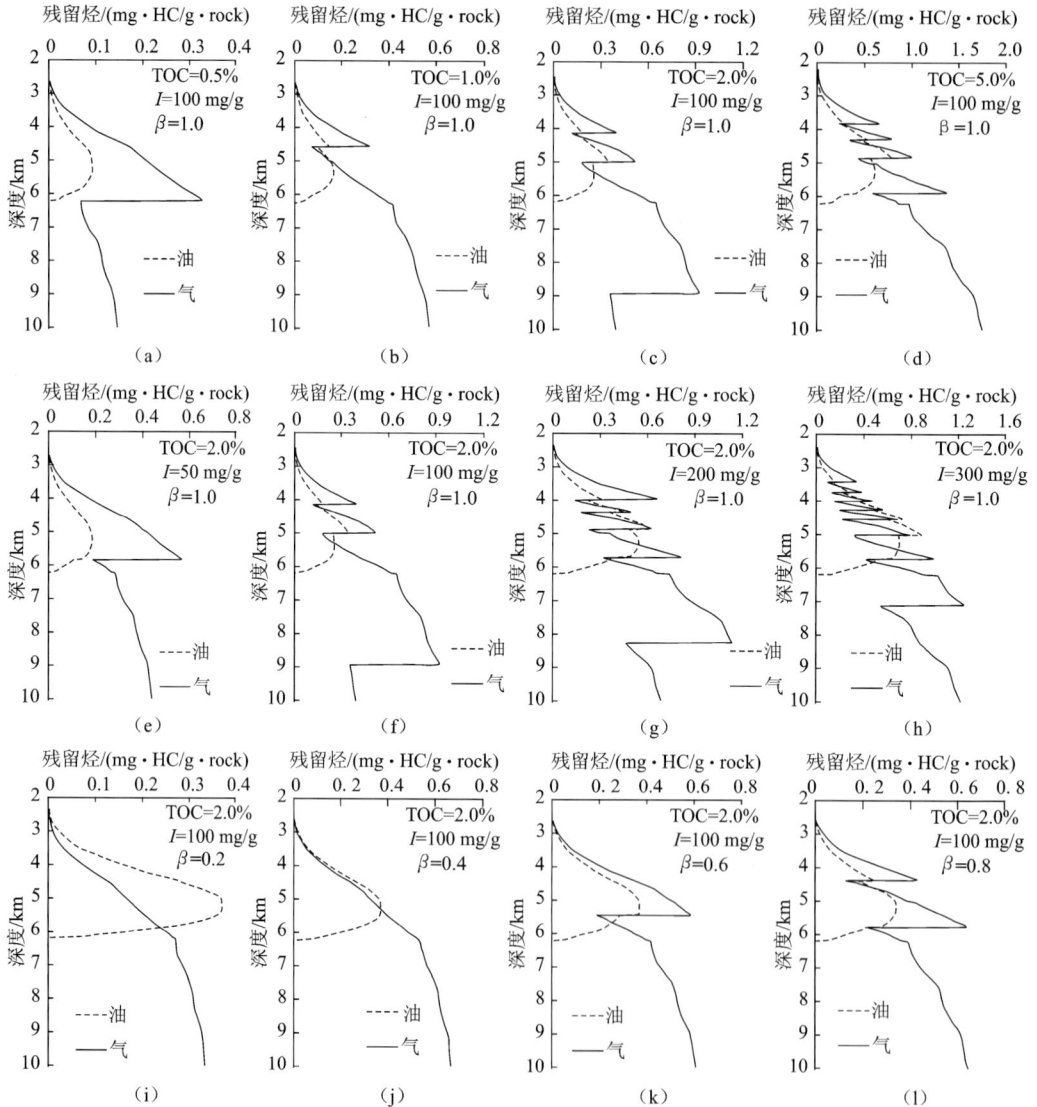

图 4-6　幕式排烃条件下烃源岩残留烃量随深度变化关系

准噶尔盆地腹部生气增压演化 第 5 章

准噶尔盆地是我国西部一个最具有油气潜力的含油气盆地之一,其腹部侏罗纪烃源岩主要为Ⅲ型干酪根,以生气为主,同时伴生少量的油。在对准噶尔盆地腹部超压特征和成因、烃源岩生烃演化史恢复和排烃时间分析的基础之上,利用建立的生气增压定量评价模型计算烃源岩生烃增压演化过程。

5.1 准噶尔盆地腹部区域地质概况

5.1.1 地理和构造位置

准噶尔盆地位于新疆北部,地处中亚内陆,是我国大型含油气盆地之一。地理坐标为81°E~92°E,43°N~48°N。盆地周围被褶皱山系环绕,西北为扎伊尔山和哈拉阿拉特山,东北为青格里底山和克拉美丽山,南面是天山山脉的伊林黑比尔根山和博格达山(图5-1)。盆

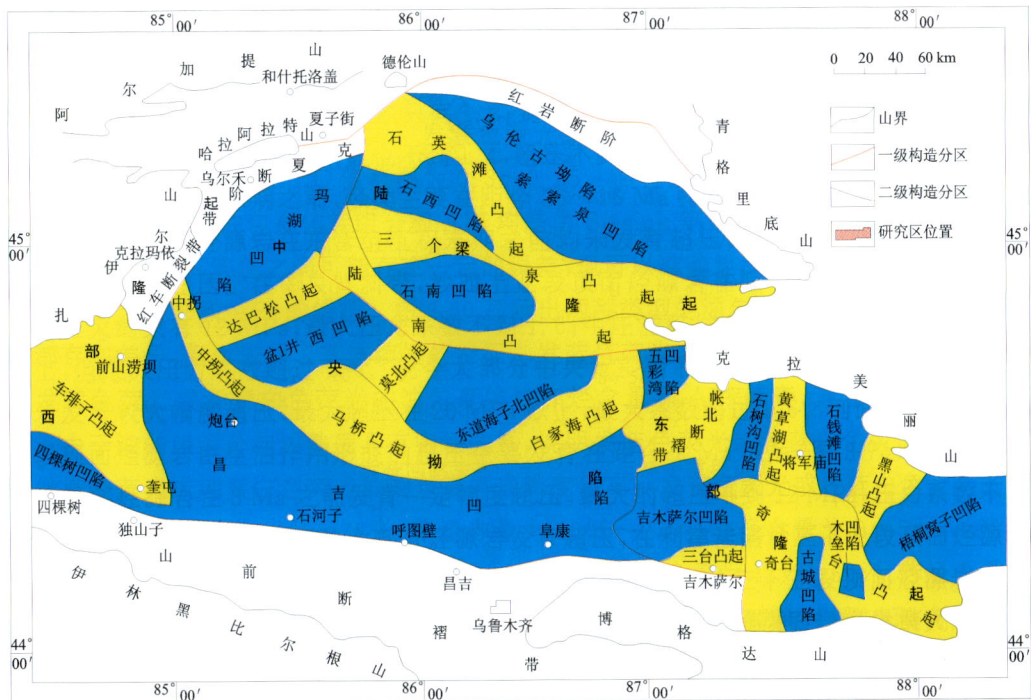

图 5-1　准噶尔盆地构造单元图(中国石化石油勘探开发研究院西部分院,2002)

地平面形状呈南宽北窄的近三角形,东西长 700 km,南北宽 370 km,面积为 13.4×10^4 km²,平均海拔约 500 m,沉积岩最大厚度为 14 000 m。从板块观点来说,盆地位于哈萨克斯坦板块,西伯利亚板块和天山褶皱带之间的三角地带。

5.1.2　区域构造特征及构造单元划分

在元古代形成的准噶尔古老陆块即今天的盆地结晶基底是在古亚洲洋的发生和发展过程中,由太古代古亚洲存在的陆核增生形成的原始大陆(1 850~2 500 Ma)。不同学者对盆地结晶基底中变质岩和火成岩的同位素绝对年龄测定分布为 1 300~1 900 Ma。准噶尔盆地基底一般认为具有“双层结构”,即在前寒武纪结晶基底的基础上叠加了以边缘褶皱山系为主的海西期造山褶皱带。下部结构层由下元古界组成,为一套深变质的岩相;上下部结构层由中-上元古界组成,为一套变质较浅的岩相,两者以明显的角度不整合接触;准噶尔盆地是晚古生代—中新生代的挤压复合叠加盆地,经历了多期构造演化,多期岩浆活动,多源动力作用,构造格局复杂。与盆地有关的断层主要表现为:①逆冲断层,大多出现在造山带外侧,由造山带向盆地方向逆冲,主逆冲断层呈台阶状和铲状,次级逆冲断层组成叠瓦状,有克-乌逆冲断层,北天山逆冲断层和阿尔泰南缘逆冲断层;②高角度正断层,主要在盆地内部,控制盆地内部次级构造单元和沉积环境分布,形成断块结构。

准噶尔盆地在二叠纪初是由几个既分割又联合的大型拗陷和隆起所组成的多中心盆地,自三叠纪沉积开始才成为一个统一的沉积盆地。从含油区大地构造出发,按照中国石化石油勘探开发研究院西部分院(2002)划分方案,盆地可分为五个一级构造单元(图5-1)。本书的主要资料来源和研究范围为中央拗陷的中部 1、2、3、4 区块(中国石化登记区块)。中央拗陷包括了 12 个二级构造单元,它们为玛湖凹陷、盆 1 井西凹陷、东道海子北凹陷、昌吉凹陷、四棵树凹陷、柴窝堡凹陷、达巴松凸起、莫北凸起、中拐凸起、马桥凸起、白家海凸起、山前断褶带 6 个凹陷、5 个凸起和 1 个山前断褶带。中部 1、2、3 和 4 登记区块总的勘探面积约 1.24×10^4 km²。该区中部 1 区块主要分布在盆 1 井西凹陷和昌吉凹陷、中部 2 区块分布在莫北凸起和东道海子北凹陷,中部 3 区块主体和中部 4 区块分布在昌吉凹陷(图 5-1)。

5.1.3　沉积演化和地层岩性以及生储盖组合

准噶尔盆地自石炭纪以来经历了漫长的地质演化过程,多期地壳构造变动和古气候条件等因素制约着多旋回沉降沉积作用。

盆地经过早-中石炭世的海陆变迁,最后海水从东南方向退出,晚石炭世—早二叠世盆地进入裂谷盆地发展阶段,此时,盆地南缘有海相和海陆交互相沉积,但盆地大部地区火山喷发强烈,以中性和中-酸性火山岩为主,盆地西北部为沉降中心,接受砾岩、砂岩和泥岩等河流湖泊相沉积,盆地北部为隆升剥蚀区,局部发育小的成煤断陷;早二叠世末期,海水由东南完全退出,发生“破裂不整合”;中二叠世早期,湖盆开始形成一个统一的内陆盆地,盆地中部、北部火山活动停止,并形成了几个沉积中心,盆地周边以粗碎屑的洪积扇和冲积平原沉积为主;中-晚二叠世盆地为拗陷演化阶段,主要为洪积河流相、河流相和三角洲相的泥岩、砂岩和砾岩沉积。二叠纪末,盆地抬升,普遍遭受剥蚀。

三叠纪盆地继续拗陷形成广泛的湖泊沉积,三叠系地层与上覆地层为平行或角度不整合;早-中侏罗世盆地为含煤湖泊沉积,晚侏罗世盆地为河流-湖泊相的砂泥岩沉积,晚侏罗世末盆地发生了一次广泛的抬升,侏罗系地层遭受了不同程度的剥蚀;白垩纪是盆地沉积范围最广阔的时期,早白垩世湖水较深,而晚白垩世形成了干燥气候条件下的以红色为主的粗碎屑沉积;古近纪湖盆扩大,稳定下沉;新近纪在造山带的影响下转化为前陆盆地性质,盆地萎缩,沉积变粗。

准噶尔盆地地层包括上古生界至新生界的石炭系、二叠系、三叠系、侏罗系、白垩系、古近系、新近系和第四系。盆地内西北部、东北部和南部等不同地区沉积和地层岩性特征有较大差异,但大致可分为两套岩性。

（1）石炭系至二叠系为一套以火山碎屑岩为主的岩石,包括安山岩、玄武岩、辉绿岩、凝灰岩及泥化的火山碎屑岩夹砂、泥岩,中-上二叠统主要为一套暗色泥岩夹砂岩。

（2）三叠系至新近系主要为一套砂泥岩,其中三叠系—侏罗系多为灰色、深灰色、黑色泥岩、砂岩夹煤线和煤层,向上白垩系—新近系变为灰绿色、棕红色泥岩和砂岩。

本研究区地层发育特征如图 5-2 所示,上侏罗统地层存在不同程度的缺失。

根据前人的研究,准噶尔盆地主要经历了四次大的构造和沉积演化,多旋回的沉降和沉积过程形成了若干大的生储盖组合,主要有下、中、上三套生储盖组合。

（1）下组合以中-上二叠统为烃源岩,石炭系、二叠系、下-中三叠统为主要储集岩,上三叠统为区域盖层,各层系内泥岩段作为局部盖层。下组合是该盆地重要的含油气层系。

（2）中组合以上三叠统—中侏罗统为烃源岩,侏罗系的八道湾组、三工河组、西山窑组、头屯河组、齐古组和白垩系的吐谷鲁群为储集层和盖层,中组合主要分布在盆地南缘和中部。

（3）上组合以古近系安集海河组为烃源岩,古近系安集海河组、新近系沙湾组和塔西河组为储集层,其中的泥岩段和新近系独山子组为盖层,该组合是盆地内次要的含油层系,主要分布在盆地南缘。

5.1.4　准噶尔盆地的构造演化和热事件

准噶尔盆地经历了海西、印支、燕山和喜马拉雅四期构造运动的影响(陈新等,2002;张义杰等,1999)。较有代表性的研究,如吴庆福(1986)认为盆地构造演化经历了三个阶段:裂陷阶段(二叠纪)、拗陷阶段(三叠纪至渐新世末)、收缩-整体上隆阶段(中新世至今)。盆地构造演化可划分为五个阶段:断陷阶段(晚泥盆世至早二叠世)、早期拗陷阶段(中二叠世至中侏罗世末)、早前陆阶段(晚侏罗世)、晚期拗陷阶段(白垩纪至渐新世末)、晚期前陆阶段(中新世至今)。2002 年陈新等研究了准噶尔盆地区域背景演化和盆地演化,提出了两大时期和六个阶段:①盆地区域背景演化-地体演化时期,分为三个阶段即地

界（代）	系（纪）	统（世）	地质年龄/Ma	岩性地层		岩性剖面	主要烃源岩	盆地构造演化		热事件
				组	厚度/m					
新生界	第四系	更新统	2.6	西城组Q₁x	350~2 046			收缩整体上隆阶段	前陆盆地阶段	
	新近系	上新统	5.3	独山子组N₂d	207~1 996					
		中新统		塔西河组N₁t	100~320					
			23.3	沙河湾组N₁sh	150~500		拗陷阶段			
	古近系	渐新统	32	安集海河组E₃an	44~800			拗陷阶段		
		古-始新统	65	紫泥泉子组E₁₋₃z	15~855					
中生界	白垩系	上统	96	东沟组K₂d	46~813		拗陷阶段		前陆阶段	
		下统	137	吐谷鲁群K₁t	84~964					
	侏罗系	上统	157	喀拉扎组J₃k	50~800					
				齐古组J₃q	144~683					
		中统	178	头屯河组J₂t	200~645		拗陷阶段	拗陷阶段	拗陷阶段	中生代热事件
				西山窑组J₂x	137~980					
		下统		三工河组J₁s	148~882					
			205	八道湾组J₁b	100~625					
	三叠系	上统	227	白碱滩组T₃b	123~457					
		中统	241	克拉玛依组T₂k	250~450					
		下统	250	百口泉组T₁b	30~269					
上古生界	二叠系	上统	257	上乌尔禾组P₃w	830~1 850		断陷阶段	裂陷阶段		晚古生代热事件
		中统		下乌尔禾组P₂w						
			277	夏子街组P₂x	850~1 160				断陷阶段	
		下统		风城组P₁f	430~1 700					
			295	佳木河组P₁j	1 800~4 000					
	石炭系	上统	320	太勒古拉组C₃t			断陷阶段			
		中-下统	354	包谷图组C₂b						
	泥盆系		410							
元古界	前寒武系									

泥岩　粉砂岩　砂岩　砾岩　煤　灰岩　火成岩　地层缺失

图 5-2　准噶尔盆地中央拗陷地层综合柱状图

体形成阶段,地体发展阶段和准噶尔盆地雏形形成阶段,时代从太古代末期至中石炭世的海相盆地;②准噶尔盆地演化时期,自晚古生代以来划分为前陆盆地阶段(二叠纪)、内陆拗陷阶段(三叠纪至古近纪)、再生前陆盆地阶段(新近至第四纪),三个阶段分别代表了中-晚海西期运动,印支-燕山运动和喜马拉雅运动对准噶尔盆地的控制和影响。

准噶尔盆地演化过程中对烃源岩热演化较有意义的岩浆活动和热事件主要有两期:晚石炭世至早二叠世、晚三叠世至早侏罗世。火成岩的同位素年龄和沉积岩中锆石的年龄测定大致可分为两组:306～345 Ma,相当于晚石炭世至早二叠世;191～225 Ma,相当于晚三叠世至早侏罗世。晚石炭世至早二叠世的热事件可能对盆地整体都有热的影响,现今实测的二叠系烃源岩的 R_o 最大值约为 2%;而晚三叠世至早侏罗世热事件可能仅对盆地周边局部地区产生热的影响。

5.2　准噶尔盆地腹部超压特征和测井响应

通过地压发育阶段和超压分布的研究可以了解含油气盆地中烃类生成的活跃程度和油气藏形成动力学的阶段和过程。钻杆测试(DST)代表了砂岩储集层或渗透性岩层中的地层压力,它说明了该盆地对渗透性岩层的封压是有效的,而且可能说明了来自细粒沉积物或烃源岩的压力补充仍然重要。采用超压对声波时差、电阻率及密度测井响应特征分析超压在泥岩和砂岩中的纵向分布特征,从而可以有效地确定超压纵向分布特征。

5.2.1　实测压力特征

准噶尔盆地腹部地区中国石化登记区块中的 67 个探井的实测压力数据(DST 和 MDT)随深度关系图(图 5-3)显示在三叠系、侏罗系、白垩系储层中明显发育超压,由图 5-3可看出:只有一个三叠系实测压力数据显示出明显的超压,压力系数达到 2.0。

侏罗系地层中的实测地压点埋深范围为 3 300～6 200 m,部分测压点为常压,压力系数为 0.9～1.1,实测超压的深度范围在 4 000 m 以下,最高压力系数为 2.07,对应的剩余压力为 56.5 MPa,埋深为 5 296 m。白垩系地层中本次收集到的实测地压值除两个常压外,其余均为超压;超压开始出现的深度大约在 4 600 m,对应的压力系数大约为 1.5,白垩系最大实测压力系数达到 1.9,对应的埋藏深度大约为 5 800 m。

5.2.2　超压测井响应特征

钻杆测试(DST)、重复地层测试(RFT)和标准动态测试(MDT)等是认识渗透层中孔隙流体压力的直接方法。但实测压力往往不是连续的,常常只在目的层段进行,无法得到单井的连续的压力分布。而对于泥岩等非渗透性地层只有通过超压测井响应特征揭示其内部超压分布规律。本章主要选取位于准噶尔盆地腹部地区莫深 1 井、成 1 井和董 1 井三口典型单井声波时差、电阻率和密度资料结合砂岩实测压力分析泥岩和砂岩在纵向上

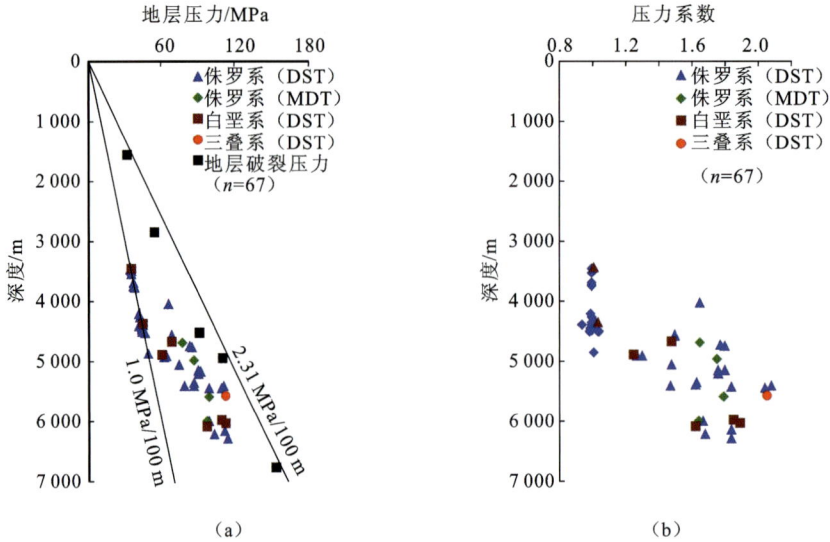

图 5-3 准噶尔盆地腹部地区实测地压和压力系数与深度的关系图

的超压响应特征。

三口典型单井的泥岩和砂岩声波时差、电阻率、密度和井径与深度关系如图 5-4～图 5-9 所示，实测压力用于辅助鉴定超压系统。准噶尔盆地腹部三口典型单井泥岩和砂岩声波时差随深度变化特征均显示声波时差与超压具有很好的响应关系。莫深 1 井泥岩在深度大约 4 500 m 处声波时差开始增加，砂岩在 4 300 m 处声波时差开始增加。超压段声波时差呈现先增加后减小的"两段式"特征，但是声波时差相对正常声波时差都明显偏大。成 1 井泥岩和砂岩都在深度大约 4 400 m 处声波时差开始增加，在深度大约为 4 900 m 处声波时差明显增加，高声波时差段实测压力显示为超压。董 1 井超压与声波时差测井响应特征与成 1 井比较相似，在深度大约为 4 630 m 处泥岩和砂岩声波时差偏离正常趋势，在深度大约为 5 300 m 处声波时差明显增加。

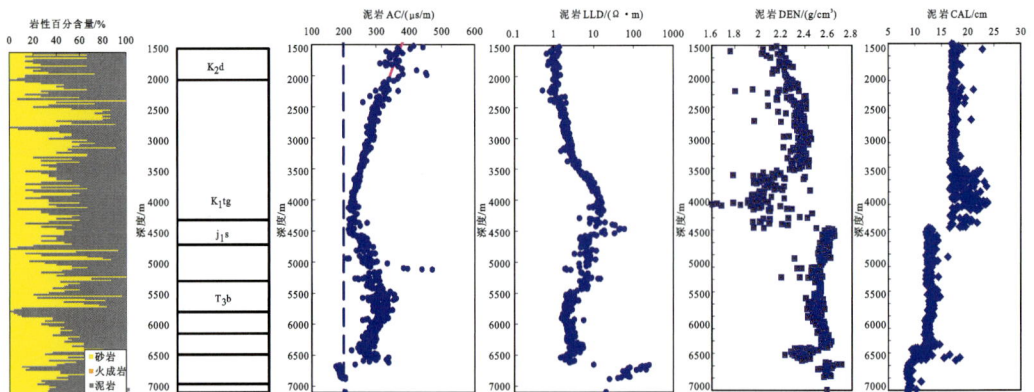

图 5-4 莫深 1 井泥岩超压测井响应特征

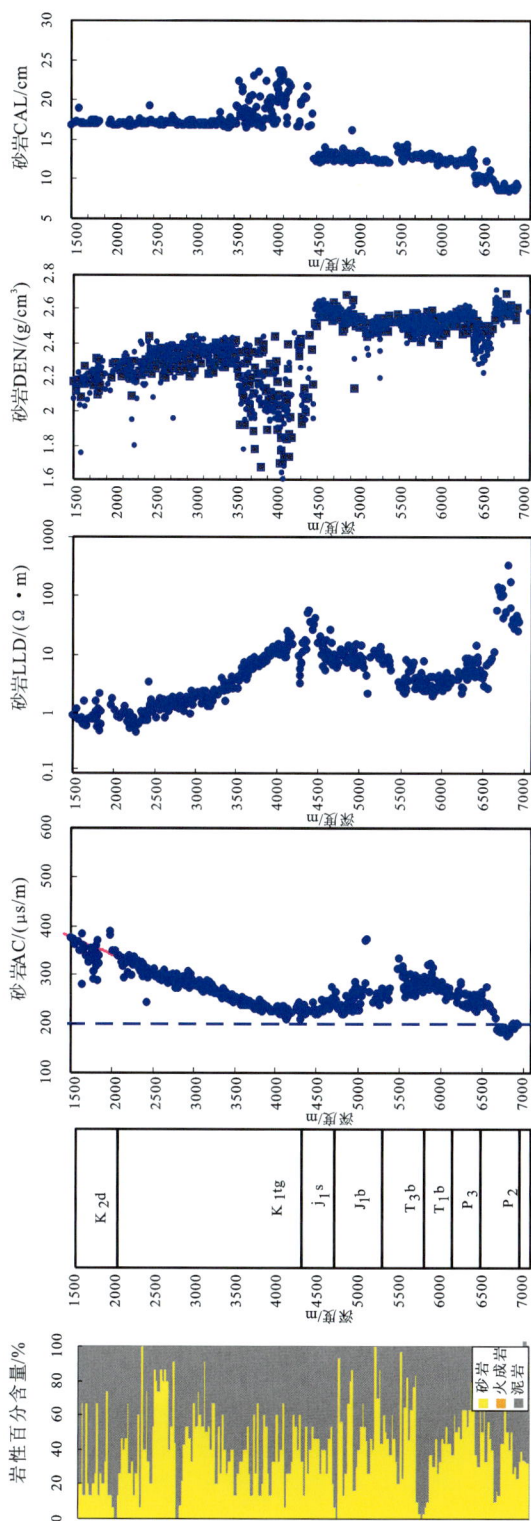

图5-5　莫深1井砂岩超压测井响应特征

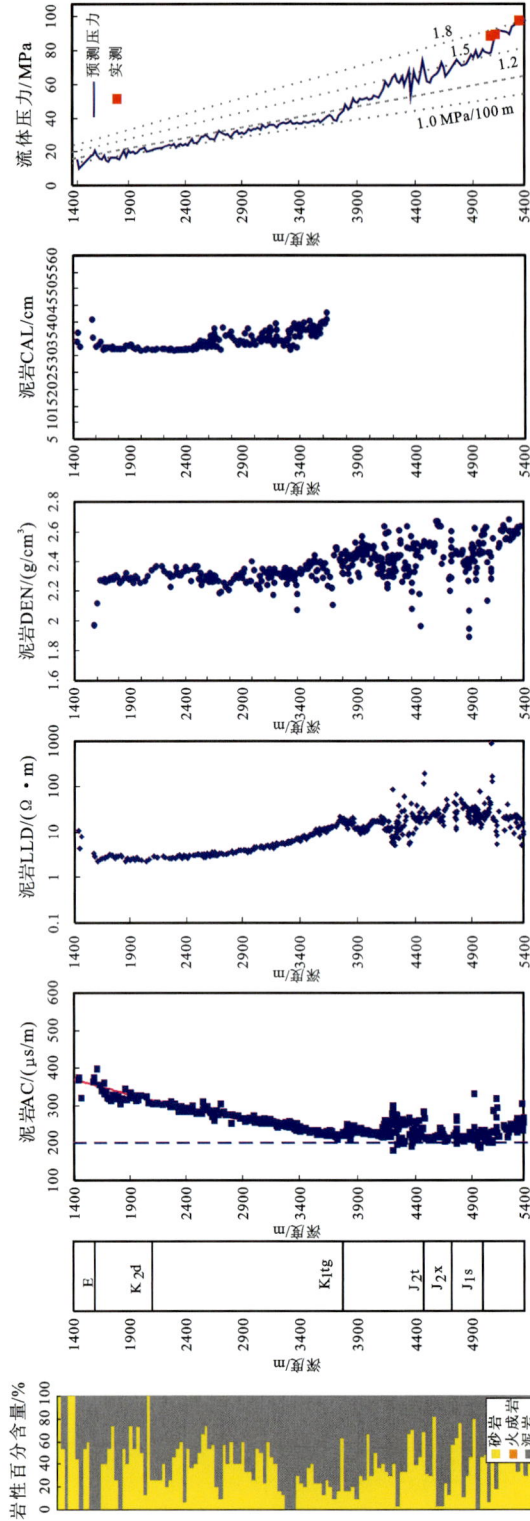

图5-6　成1井泥岩超压测井响应特征

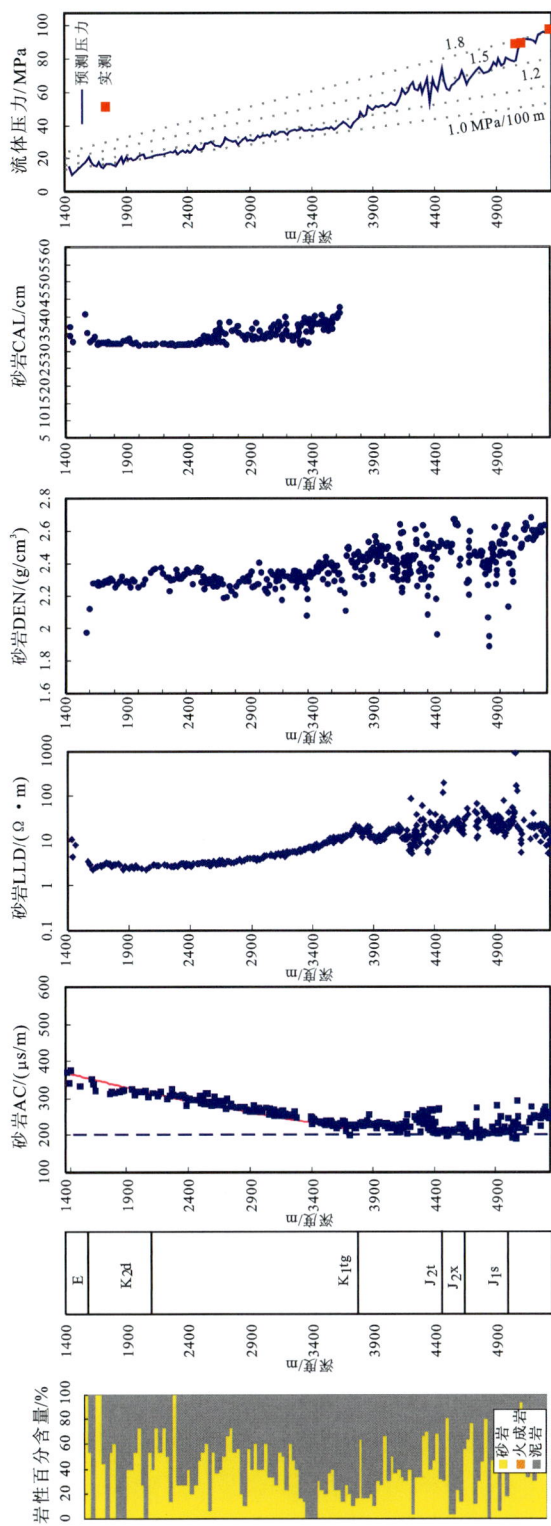

图5-7　成1井砂岩超压测井响应特征

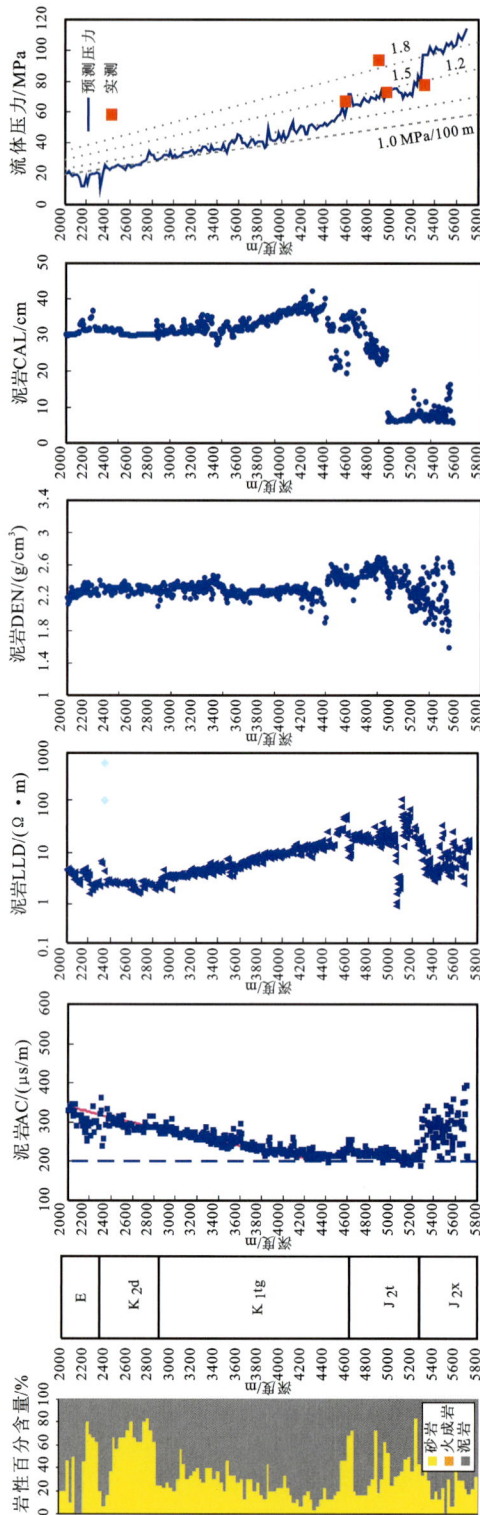

图5-8　董1井泥岩超压测井响应特征

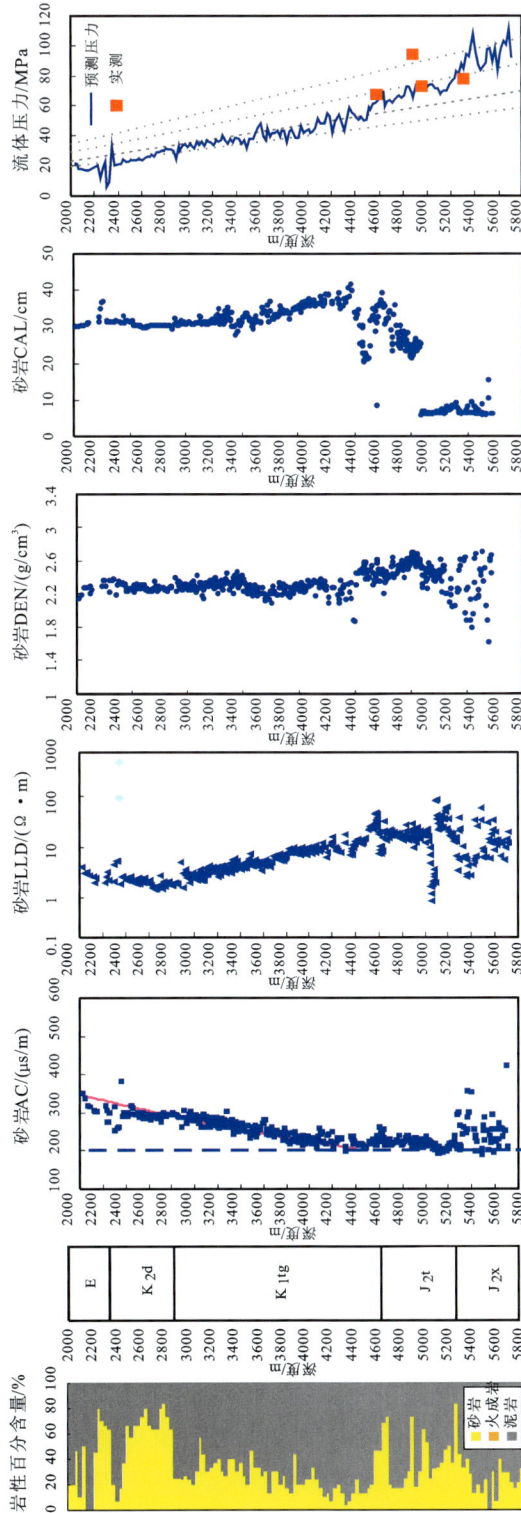

图5-9　董1井砂岩超压测井响应特征

准噶尔盆地腹部三口典型单井泥岩和砂岩电阻率与超压具有很好的响应关系。三口典型单井由声波时差揭示的超压段都具有低电阻率的特征。莫深 1 井泥岩和砂岩电阻率呈现与声波时差相对应的"两段式"特征。在超压顶界面之下,泥岩和砂岩电阻率开始都随着深度的增加而减小,之后随着深度的增加而增大,但相对于正常电阻率趋势偏低。成 1 井在 3 800 m 以上,电阻率随着深度的增加逐渐增加,在 4 400 m 处电阻率开始降低,反映出超压特征。在深度约 4 900 m 处,电阻率明显降低,实测压力值反映压力系数在 1.8 左右,显示出强超压的特征。董 1 井在 4 630 m 处电阻率开始偏离正常趋势,出现低电阻率异常,实测压力值反映压力系数在 1.47 左右,显示出超压特征。在深度约 5 300 m 处,电阻率明显降低,显示出强超压特征。

超压与密度测井响应关系不明显,三口典型单井具有随深度的增加而密度也增大的趋势。在莫深 1 井和董 1 井存在局部低密度的特征,主要是受井径影响,因为密度测井受扩径的影响比较大。

5.3　准噶尔盆地腹部超压成因

在沉积岩层系中,异常高压多起源于泥页岩,对深埋地层来讲,其超压源是富含有机质且具有成熟生烃能力的源岩层,当然储层中油热裂解成气也可自身产生超压。超压是一种非平衡状态,总是要向压力相对较低的渗透性地层或不整合面和断层等通道传递,以便系统趋向压力平衡状态,从而导致渗透性岩层超压接近相邻源岩层中的超压。有时叠加深部传递的超压流体,可能致使储层超压高于相邻泥页岩层中的超压,而与深部超压源趋于平衡。根据输导条件和传递方式及能力可将超压源与储集层的基本组合区别为两类:①由岩性互层和侧变形成二者的面-体状直接接触使高压流体从泥页岩排出注入储集层;②经断裂和不整合面等通道以及输导层间接沟通深部-异地高压源形成二者的线-带状输通使超压流体注入储集层,通常断裂作用是深部超压热流体垂向注入浅部储集层的重要条件。后者有时可在超压烃源岩范围以外即常压环境中形成孤立的渗透性超压层,也就是超压储层周围的泥页岩不具超压状态,若仅形成小规模薄储层超压,则其地球物理响应可能不明显。另外,深部塑性超压体整体向浅层侵入将会导致超压边界的大规模调整和剩余压力的重新分布。构造挤压应力可能是准噶尔盆地南缘山前断褶带超压的主要成因之一(Luo et al.,2007;杨智等,2006;罗晓容等,2004),而在腹部地区构造挤压应力不可能只选择在侏罗系或紧邻侏罗系的白垩系底部引起超压现象,换言之,它不可能是腹部地区主要的超压成因。因此,本章主要探讨压实不均衡和生烃作用在准噶尔盆地腹部对超压的贡献,另外进一步分储层超压成因。

如果压实不均衡是超压的主要成因,那么超压沉积物层通常具有较高的孔隙度和较低的密度特征,因此可以用泥岩密度验证超压层是否存在欠压实。准噶尔盆地腹部单井显示超压段对应异常高的声波时差和低的电阻率,但不具有低密度的特征,泥岩密度随着埋藏深度的增加而增大,密度大小主要受控于埋藏深度而不是超压说明在超压段没有存在明显的欠压实现象。

　　超压地层中由于孔隙流体压力高于静水压力,岩石颗粒间的垂直有效应力减小。如果是由压实不均衡形成的超压,岩石的孔隙度将随着有效应力的增加而减小,密度将随着垂直有效应力的增加而变大;而对于由于生烃作用形成的超压,岩石颗粒间的有效应力虽然减小,但孔隙度却不会随着垂直有效应力的减小而变大,密度也不会随着垂直有效应力的减小而变小。由于砂岩次生溶蚀孔隙的存在使密度减小从而不能准确地反映孔隙度和密度与垂直有效应力的关系。砂岩孔隙流体压力一般和其附近测压点周围的泥岩封闭层的压力相等,所以可以采用泥岩孔隙度和密度与垂直有效应力的关系分析超压成因。本书选取准噶尔盆地腹部具有明显发育超压单井计算测压点垂直有效应力,计算上覆地层压力时取岩石平均密度 2.31 g/cm³,孔隙流体压力采用砂岩实测压力值。根据 Terzaghi (1943)公式,垂直有效应力为上覆地层压力和孔隙流体压力的差值。所得到的准噶尔盆地腹部泥岩密度与垂直有效应力数据关系如图 5-10 所示。而对于超压泥岩,垂直有效应力与密度比较混乱,同一垂直有效应力对应的泥岩密度相差比较大,反映超压泥岩密度不受垂直有效应力的影响,因此也说明准噶尔盆地腹部超压并没有使泥岩维持相对低的密度,因而不具有明显的欠压实现象。

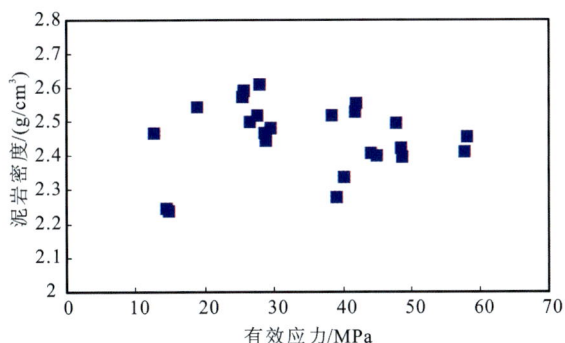

图 5-10　准噶尔盆地腹部泥岩密度与垂直有效应力关系图

　　如果压实不均衡是准噶尔盆地腹部的主要成因机制,那超压系统应该具有异常高的孔隙度从而具有相对较低的岩石热导率,因此相对常压系统,超压系统具有相对较高的地温梯度。因为地温梯度主要取决于热流和岩石热导率,而在同一凹陷其热流值应该保持相对稳定,因此地温梯度大小主要受岩石热导率的影响,随着岩石热导率的减小而增大,岩石热导率是岩石骨架热导率和孔隙流体热导率的综合反映,但岩石骨架热导率明显高于孔隙流体(水和油)热导率,所以对于岩性相同的岩石热导率主要受孔隙度的影响,从而影响地温梯度。实测地层温度(DST)资料显示准噶尔盆地腹部常压砂岩(压力系数<1.2)和超压砂岩(压力系数≥1.2)地温梯度相似(图 5-11)。将地表温度定为 10 ℃,常压砂岩反映东营凹陷平均地温梯度为 2.18 ℃/100 m,超压砂岩反映东营凹陷平均地温梯度为 2.18 ℃/100 m。超压砂岩不具有高的地温梯度因此不具有异常高的孔隙度,说明东营凹陷超压砂岩不存在欠压实现象。

　　岩石中颗粒之间的接触关系是反映岩石压实程度的最直接证据。从准噶尔盆地腹部董 1 井砂岩铸体薄片观察结果显示砂岩中颗粒之间以线接触为主(图 5-12),甚至存在凹

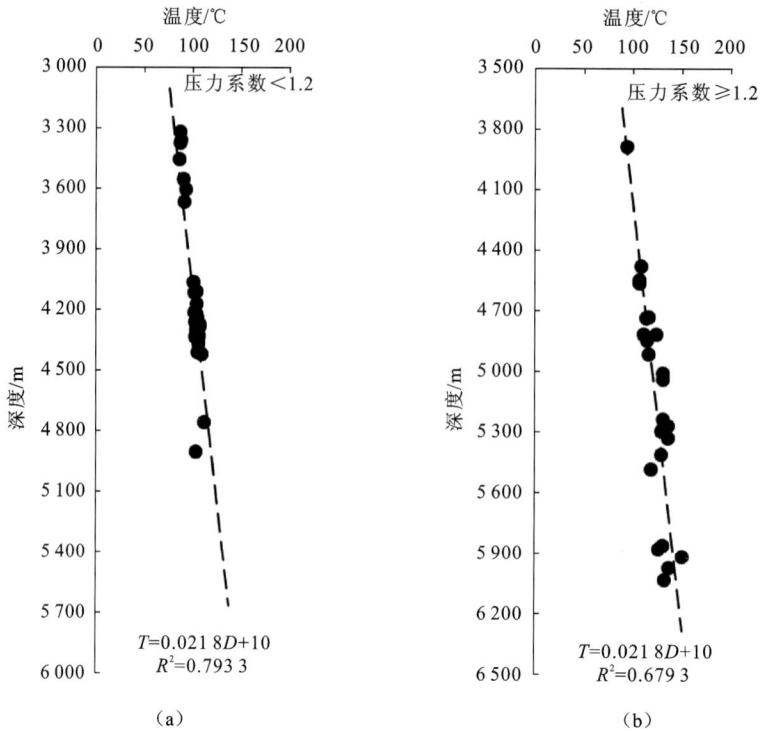

图 5-11　准噶尔盆地腹部超压砂岩、常压砂岩实测地层温度与深度关系图

凸接触的现象。砂岩中岩屑含量比较高,砂岩储层中的原生孔隙非常少,大部分原生孔隙被岩屑或者胶结物充填,以次生溶蚀孔隙为主。反映准噶尔盆地腹部超压砂岩不存在欠压实现象,说明压实不均衡不是准噶尔盆地腹部砂岩超压的主要成因。

准噶尔盆地腹部超压砂岩和泥岩都不具有欠压实的特征,因此烃类生成应该是准噶尔盆地腹部超压的主要成因机制。生烃增压是指当高密度的有机质转化成低密度的油或者气时,促使孔隙流体膨胀,如果生烃作用增加的流体体积大于由于渗漏等因素释放的流体体积则产生异常高压。烃类生成能否超压主要成因机制取决于烃源岩有机质的丰度、类型及地温史。准噶尔盆地腹部二叠系和侏罗系泥岩和煤层为本地区主要烃源岩,侏罗系烃源岩有机质类型主要为 III 型,以生气为主,烃源岩生气作用是形成超压的一个重要成因机制。

准噶尔盆地腹部泥岩声波时差与超压具有很好的响应关系,超压段泥岩均对应异常高的声波时差,因此可以利用泥岩声波时差结合实测压力资料确定超压顶界面的深度。为了调查准噶尔盆地超压顶界面分布特征,解释了准噶尔盆地腹部的 8 口井的泥岩声波时差并读取超压顶界面的深度。结果显示准噶尔盆地腹部超压顶界面的深度范围为 3 800~5 310 m。从二维剖面压力预测结果显示,在超压顶界面的深度随着烃源岩埋藏深度的变化而变化,超压顶界面与头屯河组底界面比较一致(图 5-13)。

为了确定准噶尔盆地腹部超压顶界面深度所对应的成熟度范围,建立准噶尔盆地腹部成熟度随深度变化剖面(图 5-14)。准噶尔盆地腹部生烃门限(R_o=0.5%)深度大约为

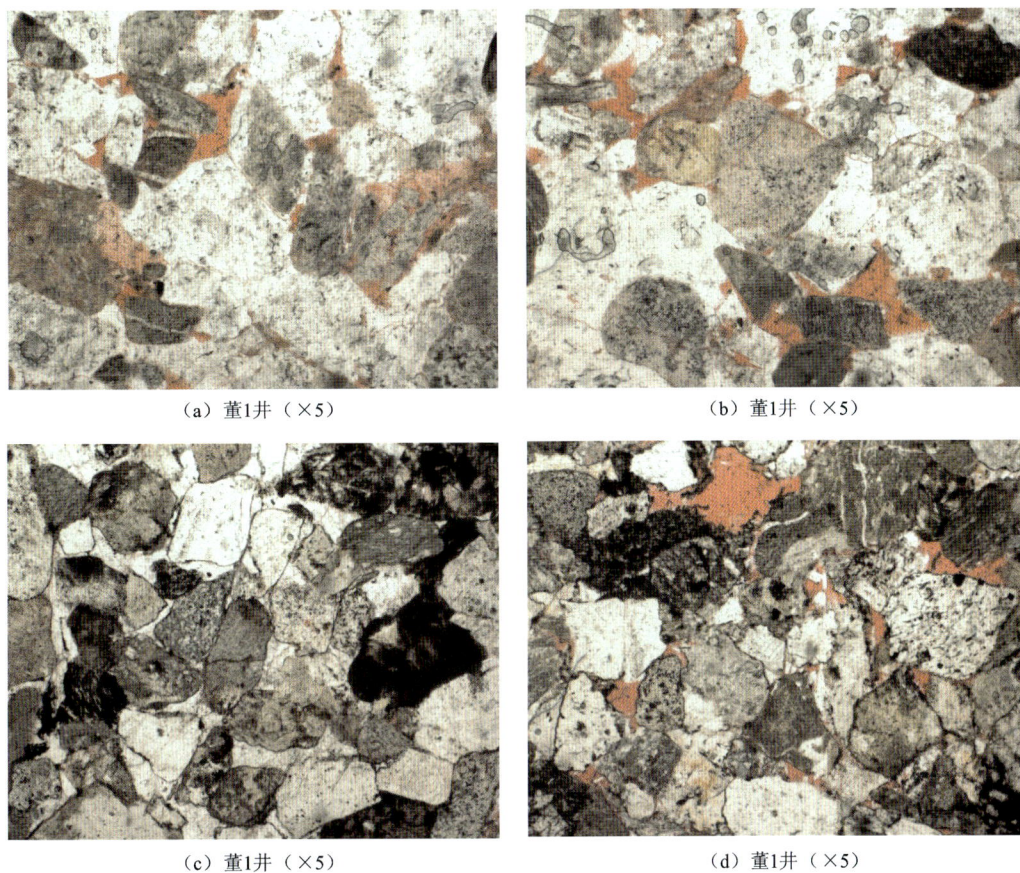

（a）董1井（×5）　　　　　　　　　　　（b）董1井（×5）

（c）董1井（×5）　　　　　　　　　　　（d）董1井（×5）

图 5-12　准噶尔盆地腹部董 1 井砂岩铸体薄片特征

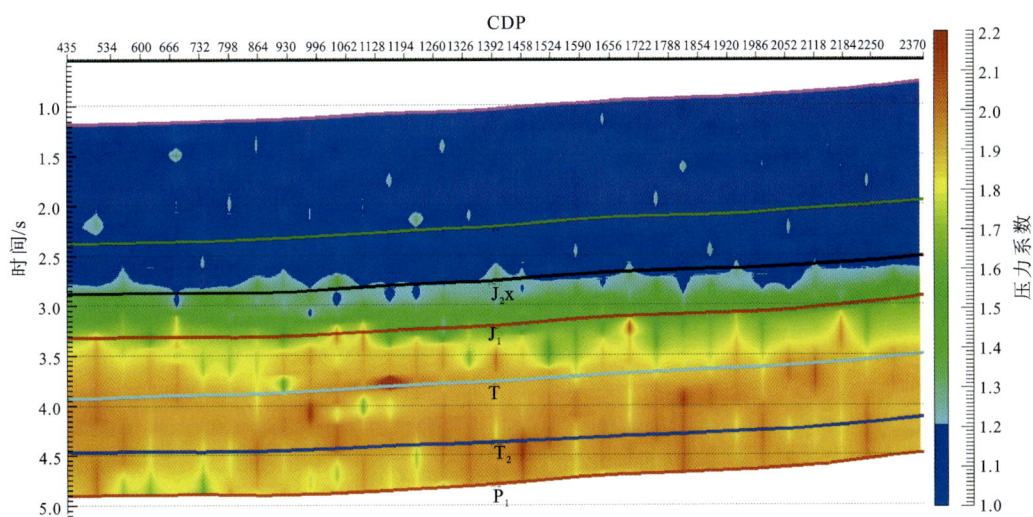

图 5-13　二维测线 Z02-Z2-5462 压力系数剖面图

3 200 m,在 5 500 m 处达到生烃高峰(R_o＝1.0%)。所以超压顶界面深度为 3 800 m 时所对应的成熟度 R_o 为 0.6%；在深度为 5 310 m 时，所对应的成熟度 R_o 为 0.9%。

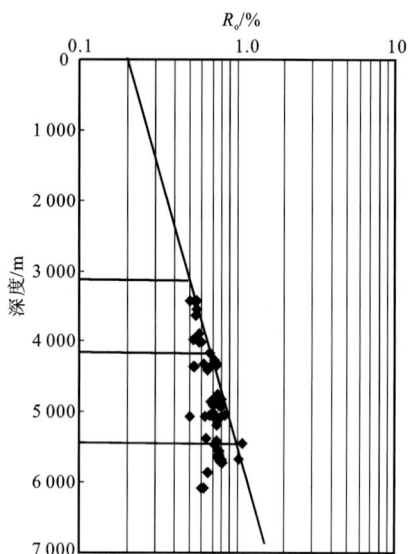

图 5-14　准噶尔盆地腹部烃源岩 R_o 与深度关系图

如果高密度的干酪根转化成油或者气而使孔隙体积发生膨胀在烃源岩中形成超压，当孔隙流体压力达到岩石破裂压力时，烃源岩将产生微裂缝成为油气排烃和超压释放的通道，流体排出后裂缝闭合。因此在生烃增压盆地，烃源岩中微裂缝一般比较发育。对准噶尔盆地腹部的烃源岩岩心观察发现侏罗系烃源岩中广泛发育裂缝，按照裂缝与岩层层面的空间关系，可将烃源岩裂缝分为水平裂缝、斜向裂缝，甚至垂向裂缝。其中以水平裂缝最为发育，表现为岩心取出后顺层理面裂开。综上所述，准噶尔盆地腹部超压烃源岩和储层都没有欠压实特征，多方面证据显示最有可能成为准噶尔盆地腹部烃源岩超压成因机制的只有生烃作用，任何其他的超压成因机制都不可能解释在准噶尔盆地腹部观察到的与超压有关的现象。储层中超压的形成主要是从烃源岩中排出的高压流体运移至储层中而发生超压传递的结果。

在沉积盆地中，垂直应力通常是主应力之一，是沉积物压实的主要作用力。罗晓容(2004)利用以有限元方法为基础的数值盆地模型模拟了构造挤压所产生超压的过程，模拟结果显示：构造应力的增压作用可视为水平方向的地层压实增压作用，所产生异常压力的机制与压实作用机制完全一致，只是方向不同，并随着构造应力值而变化。也就是说，无论垂向应力(上覆地层压力)还是侧向构造挤压应力，都可以通过对沉积物颗粒的作用而达到对地层的压实作用，因此构造的侧向挤压对地层的压实等效于地层的垂向压实作用。也就是当地层遭受水平构造挤压应力作用时，将导致颗粒之间的有效应力增加，声波时差变小。正常压实条件下，泥岩声波时差随着埋藏深度的增加而逐渐减小，当埋藏达到一定的深度时，泥岩声波将接近骨架时差，再随着埋藏深度的增加将保持不变，即称为声波时差平直段。当地层遭受水平构造挤压应力作用时，声波时差平直段开始出现的深度将小于正常压实条件下声波时差平直段开始出现的深度，依据此方法可以用以判断沉积盆地是否存在构造挤压作用形成的超压。

准噶尔盆地腹部董1井、董2井、董6井和董7井四口单井相对成1井和莫深1井更靠近山前带，通过声波时差平直段开始出现的深度比较可以用以判断沉积盆地是否存在构造挤压作用形成的超压。董1井、董2井、董6井和董7井四口单井泥岩声波时差直段开始出现的深度大约为 4 200 m(图 5-15)，成1井以及更远离山前带的莫深1井泥岩声波时差段开始出现的深度大约为 4 200 m，因此认为构造挤压作用对该研究区超压贡献不大。

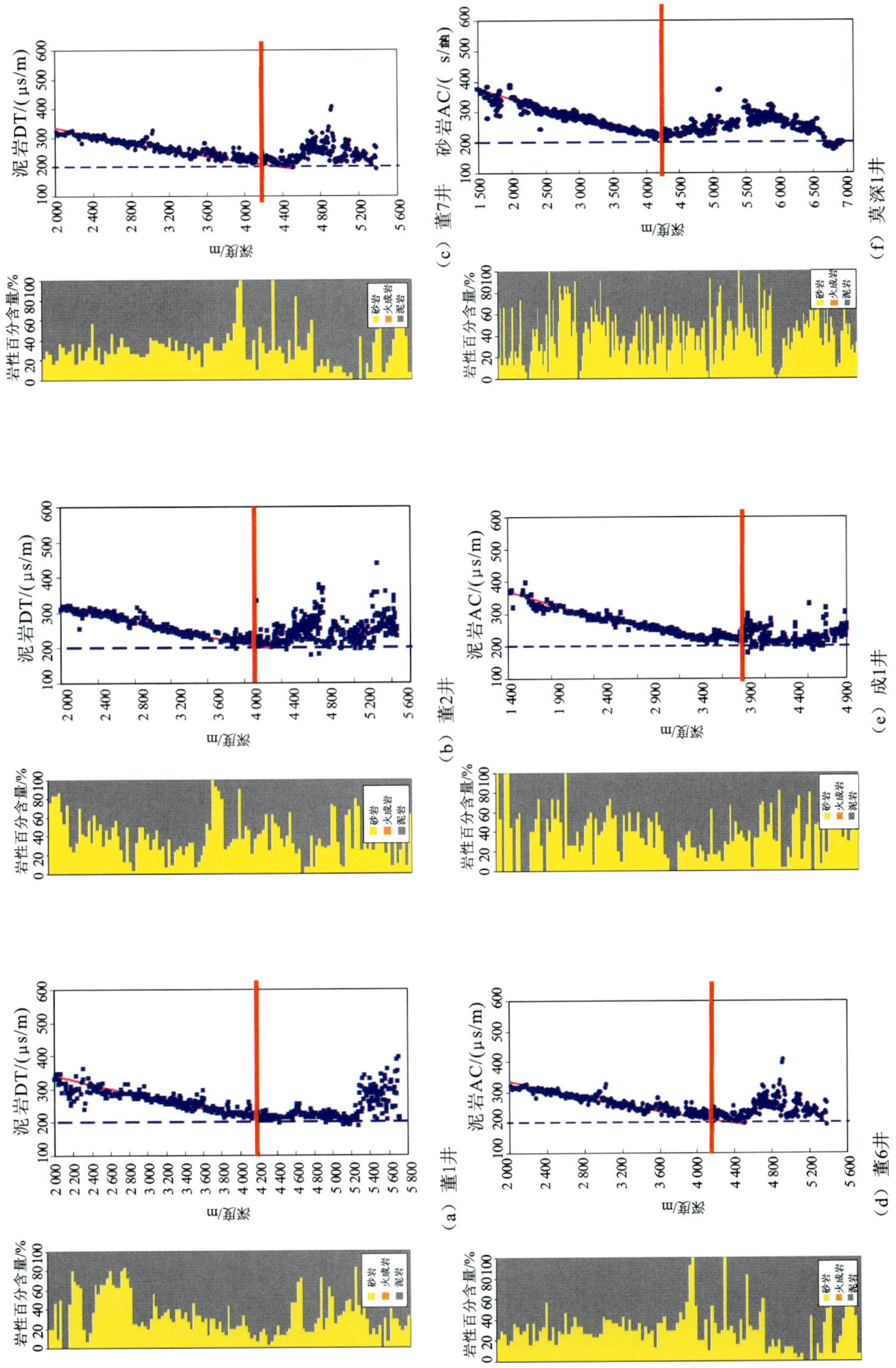

图5-15　准噶尔盆地腹部单井声波时差随深度变化关系图

5.4　烃源岩成熟生烃史模拟

烃源岩成熟生烃史的恢复是定量评价生烃增压演化的基础。为了恢复准噶尔盆地腹部侏罗系烃源岩成熟生烃演化史,采用盆地模拟技术在埋藏史和热史恢复的基础上对烃源岩成熟生烃史进行模拟,为生烃增压演化史的恢复提供基础参数。本书对准噶尔盆地腹部地区的成1井和董1井侏罗纪烃源岩开展埋藏史、热史和成熟生烃史模拟,并选取盆地腹部地区测线 Z02Z4-58062、Z03-Z2-6346 开展二维埋藏史、热史和成熟生烃史模拟。盆地模拟中所选的埋藏史模型、热史模型、成熟史和生烃史模型与第 3 章叙述相同,烃源岩有机质类型为 III 型。

5.4.1　单井一维模拟结果分析

准噶尔盆地腹部东道海子北凹陷成1井模拟的温度和成熟度趋势与实测 R_{o} 和温度都吻合的相当好(图 5-16)。成1井埋藏史、热史、成熟史和生烃史模拟结果(图 5-17～图 5-21)反映侏罗系底部在距今 170 Ma 开始生烃,生烃门限温度大约为 85 ℃,门限深度大约为 2 400 m;底部在距今大约 130 Ma 烃源岩 R_{o} 达到 0.7%,所对应的深度和温度分别为 3 600 m 和 110 ℃;在距今大约 65 Ma 达到生烃高峰,对应的深度为 5 200 m,温度为 140 ℃;现今的 R_{o} 在 1.3% 以上,温度高于 150 ℃,现今的生烃转化率接近 70%。成1井侏罗系八道湾组顶部在距今 130 Ma 开始生烃,生烃门限温度大约为 80 ℃,门限深度大约为 2 300 m;顶部在距今大约 100 Ma 烃源岩 R_{o} 达到 0.7%,所对应的深度和温度分别为 3 600 m 和 110 ℃;大约在现今达到生烃高峰,对应的深度为 5 200 m,温度为 140 ℃;现今的生烃转化率大约为 50%。成1井侏罗系三工河组顶部在距今 120 Ma 开始生烃,生烃门限

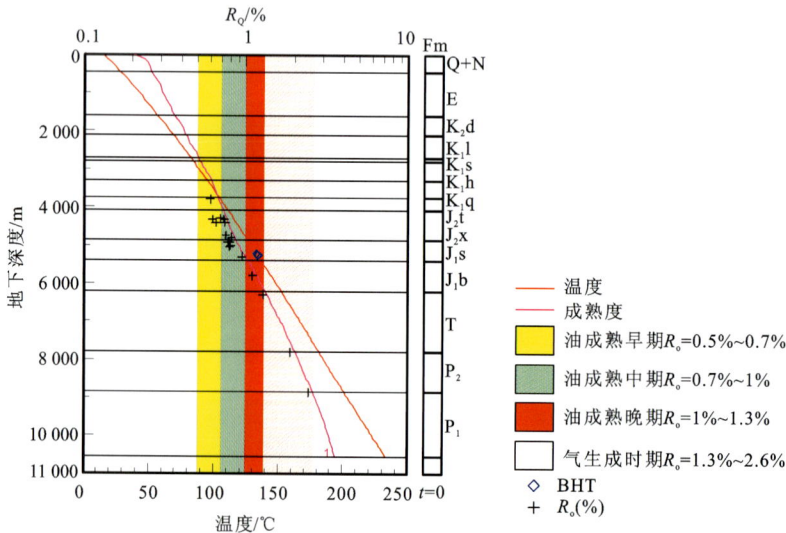

图 5-16　成 1 井模拟温度和成熟度趋势与实测值关系图

温度大约为 85 ℃,门限深度大约为 2 400 m;顶部在距今大约 70 Ma 烃源岩 R_o 达到 0.7%,所对应的深度和温度分别为 3 650 m 和 110 ℃;现今的 R_o 大约只有 0.9%,生烃转化率不到 30%。成 1 井侏罗系西山窑组顶部在距今 70 Ma 开始生烃,生烃门限温度大约为 90 ℃,门限深度大约为 2 400 m;顶部在距今大约 20 Ma 烃源岩 R_o 达到 0.7%,所对应的深度和温度分别为 3 600 m 和 110 ℃;现今的 R_o 大约只有 0.75%,生烃转化率不到 10%。

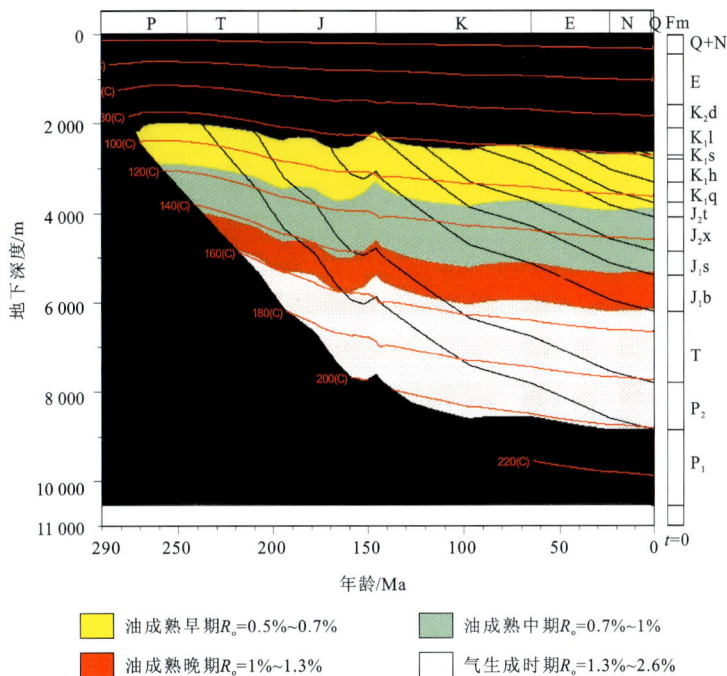

图 5-17　成 1 井埋藏史、热史和成熟度史模拟结果图

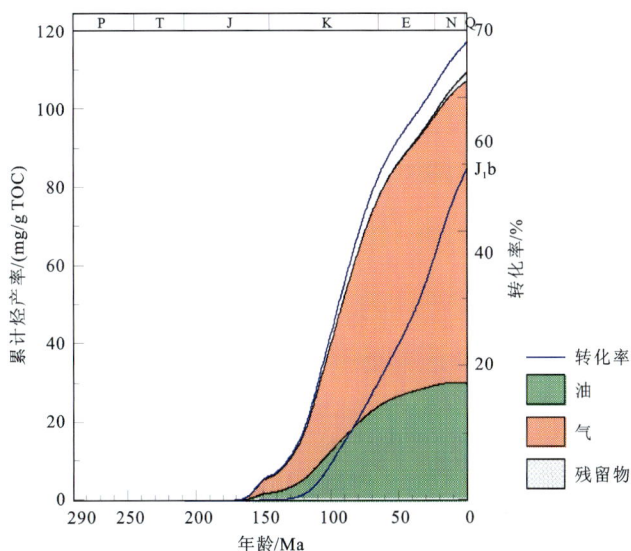

图 5-18　成 1 井侏罗系八道湾组烃源岩生烃史图

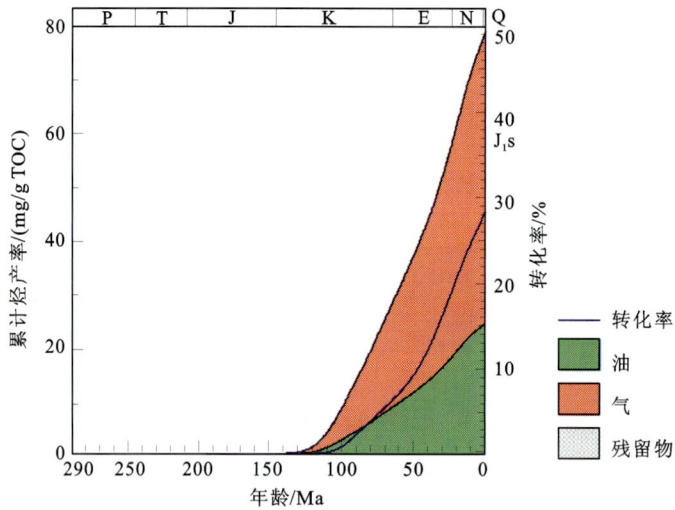

图 5-19　成 1 井侏罗系三工河组烃源岩生烃史图

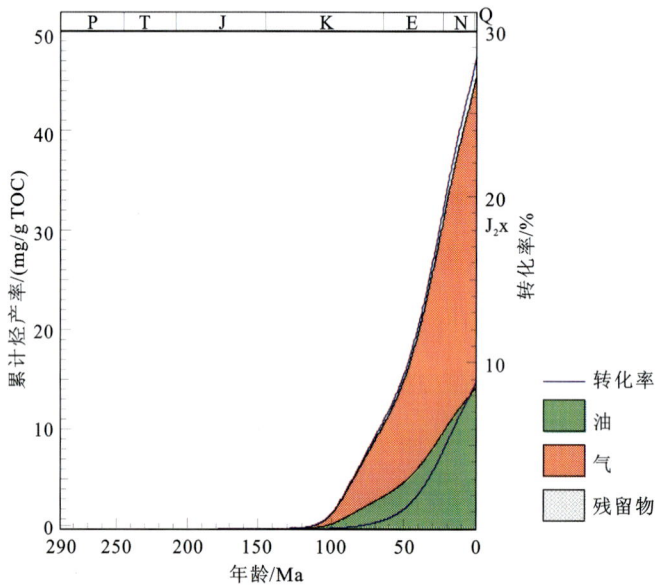

图 5-20　成 1 井侏罗系西山窑组烃源岩生烃史图

准噶尔盆地腹部董 1 井模拟的温度和成熟度趋势与实测成熟度(R_o)和温度都吻合得相当好(图 5-22)。董 1 井埋藏史、热史、成熟史和生烃史模拟结果(图 5-23～图 5-27),反映侏罗系底部在距今 170 Ma 开始生烃,生烃门限温度大约为 85 ℃,门限深度大约为 2 400 m;底部在距今大约 130 Ma 烃源岩 R_o 达到 0.7%,所对应的深度和温度分别为 3 600 m 和 110 ℃;在距今大约 70 Ma 达到生烃高峰,对应的深度为 5 200 m,温度为 140 ℃;现今的 R_o 在 1.3% 以上,温度高于 160 ℃,现今的生烃转化率超过 70%。董 1 井侏罗系八道湾组顶部在距今 130 Ma 开始生烃,生烃门限温度大约为 85 ℃,门限深度大约

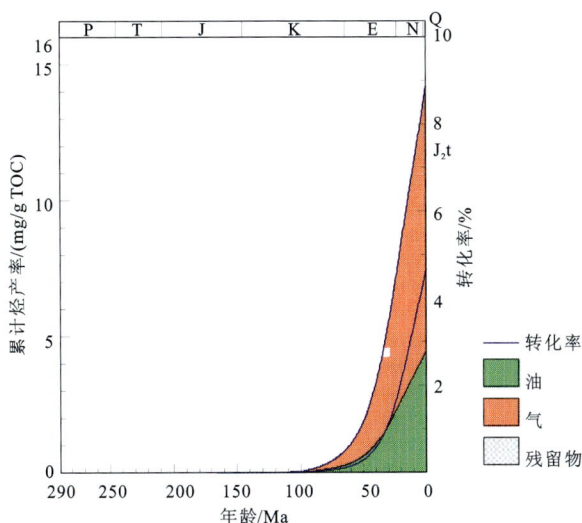

图 5-21　成 1 井侏罗系头屯河组烃源岩生烃史图

为 2 400 m；顶部在距今大约 90 Ma 烃源岩 R_o 达到 0.7%，所对应的深度和温度分别为 4 000 m 和 110 ℃；大约在现今达到生烃高峰，对应的深度为 5 400 m，温度为 140 ℃；现今的生烃转化率大约为 50%。董 1 井侏罗系三工河组顶部在距今 110 Ma 开始生烃，生烃门限温度大约为 85 ℃，门限深度大约为 2 600 m；顶部在距今大约 50 Ma 烃源岩 R_o 达到 0.7%，所对应的深度和温度分别为 4 000 m 和 110 ℃；现今的 R_o 大约只有 0.9%，生烃转化率不到 30%。董 1 井侏罗系西山窑组顶部在距今 90 Ma 开始生烃，生烃门限温度大约为 80 ℃，门限深度大约为 2 400 m；顶部在距今大约 30 Ma 烃源岩 R_o 达到 0.7%，所对应的深度和温度分别为 4 000 m 和 110 ℃；现今的 R_o 大约只有 0.8%，生烃转化率只有 18%。

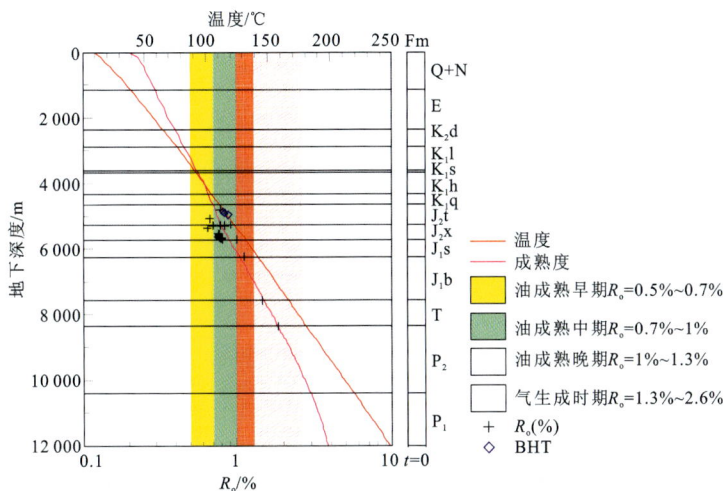

图 5-22　董 1 井模拟温度和成熟度趋势与实测值关系图

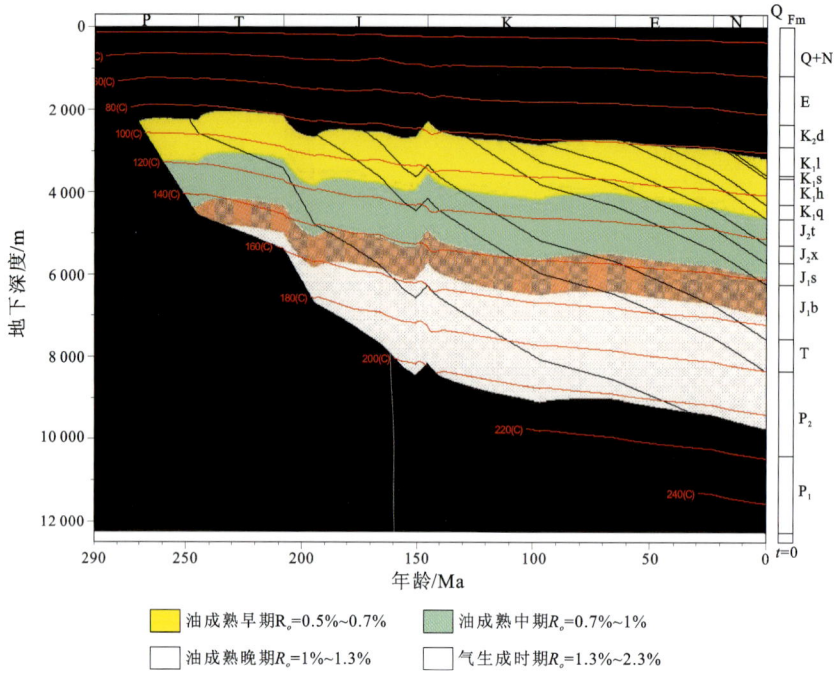

图 5-23　董 1 井埋藏史、热史和成熟度史模拟结果图

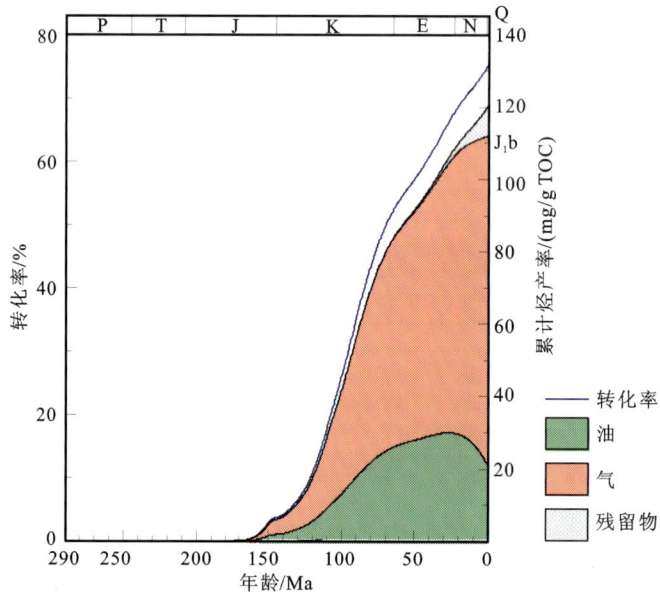

图 5-24　董 1 井侏罗系八道湾组烃源岩生烃史图

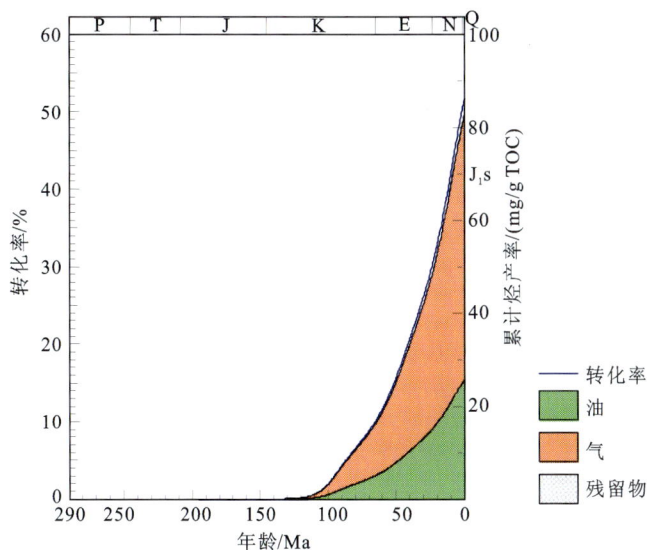

图 5-25　董 1 井侏罗系三工河组烃源岩生烃史图

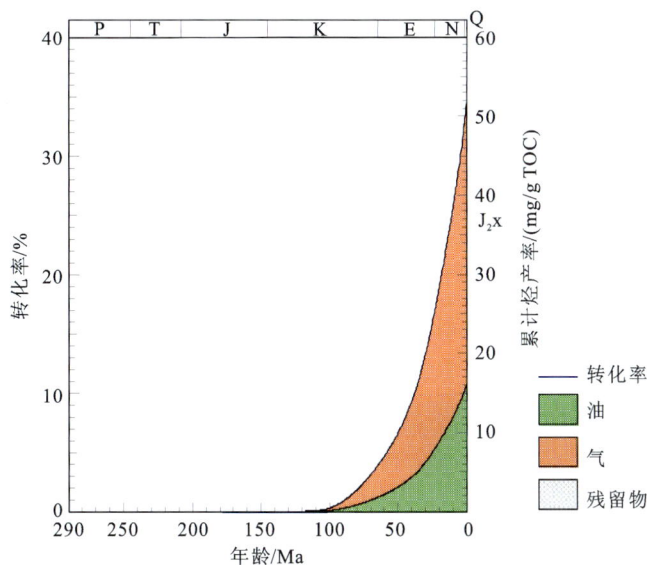

图 5-26　董 1 井侏罗系西山窑组烃源岩生烃史图

5.4.2　剖面二维模拟结果分析

　　准噶尔盆地腹部地区中部 4 区块二维测线 Z02-Z4-57922 过董 6 井,二维剖面地质模型(图 5-28))显示二叠系最大埋藏深度接近 11 000 m,侏罗系底部最大埋藏深度大约为

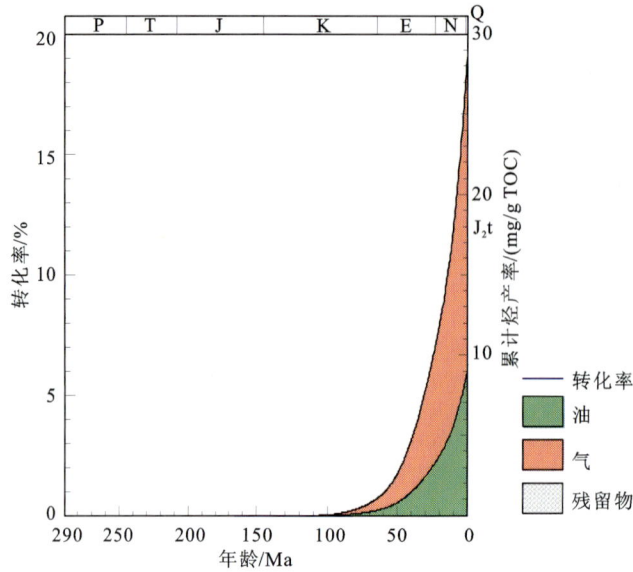

图 5-27　董 1 井侏罗系头屯河组烃源岩生烃史图

6 500 m。二维剖面烃源岩成熟度模拟结果(图 5-29)显示侏罗系八道湾组底部烃源岩现今
R_o 为 0.8%～1.1%,处于大量生烃高峰阶段,八道湾组顶部烃源岩现今 R_o 为 0.6%～0.9%,
成熟度相对比较低。剖面烃源岩成熟度转化率模拟结果(图 5-30)显示侏罗系八道湾组底部
烃源岩现今转化率为 50%～70%,八道湾组顶部烃源岩现今转化率为 20%～60%。二维剖
面烃源岩成熟度演化模拟结果(图 5-31)显示侏罗系八道湾组烃源岩在距今大约 100 Ma 开
始生烃,烃源岩成熟度 R_o 达到 0.5%,对应的烃源岩转化率大约为 15%(图 5-32),在距今
70 Ma开始大量生烃,烃源岩 R_o 达到 0.7%,对应的烃源岩转化率大约为 25%。

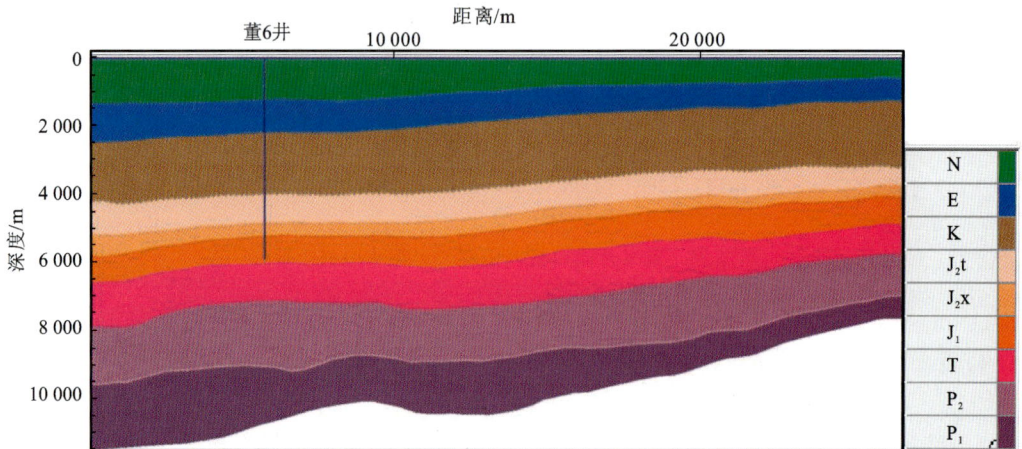

图 5-28　二维测线 Z02-Z4-57922 地质模型

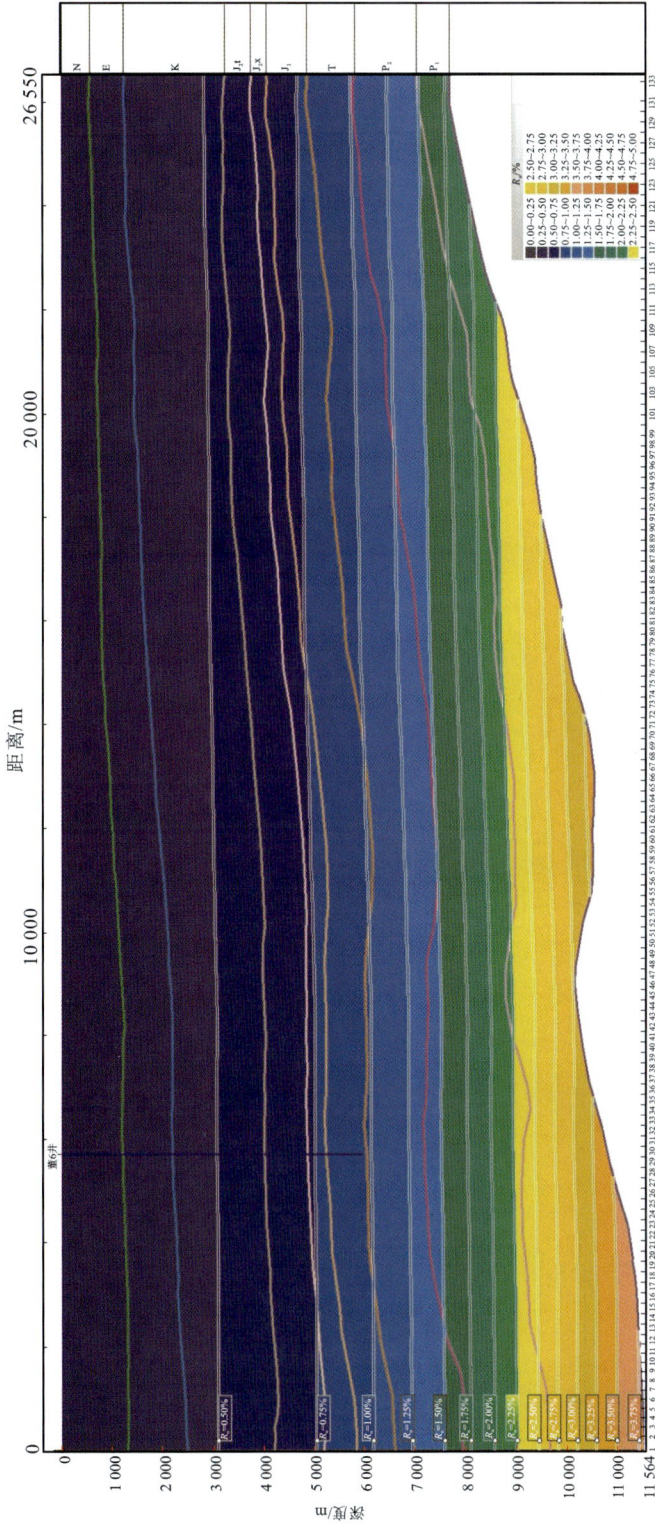

图 5-29　二维测线 Z02-Z4-57922 地质剖面现今成熟度模拟结果

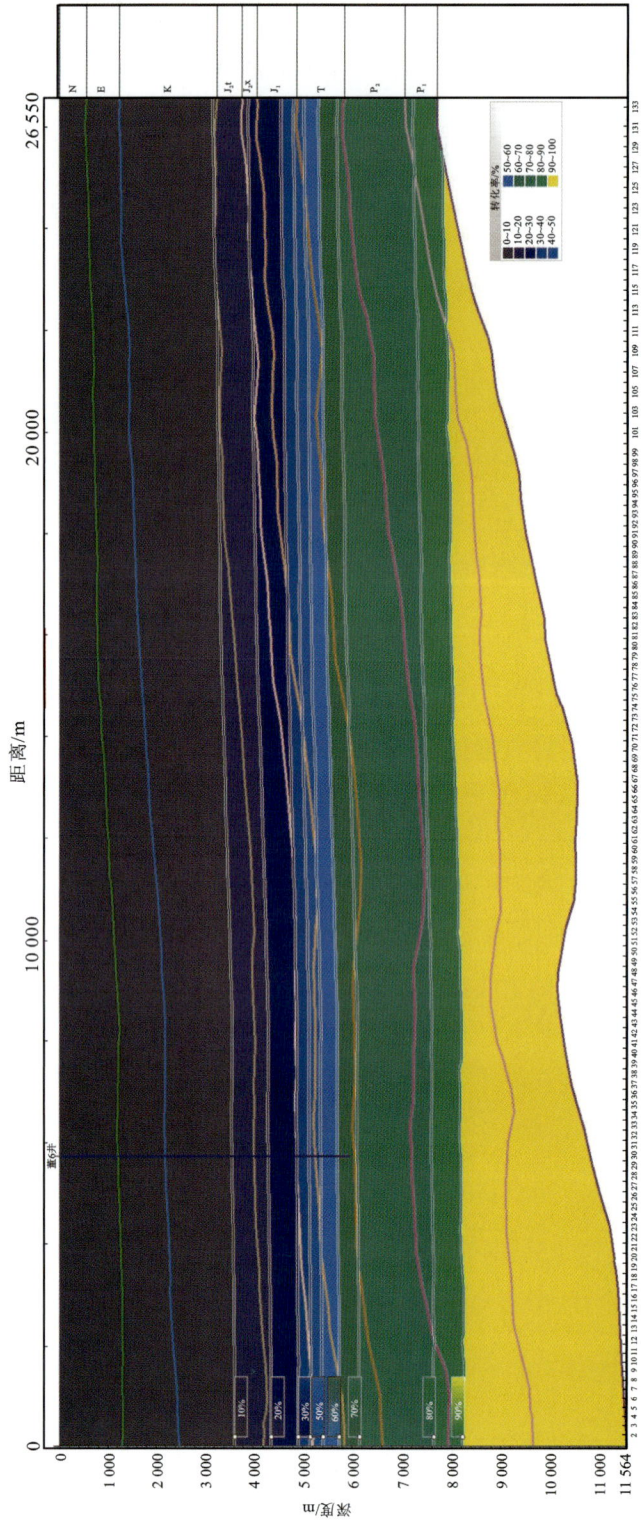

图 5-30 二维测线 Z02-Z4-57922 地质剖面现今转化率模拟结果

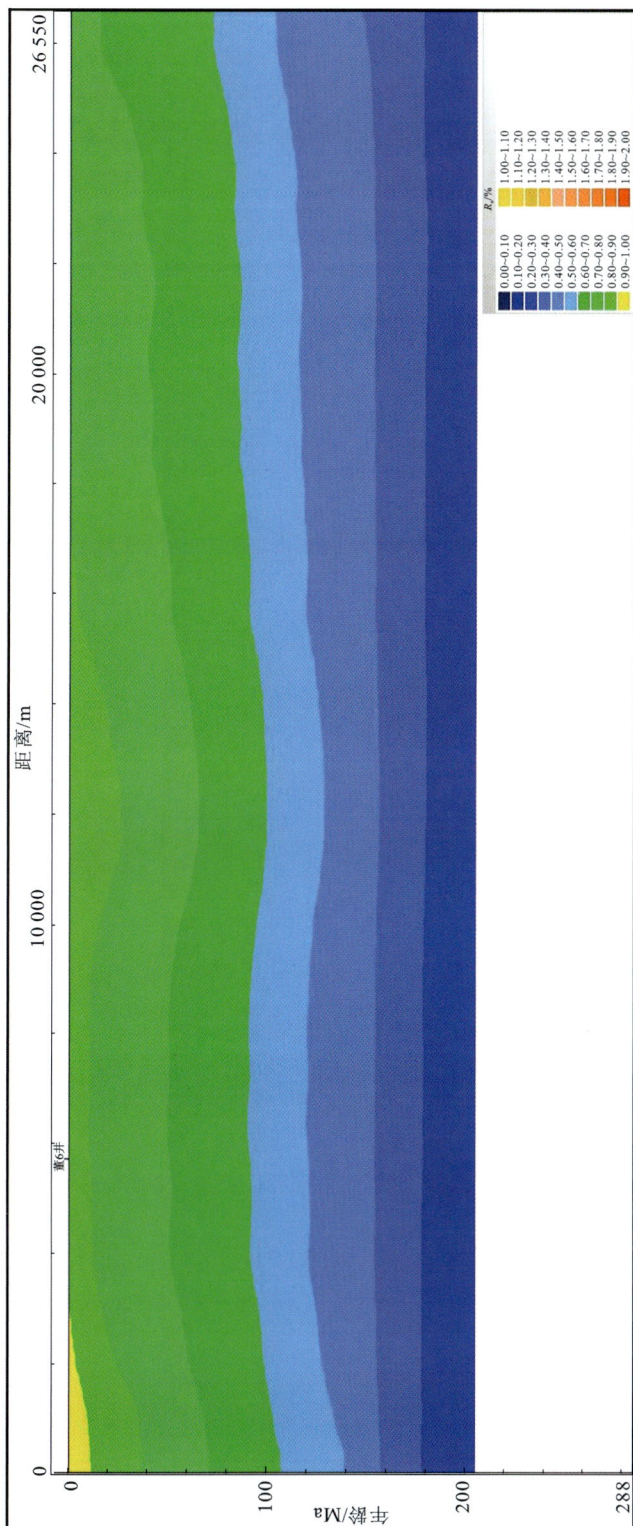

图 5-31　二维测线 Z02-Z4-57922 八道湾组烃源岩成熟度演化剖面

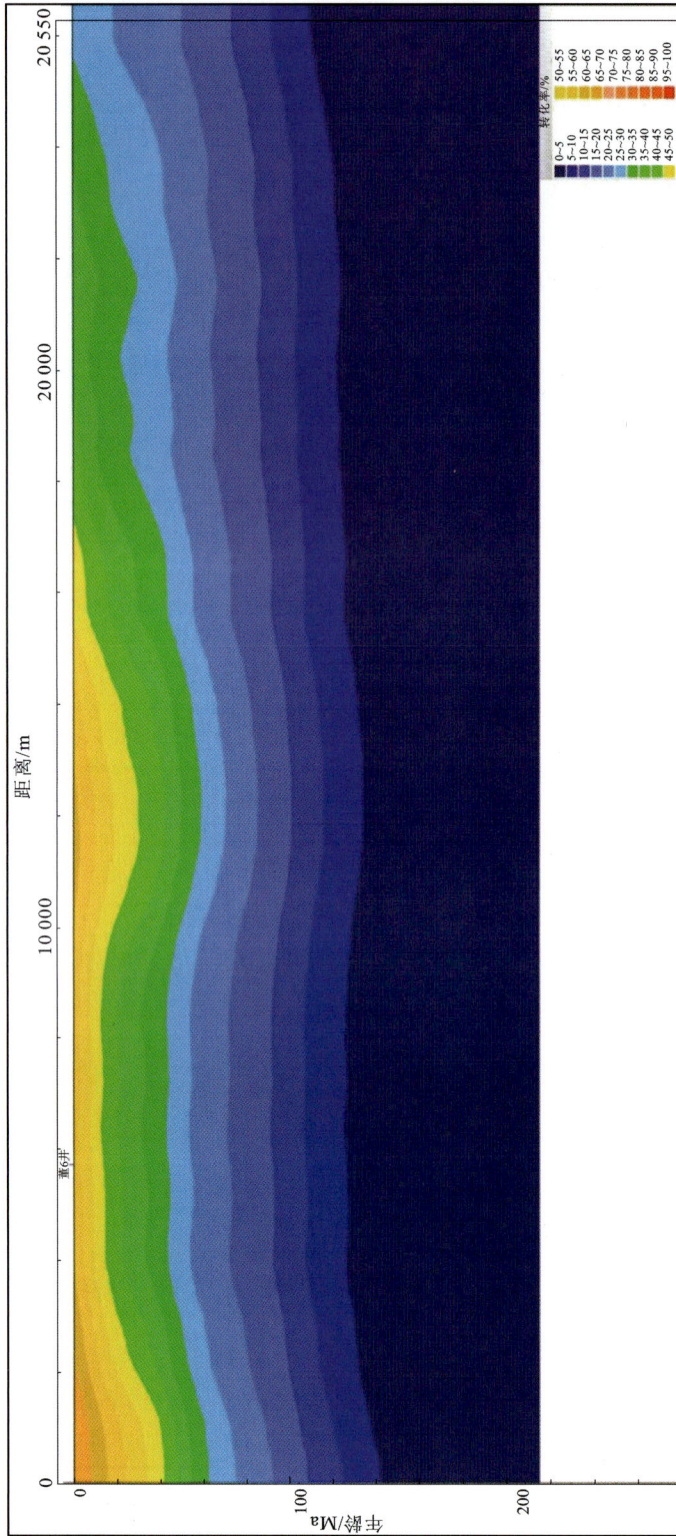

图 5-32　二维测线 Z02-Z4-57922 八道湾组烃源岩转化率演化剖面

准噶尔盆地腹部地区二维测线 Z03-Z2-6346 过成 1 井,二维剖面地质模型(图 5-33)显示二叠系最大埋藏深度接近 10 000 m,侏罗系底部最大埋藏深度大约为 6 000 m。二维剖面烃源岩成熟度模拟结果(图 5-34)显示侏罗系八道湾组底部烃源岩现今 R_o 为 0.7%～0.9%,处于大量生烃阶段,八道湾组顶部烃源岩现今 R_o 为 0.6%～0.75%,成熟度相对比较低。剖面烃源岩成熟度转化率模拟结果(图 5-35)显示侏罗系八道湾组底部烃源岩现今转化率为 30%～60%,八道湾组顶部烃源岩现今转化率为 20%～40%。二维剖面烃源岩成熟度演化模拟结果(图 5-36)显示侏罗系八道湾组烃源岩大约在距今 100 Ma 开始生烃,烃源岩 R_o 达到 0.5%,对应的烃源岩转化率大约为 15%(图 5-37),在距今 40 Ma 开始大量生烃,烃源岩 R_o 达到 0.7%,对应的烃源岩转化率大约为 30%。

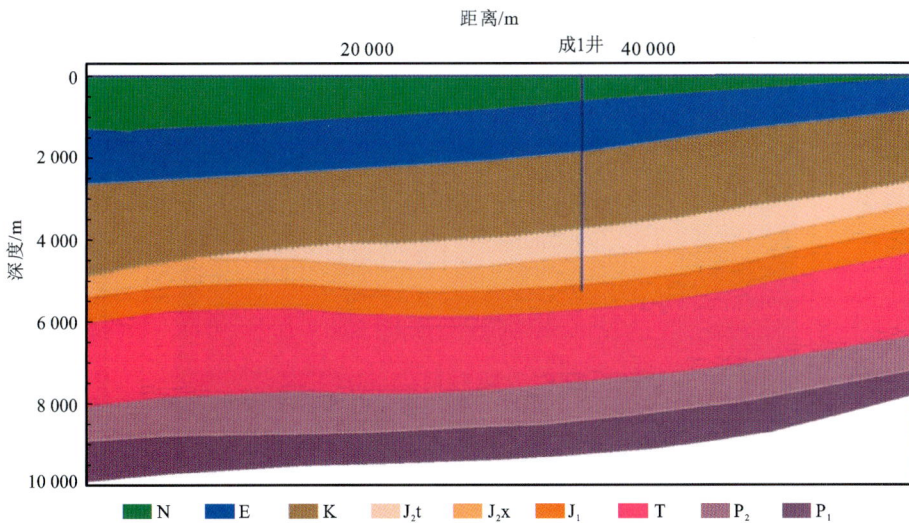

图 5-33　二维测线 Z03-Z2-6346 剖面地质模型

5.5　烃源岩生烃增压演化

地层压力演化包括烃源岩和储层孔隙压力演化两个部分,由于烃源岩和储层中超压形成机制不同,因此超压演化也存在差异性。准噶尔盆地腹部烃源岩超压主要是由生烃作用使孔隙流体发生膨胀形成,储层超压主要是由高压流体充注到储层中而发生压力传递的结果。本章在烃源岩排烃期次和时间的研究基础上,分析储层超压演化模式,并利用生烃增压模型定量恢复烃源岩生烃增压演化过程。

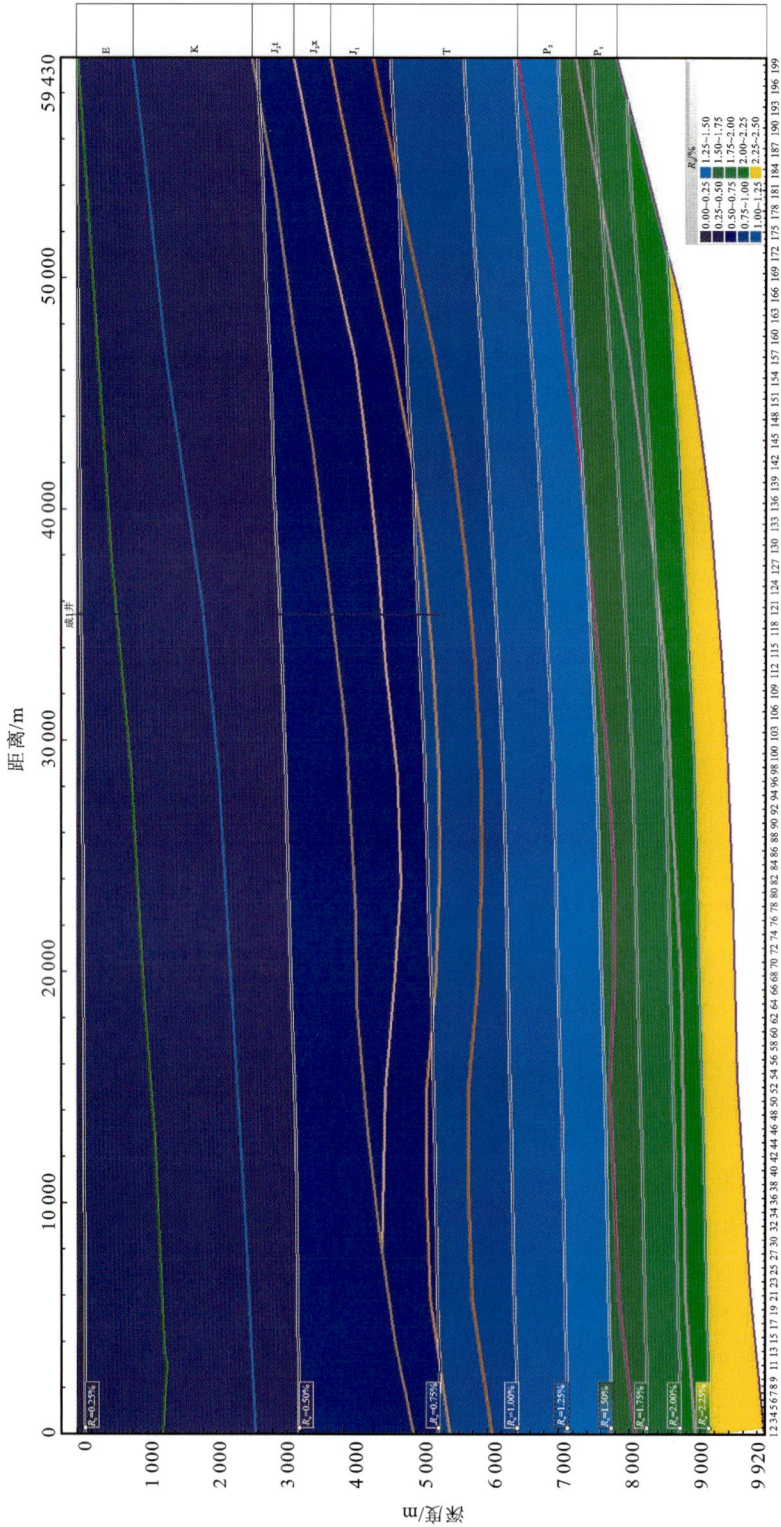

图5-34 二维测线Z03-Z2-6346地质剖面现今成熟度模拟结果

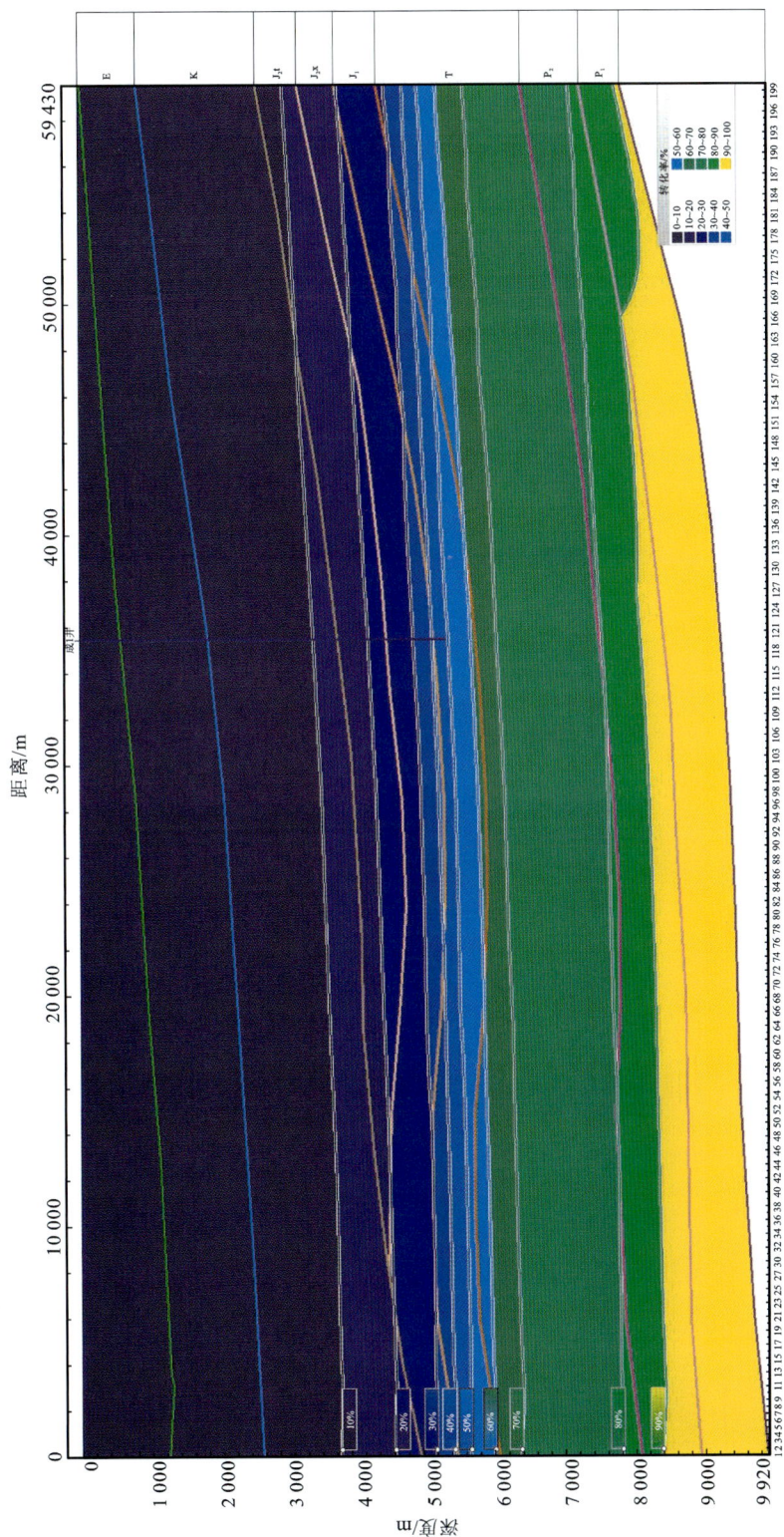

图5-35 二维测线Z03-ZZ-6346地质剖面现今转化率模拟结果

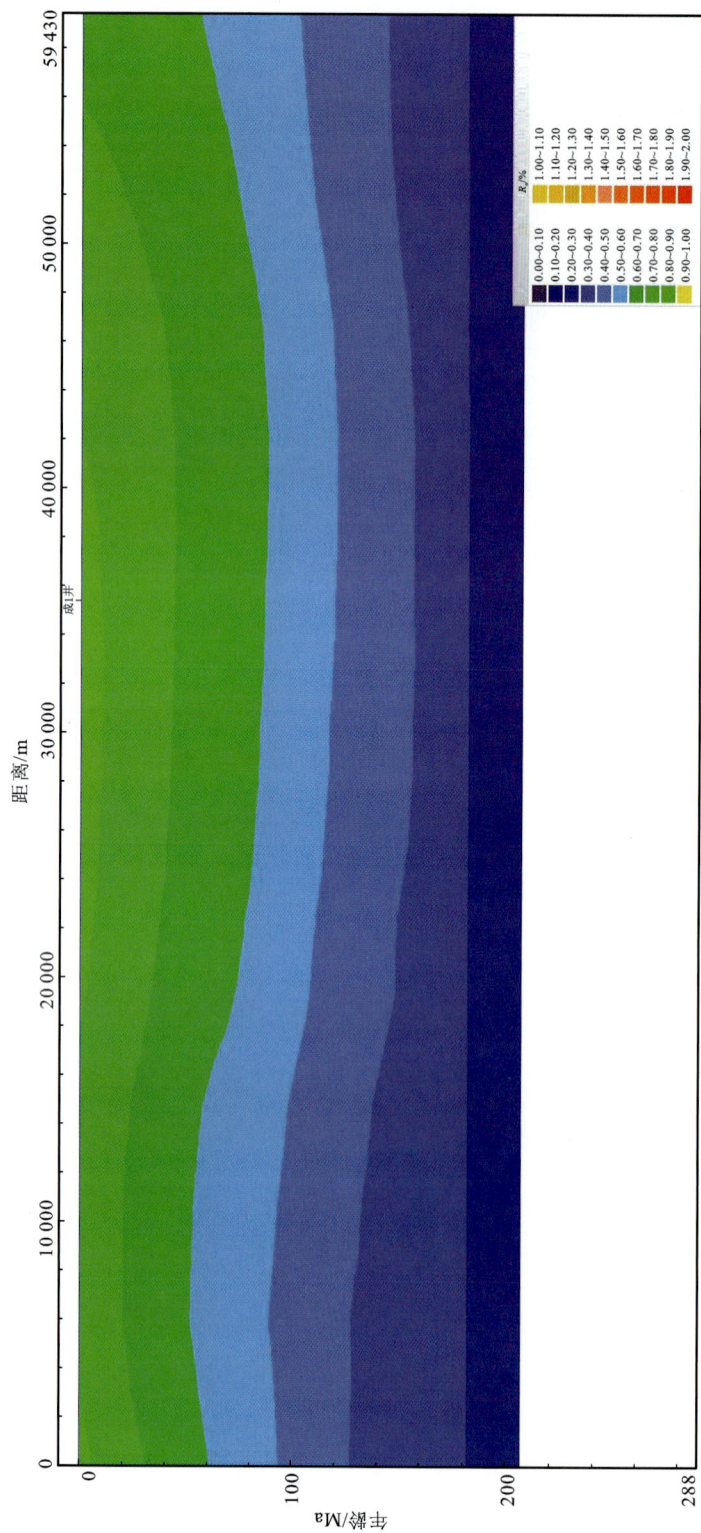

图5-36 二维测线Z03-Z2-6346八道湾组烃源岩成熟度演化剖面

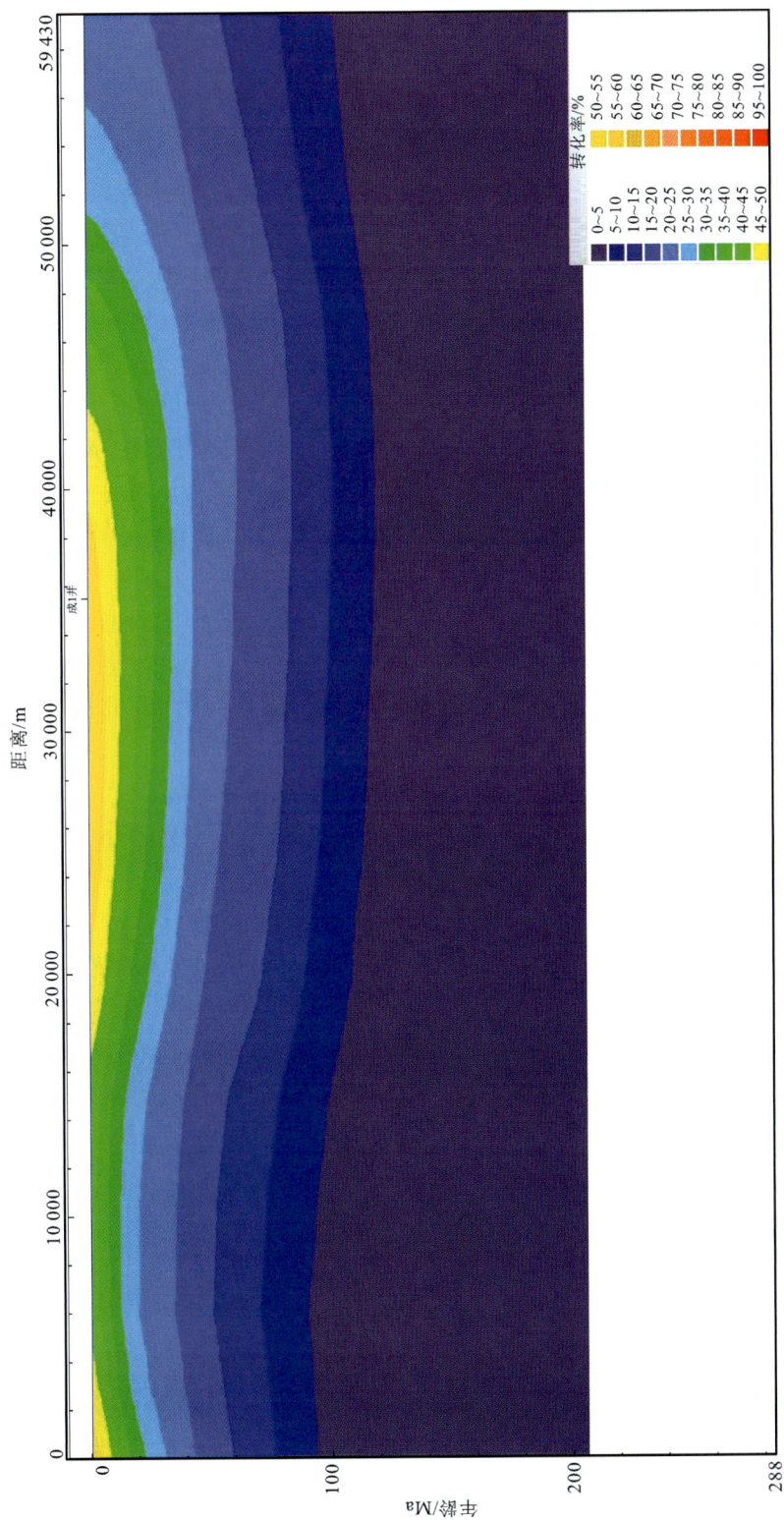

图5-37　二维测线Z03-Z2-6346八道湾组烃源岩转化率演化剖面

5.5.1　烃源岩排烃期次和时间

　　准噶尔盆地腹部地区具有近源成藏的特点,因此烃源岩排烃时间与油气充注(成藏)时间基本一致。分析油气成藏期的方法很多,有根据圈闭形成期、烃源岩的主生油期、油藏饱和压力分析油气藏形成时期。油气藏的形成是油气在圈闭中聚集的结果,只有形成了圈闭,油气才能聚集形成油气藏。因此,可以根据圈闭的形成时间确定油气藏形成的最早时间。这种方法只能确定油气藏形成时间的上限。烃源岩达到主生油期时才能大量生成、排出石油,才可能有油气聚集并形成油气藏。因此,烃源岩中油气大量生成和排出的主要时期就可能是油气藏形成的最早时间。根据油气藏的饱和(或露点)压力确定油气藏的形成时间的基本依据是认为原油自烃源岩中排出时,就饱含天然气。饱和天然气的石油沿输导层运移,遇到合适的圈闭便聚集起来形成油气藏,此时,油藏的地层压力与饱和压力相等。因此,由饱和压力推算出油气藏的埋藏深度,其对应的地质时代,即为该油气藏的形成时间。这种方法仅适用于构造相对稳定、充注期次单一的单旋回盆地,且油气藏无压力异常。另外确定油气成藏时期的方法还有根据储层成岩事件及自生矿物生成序列确定油气藏形成时间、运用储集层固体沥青确定油气藏形成时间、应用油气藏地球化学方法确定油气藏形成时间、利用有机流体包裹体确定油气成藏时间以及成岩矿物同位素年龄测定确定油气藏形成时间等。本书将利用流体包裹体技术确定油气成藏期次,并在埋藏史和热史的基础上确定油气成藏时间,为超压演化研究提供基础。

　　本书对采集的 34 块砂岩样品制成双面剖光薄片(表 5-1),采用 Olympus 显微镜对流体包裹体样品进行显微观察,显微镜配有 20 倍、50 倍和 100 倍工作镜头,并利用荧光光谱仪获得单个油包裹体光谱,流体包裹体的均一温度测定使用 Linkam THMSG600 显微冷热台,测定误差为 ±0.1 ℃。油包裹体在紫外光照射下表现出的荧光行为是用于区别盐水包裹体最有效的方法,油包裹体的荧光特征反映了其内石油的成分特征及热演化程度。在准噶尔盆地腹部中部 2 区块和 4 区块所取得砂岩样品中检测到较多的油包裹体,油包裹体主要发育在石英颗粒裂纹中,发育在石英加大边和方解石胶结物中的很少。肉眼观察油包裹体在紫外光照射下主要发蓝白色荧光,也见发黄色荧光的油包裹体,但比较少,以发蓝白色荧光为主(图 5-38)。不同的油包裹体荧光光谱特征反映了包裹体中油的成分的变化,从而显示出荧光颜色的不同,不同的荧光颜色反映了包裹体中油的成分和成熟度的变化。

表 5-1　流体包裹体砂岩样品清单

井位	编号	层位	深度/m	岩性
成 1 井	CH1-1	J_2t	4 162.70	浅灰色细砂岩
成 1 井	CH1-3	J_2t	4 406.00	浅灰色中细砂岩
成 1 井	CH1-7	J_1s	4 711.00	浅灰色中细砂岩

井位	编号	层位	深度/m	岩性
成 1 井	CH1-8	J_1s	4 778.20	浅灰色细砂岩
成 1 井	CH1-9	J_1s	4 780.00	浅灰色中砂岩
成 1 井	CH1-12	J_1b	4 999.30	浅灰色中细砂岩
成 1 井	CH1-13	J_1b	5 000.40	浅灰色粗砂岩
董 1 井	D1-3	K_1tg	4 576.20	褐色细砂岩
董 1 井	D1-6	K_1tg	4 578.24	灰色细砂岩
董 1 井	D1-9	K_1tg	4 579.60	灰色细砂岩
董 1 井	D1-13	K_1tg	4 581.20	灰绿色细砂岩
董 1 井	D1-17	K_1tg	4 584.70	灰色细砂岩
董 1 井	D1-19	J_2t	4 836.13	中砂岩
董 1 井	D1-20	J_2t	4 836.73	中砂岩
董 1 井	D1-23	J_2t	4 837.60	中细砂岩
董 1 井	D1-31	J_2x	5 300.68	浅灰色细砂岩
董 1 井	D1-35	J_2x	5 307.00	浅灰色中细砂岩
董 2 井	D2-3	K_1tg	3 651.00	褐色中砂岩
董 2 井	D2-10	J_2t	4 428.90	灰色细砂岩
董 2 井	D2-25	J_1s	5 039.60	灰色中砂岩
董 2 井	D2-33	J_1b	5 369.00	浅灰色细砂岩
董 2 井	D2-34	J_1b	5 372.50	深灰色中细砂岩
董 2 井	D2-40	J_1b	5 443.00	褐灰色中细砂岩
董 2 井	D2-42	J_1b	5 642.80	浅灰色中细砂岩
董 2 井	D2-48	J_1b	5 646.50	浅灰色中细砂岩
董 3 井	D3-1	K_1tg	5 233.50	褐红色细砂岩
董 3 井	D3-4	K_1tg	5 237.80	褐红色细砂岩
董 3 井	D3-6	K_1tg	5 274.30	褐红色细砂岩
董 3 井	D3-9	J_2t	5 507.20	浅褐色细砂岩
董 101 井	D101-1	K_1tg	4 687.10	褐色中砂岩
董 101 井	D101-2	K_1tg	4 688.40	灰色中砂岩
董 101 井	D101-3	K_1tg	4 689.10	灰色细砂岩
董 101 井	D101-4	K_1tg	4 691.70	灰色细砂岩

（a）董2井

（b）董1井

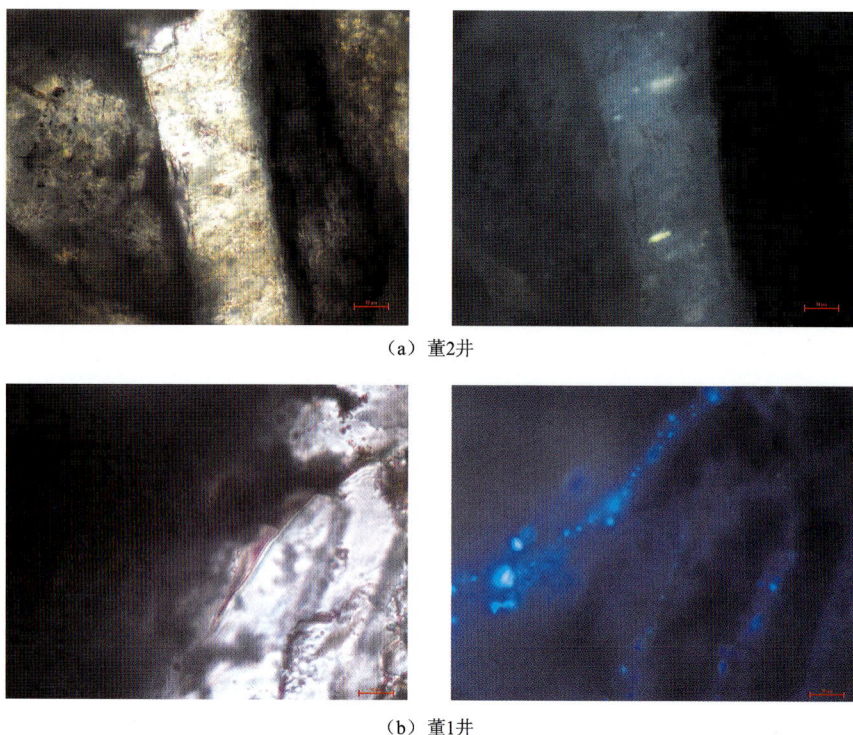

图 5-38　准噶尔盆地腹部中部砂岩样品中油包裹体在透射光和荧光下照片

流体包裹体在形成时是均匀体系,随着温度和压力的下降,包体内流体分离成气、液两相。把流体包裹体加热,随温度的增加,两相逐步复原为一个均匀的相,这时的温度叫均一温度。均一温度是流体包裹体捕获时的最小温度条件,不同均一温度范围的流体包裹体代表了不同的期次,根据均一温度可以划分流体包裹体的期次。从准噶尔盆地腹部地区选择了三块样品进行显微测温分析。所得到的油包裹体和与油包裹体共生的盐水包裹体均一温度统计直方图如图 5-39 所示。从统计结果可以看出,油包裹体均一温度都比较低,其范围在 30～55 ℃,油包裹体均一温度差别不大,在 20～30 ℃ 以内,所测的油包裹体均为发蓝白色荧光的油包裹体。由于油包裹体均一温度受包裹体在捕获后晚期发生的化学变化、热裂解及含气饱和度等因素的影响,因此造成油包裹体均一温度与捕获时的地层温度具有一定的差异,不能很好地用于确定油气充注时间。但在本研究区的油包裹体均一温度都比较低,反映了超压捕获的特征。

与油包裹体均一温度相比,与油包裹体共生的盐水包裹体均一温度更接近捕获时的地层温度,可以用于划分油气成藏期次以及确定油气充注时间。准噶尔盆地腹部地区与油包裹体共生的盐水包裹体均一温度统计直方图显示每块样品中盐水包裹体均一温度变化范围为 95～125 ℃。可以将其分成 95～110 ℃ 和 110～125 ℃ 两期。将与油包裹体共生的盐水包裹体均一温度投影到叠加古地温的埋藏史上就可以获得油气充注时间。但应用包裹体均一温度必须满足三个前提条件:①均一体系,即包裹体形成时,被捕获在包裹

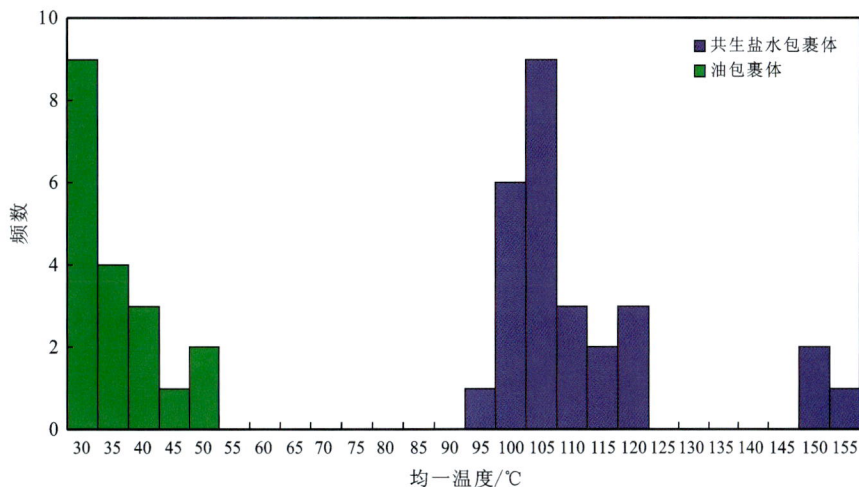

图 5-39 准噶尔盆地腹部中部砂岩样品中油包裹体和共生盐水包裹体均一温度直方图

体内的物质为均匀相态；②封闭体系，包裹体形成后没有物质进入或逸出；③等容体系，包裹体形成后体积没有发生变化。符合上述三个条件的包裹体均一温度测定结果才能代表包裹体被捕获时的地层温度。但是，有很多包裹体并不是从均匀流体体系中捕获，如盐水包裹体中含有少量气体，或者即使是从均匀流体体系中捕获的包裹体，也在后期地层埋藏过程中随着温度和压力条件的变化发生形变，甚至泄漏，这样都将导致包裹体均一温度升高。本次也测到了三个均一温度特别高的盐水包裹体，均一温度在 150 ℃以上，已经明显高于现今地层温度，很明显不能代表捕获温度。基于以上原因，选择与油包裹体共生的盐水包裹体最低均一温度确定油气充注时间。个别样品可能由于共生的盐水包裹体数量较少造成无法获得最低均一温度，但选取所测的最低均一温度与实际地质情况最为接近。将这些盐水包裹体最低均一温度"投影"到附有古地温演化的埋藏史图中得到的油气充注时间分别是在白垩系和古近系沉积末期，对应的时间大约是距今 70 Ma 和 23 Ma。这两个时间将作为烃源岩排烃时间用于生烃增压演化恢复。

5.5.2 储层压力演化模式

准噶尔盆地腹部储层中超压的形成主要是因为从烃源岩中排出的高压烃类流体运移至储层中而发生超压传递的结果。从准噶尔盆地腹部中部 4 区块油包裹体实测均一温度都比较低也可以判断所捕获的油包裹体均为高压。因此，结合该地区油气充注的时间和期次可以确定准噶尔盆地腹部地区储层压力演化可以划分为三种类型(图 5-40)。

类型一：储层只接受第一期油气充注(白垩系沉积末期)；由于油气充注到储层中使储层形成超压，保存到现今依然是超压储层。类型二：储层只接受第二期油气充注(古近系沉积末期)；由于油气充注到储层中使储层形成超压，保存到现今依然是超压储层。类型三：储层接受两期油气充注；在白垩系沉积末期，储层接受第一期油气充注，使储层形成超压，在古近

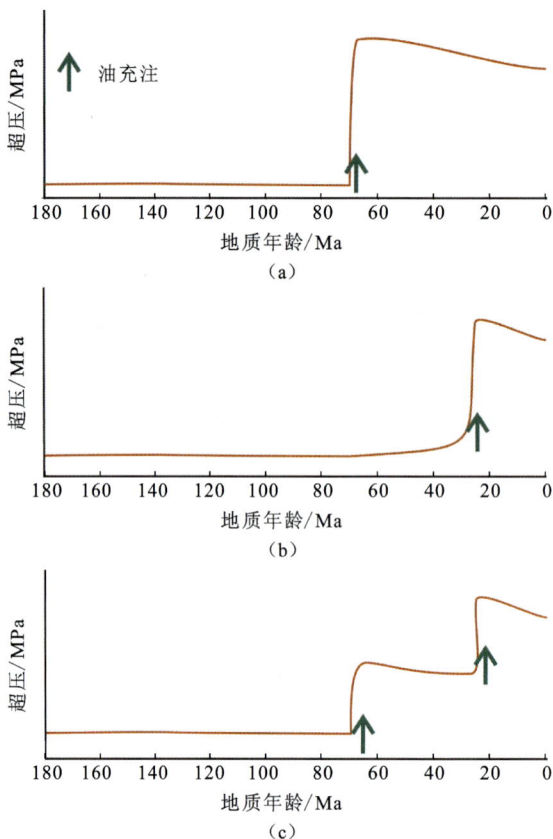

图 5-40　储层流体压力演化模式图

系沉积末期接受第二期油气充注使储层孔隙流体压力增大,保存到现今也是超压储层。

5.5.3　生烃增压演化恢复

　　采用建立的生烃增压模型再结合烃源岩生烃演化史和排烃时间和期次,最终计算得到准噶尔盆地腹部中部 2 区块和 4 区块成 1 井和董 1 井侏罗系不同层位烃源岩生烃增压演化过程如图 5-41 和图 5-42 所示。烃源岩生烃作用形成的超压和压力系数随时间演化图揭示超压发育具有旋回性的特征。成 1 井八道湾底部烃源岩经历了三次超压增加和两次超压释放的过程。在距今大约 170 Ma,由于烃源岩的生烃作用开始造成八道湾底部烃源岩中形成超压,随着生烃量的增加,孔隙流体压力逐渐增大,到距今大约 70 Ma,孔隙流体超压增加到大约 50 MPa,对应的压力系数在 2.0 以上。接着烃源岩由于烃类的排出孔隙流体压力快速降,在距今大约 65 Ma,压力降低到最低。随着烃源岩的继续埋藏,地温的升高造成烃类生成,孔隙流体压力再次增加,超压从近于常压增加到大约 40 MPa,对应的压力系数从 1.1 增加到 1.7 以上。到距今 25 Ma,烃源岩再次排烃造成压力快速释放,到距今 23 Ma,压力由于生烃的作用使之再次增加,直到现今超压大约为 42 MPa,压力系数大约为 1.7。三工河组底部烃源岩由于埋藏深度和演化程度相对八道湾底部烃源岩低,到距今 70 Ma 三工河组底部烃源岩 R_o 大约只有 0.7%,生成的烃类很难排出,因此认为三工河组底部烃源岩只存在一期排烃,时间是在古近系沉积末期。所以可以看出成 1 井三工河组底部烃源岩经历了两次超压增加和一次超压释放的过程。从距今 150~25 Ma,烃源岩的烃类生成造成孔隙流体压力持续增加,到距今 25 Ma 开始释放,再到距今 23 Ma,随着烃源岩的继续埋藏,地温的升高造成烃类生成,孔隙流体压力再次增加一直到现今超压大约为 30 MPa,压力系数大约为 1.5。成 1 井西山窑组底部烃源岩 R_o 到现今大约只有 0.6%,因此在白垩系沉积末期和古近系沉积末期都不可能有烃类排出。从距今大约 110 Ma 到现今,由于烃源岩生成的烃类滞留在烃源岩中造成孔隙流体压力逐渐增加,到现今的超压大约为 33 MPa,压力系数大约为 1.6。

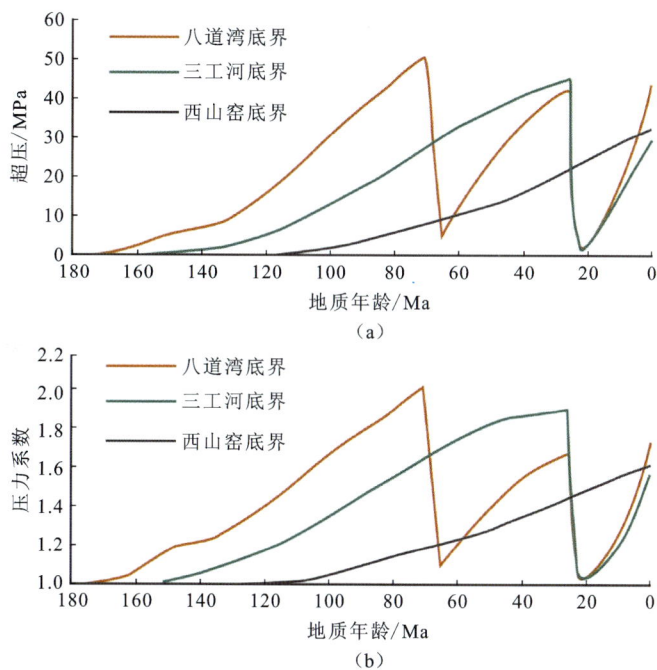

图 5-41 成 1 井侏罗系烃源岩生烃增压演化

准噶尔盆地腹部中部 4 区块董 1 井侏罗系不同层位烃源岩生烃增压演化模式与成 1 井相同,超压和压力系数随时间演化也具有旋回性的特征,主要是因为两个地区具有相似的埋藏史、热史、成熟生烃史以及排烃史。董 1 井八道湾底部烃源岩经历了三次超压增加和两次超压释放的过程。在距今大约 165 Ma,由于烃源岩的生烃作用开始造成八道湾底部烃源岩中形成超压,随着生烃量的增加,孔隙流体压力逐渐增大,到距今大约 70 Ma,孔隙流体超压增加到大约 45 MPa,对应的压力系数在 1.8 以上。接着烃源岩由于烃类的排出孔隙流体压力快速降,在距今大约 65 Ma,压力降低到最低。随着烃源岩的继续埋藏,地温的升高造成烃类生成,孔隙流体压力再次增加,超压从近于常压增加到大约 35 MPa,对应的压力系数从 1.1 增加到 1.6 以上。到距今 25 Ma,烃源岩再次排烃造成压力快速

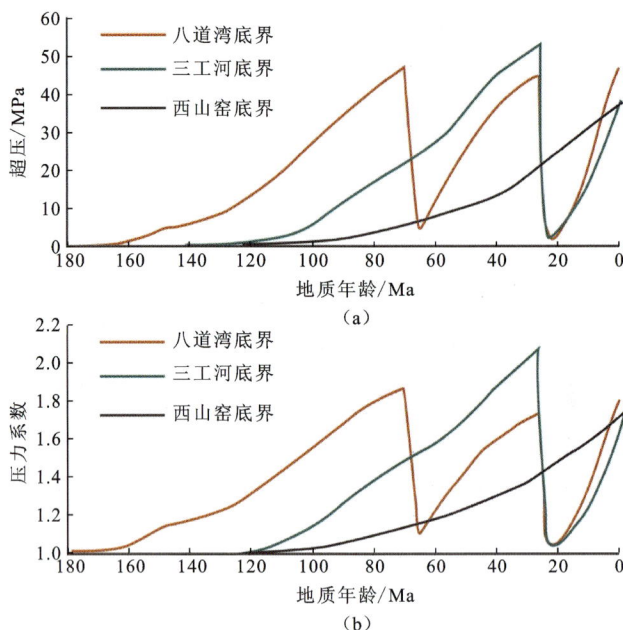

图 5-42　董 1 井侏罗系烃源岩生烃增压演化

释放,再到距今 23 Ma,压力由于生烃的作用使之再次增加,直到现今超压大约为45 MPa,压力系数大约为 1.65。三工河组底部烃源岩经历了两次超压增加和一次超压释放的过程。从距今 120~25 Ma,烃源岩的烃类生成造成孔隙流体压力持续增加,到距今 25 Ma开始释放,再到距今 23 Ma,随着烃源岩的继续埋藏,地温的升高造成烃类生成,孔隙流体压力再次增加一直到现今超压大约为 30 MPa,压力系数大约为 1.5。董 1 井西山窑组底部烃源岩从距今大约 110 Ma 到现今,由于烃源岩生成的烃类滞留在烃源岩中造成孔隙流体压力逐渐增加,到现今的超压大约为 30 MPa,压力系数大约为 1.55。

图 5-43 和图 5-44 为二维剖面 Z02-Z4-57922 八道湾组底部烃源岩生烃增压和压力系数演化剖面,反映出超压演化具有旋回性特征,主要经历了三次超压增加和两次超压释放过程。不同地区由于烃源岩埋深不同,烃源岩的成熟度和转化率演化不同,因而压力演化过程有差异。生烃增压演化模拟结果显示,在距今 165 Ma 左右,八道湾组底部烃源岩由于生烃作用开始发育超压,随着生烃量的增加,在距今 70~60 Ma,大部分地区压力系数达到 1.9 以上,相应的剩余流体压力为 30~40 MPa。随着生烃的持续进行,流体压力继续增大,当孔隙流体压力超过烃源岩破裂压力时,烃类从烃源岩中快速排出,从而使孔隙流体压力和压力系数迅速降低,开始进入下一个生烃增压旋回。中部和南部部分地区八道湾组底部烃源岩生烃速率较快,在距今 40~30 Ma,压力系数再一次达到 2.0 左右,相应的剩余流体压力约为 45 MPa。在超过烃源岩破裂压力后,开始排烃泄压,并进入下一演化周期。现今压力系数为 1.4~1.55,剩余压力为 25~35 MPa。北部地区由于靠近凹陷边缘,地层埋深相对较浅,后期烃源岩转化率较低,在经过 70~60 Ma 排烃泄压过程后,超压持续增加保持至今,压力系数为 1.5~1.9,剩余压力为 30~45 MPa。

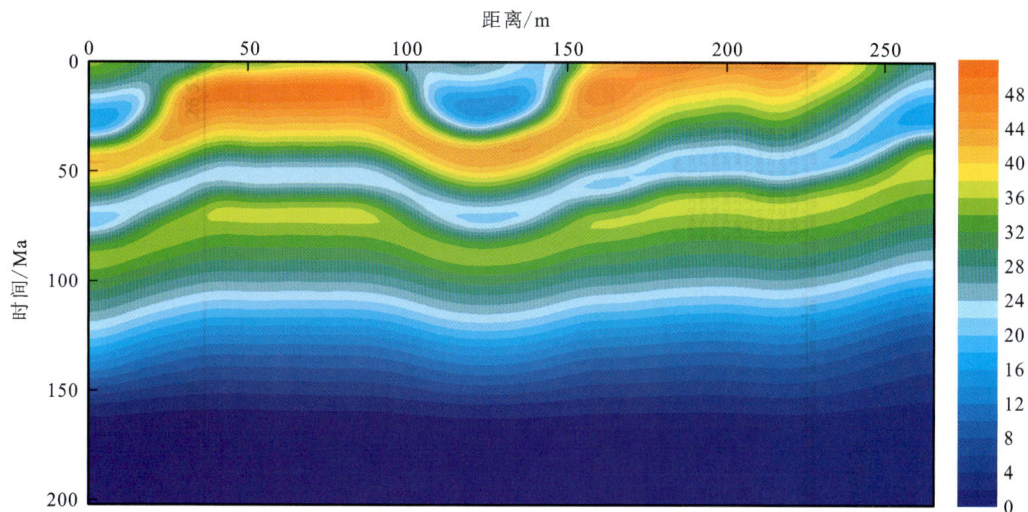

图 5-43　中部 4 区块二维测线 Z02-Z4-57922 八道湾组底部烃源岩超压演化剖面

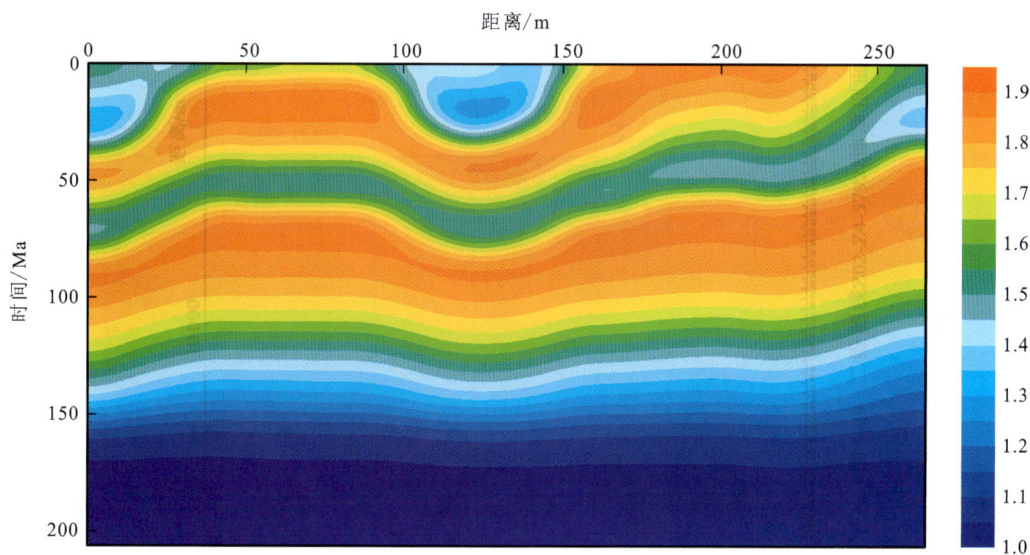

图 5-44　中部 4 区块二维测线 Z02-Z4-57922 八道湾组底部烃源岩压力系数演化剖面

图 5-45 和图 5-46 为二维剖面 Z02-Z4-57922 八道湾组顶部烃源岩生烃增压和压力系数演化剖面,中部和南部主要经历了两次超压增加和一次超压释放过程,北部只经历过一次超压增加过程。不同地区由于烃源岩埋深不同,烃源岩的成熟度和转化率演化不同,因而压力演化过程有差异。生烃增压演化模拟结果显示,在距今 120 Ma 左右,中部和西部地区八道湾组顶部烃源岩由于生烃作用开始发育超压,随着生烃量的增加,在距今 30～20 Ma,压力系数达到 2.0 左右,相应的剩余流体压力约为 40 MPa。随着生烃的持续进行,孔隙流体压力继续增大,当孔隙流体压力超过烃源岩破裂压力时,烃类从烃源岩中快

速排出,从而使孔隙流体压力和压力系数迅速降低,进入下一个生烃增压旋回,持续生烃增压至今,现今压力系数为 1.5～1.6,剩余流体压力为 20～45 MPa。北部地区由于靠近凹陷边缘,地层埋深相对较浅,后期烃源岩转化率较低,只有一次超压增加过程,并未出现超压释放现象。

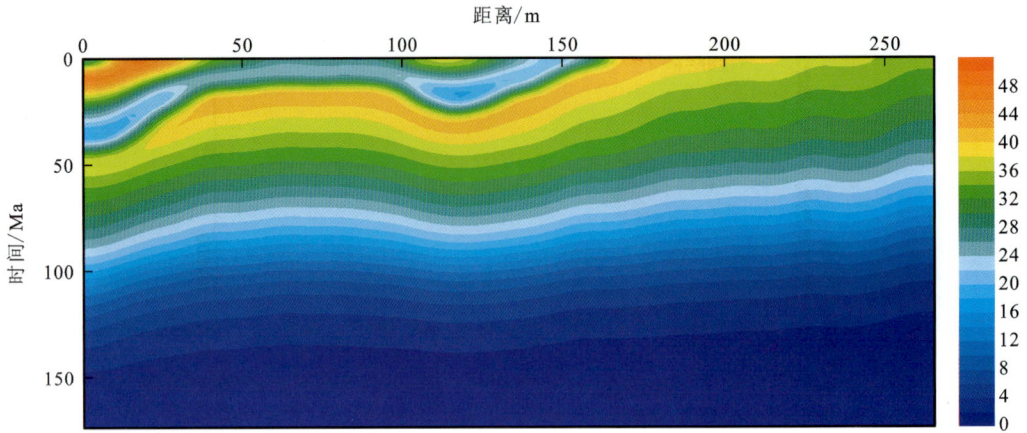

图 5-45　中部 4 区块二维测线 Z02-Z4-57922 八道湾组顶部烃源岩超压演化剖面

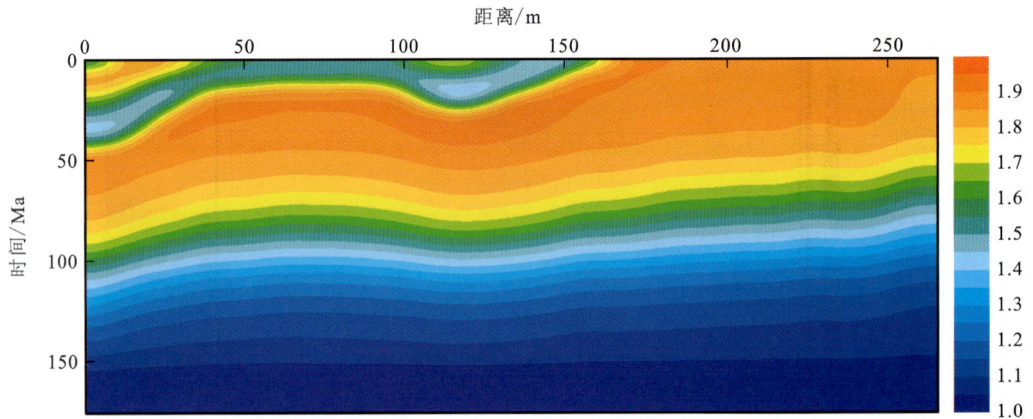

图 5-46　中部 4 区块二维测线 Z02-Z4-57922 八道湾组顶部烃源岩压力系数演化剖面

图 5-47 和图 5-48 为二维剖面 Z03-Z2-6346 八道湾组底部烃源岩生烃增压和压力系数演化剖面,反映出超压具有旋回性特征,主要经历了三次超压增加和两次超压释放过程。不同地区由于烃源岩埋深不同,烃源岩的成熟度和转化率演化不同,因而压力演化过程有差异。生烃增压演化模拟结果显示,在距今 165 Ma 左右,八道湾组底部烃源岩由于生烃作用开始发育超压,随着生烃量的增加,在距今 80～70 Ma,大部分地区压力系数达到最大,压力系数达到 1.9 左右,相应的剩余流体压力为 25～30 MPa。随着生烃的持续进行,当孔隙流体压力超过烃源破裂压力时,烃类从烃源岩中快速排出,从而使孔隙流体压力和压力系数迅速降低,进入下一个生烃增压旋回。部分地区八道湾组底部烃源岩埋

深相对较深,生烃速率较快,在距今 20 Ma 左右,压力系数再一次达到 2.0 左右,相应的剩余流体压力约为 45 MPa。在超过烃源岩破裂压力后,开始排烃泄压,并进入最后一个生烃增压旋回。现今压力系数为 1.4~1.5,剩余压力为 25~35 MPa。

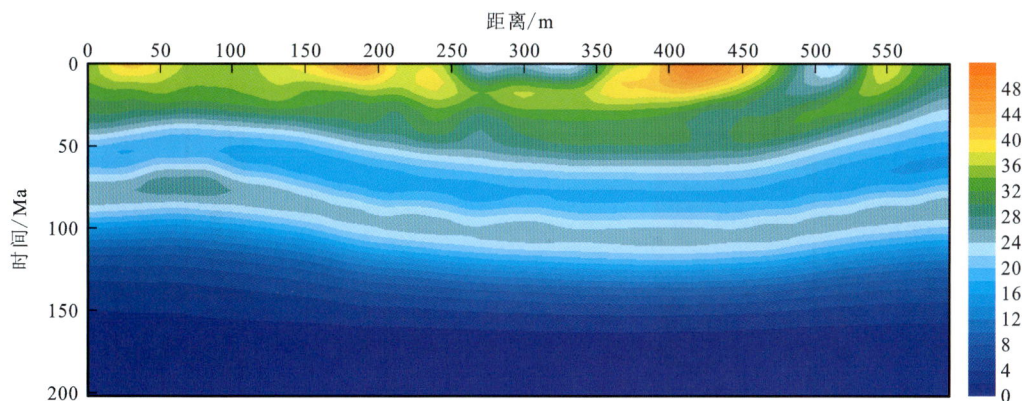

图 5-47　中部 2 区块二维测线 Z03-Z2-6346 八道湾组底部烃源岩超压演化剖面

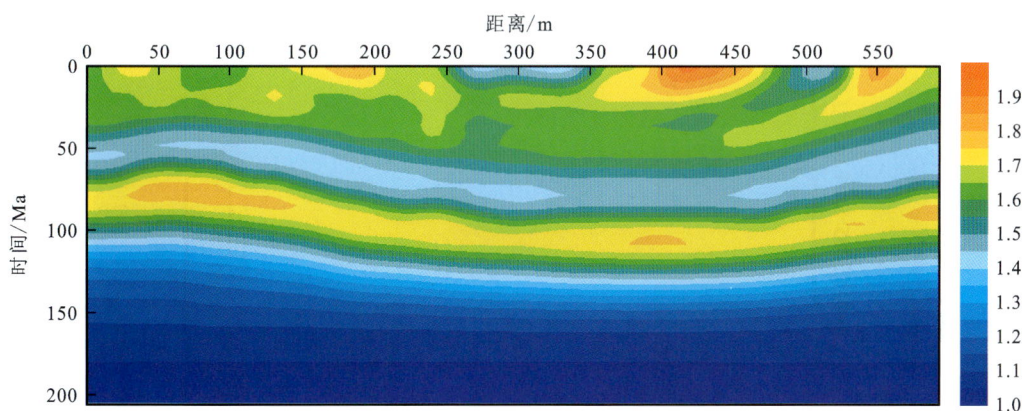

图 5-48　中部 2 区块二维测线 Z03-Z2-6346 八道湾组底部烃源岩压力系数演化剖面

图 5-49 和图 5-50 分别为二维剖面 Z03-Z2-6346 八道湾组顶部烃源岩生烃增压和压力系数演化剖面,主要经历了两次超压增加和一次超压释放过程。不同地区由于烃源岩埋深不同,烃源岩的成熟度和转化率演化不同,因而压力演化过程有差异。生烃增压演化模拟结果显示,在距今 125 Ma 左右,八道湾组底部烃源岩由于生烃作用开始发育超压,随着生烃量的增加,在距今 20~30 Ma,压力系数达到最大,在 1.9 左右,相应的剩余流体压力为 35~40 MPa。随着生烃的持续进行,流体压力继续增大,当孔隙流体压力超过烃源岩破裂压力时,烃类从烃源岩中快速排出,从而使孔隙流体压力和压力系数迅速降低,进入下一个生烃增压旋回。在最后一个生烃增压周期内流体压力持续增加并保持至今,现今流体压力系数为 1.4~1.65,相应的流体压力为 20~35 MPa。

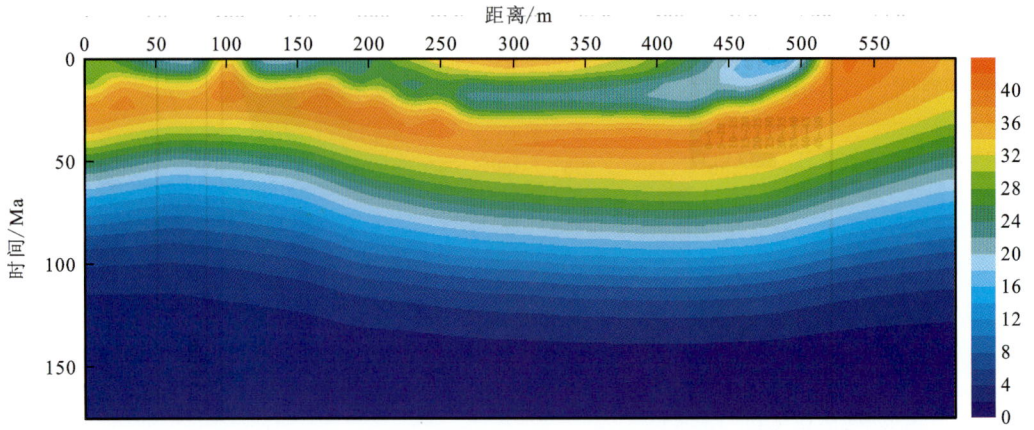

图 5-49　中部 2 区块二维测线 Z03-Z2-6346 八道湾组顶部烃源岩超压演化剖面

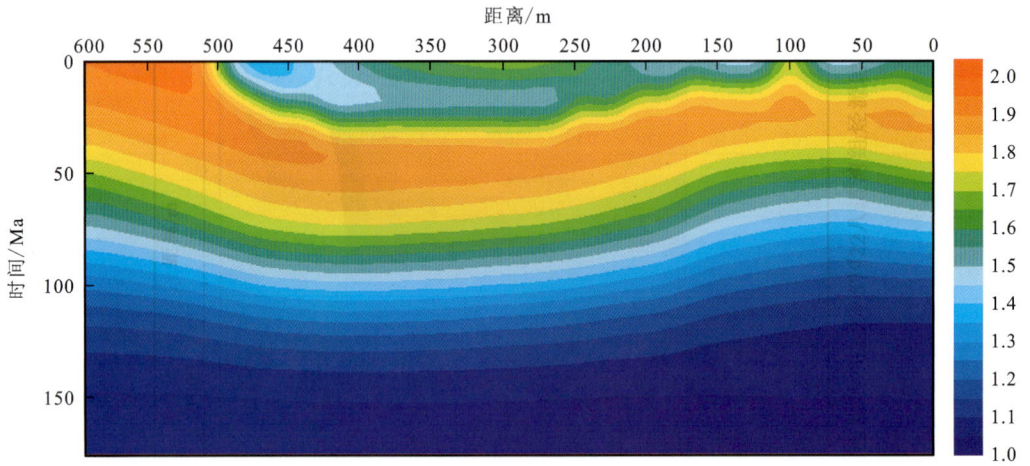

图 5-50　中部 2 区块二维测线 Z03-Z2-6346 八道湾组顶部烃源岩压力系数演化剖面

参 考 文 献

包友书,张林晔,张守春,等.2008.东营凹陷深部异常高压与岩性油气藏的形成.新疆石油地质,29(5): 585-587.

鲍晓欢,郝芳,方勇.2007.东营凹陷牛庄洼陷地层压力演化及其成藏意义.地球科学(中国地质大学学报),32(2):241-246.

陈新,卢华复,舒良树,等.2002.准噶尔盆地构造演化分析新进展.高校地质学报,8(3):257-267.

陈勇,周瑶琪.2002.一种获取包裹体内压的新方法.地球化学与岩石圈动力学开放实验室年报:86-91.

陈荷立.1995.油气运移研究的有效途径.石油与天然气地质,16(2):126-131.

陈筱康.2007.东营凹陷胜坨油田成藏过程分析.油气地质与采收率,14(4):29-32.

陈纯芳,赵澄林,李会军.2002.板桥和歧北凹陷沙河街组深层碎屑岩储层物性特征及其影响因素.石油大学学报(自然科学版),26(1):4-7.

陈冬霞,庞雄奇,邱楠生,等.2005.东营凹陷隐蔽油气藏的成藏模式.天然气工业,25(12):12-15.

陈荷立,罗晓容.1988.砂泥岩中异常高流体压力的定量计算及其地质应用.地质论评,34(1):54-62.

陈红汉,董伟良,张树林,等.2004.流体包裹体在古压力模拟研究中的应用.石油与天然气地质,23(3): 207-211.

陈振岩,苏晓捷.2003.辽河西部凹陷船舱式油气运聚系统特征初探.石油勘探与开发,30(4):31-41.

陈中红,查明,金强.2004.东营凹陷超压系统的幕式排烃.石油与天然气地质,25(4):444-447.

陈中红,查明.2006.东营凹陷流体超压封存箱与油气运聚.沉积学报,24(4):607-612.

程本合,项希勇,穆星.2002.济阳拗陷沾化凹陷东部热史模拟研究.石油实验地质,22(2):172-175.

崔勇,赵澄林.2002.深层砂岩次生孔隙的成因及其与异常超压泄漏的关系:以黄骅拗陷板桥凹陷板中地区滨Ⅳ油组为例.成都理工学院学报,29(1):49-52.

杜栩,郑洪印,焦秀琼.1995.异常压力与油气分布.地学前缘,2(4):137-148.

龚育龄,王良书,刘绍文,等.2003.济阳拗陷大地热流分布特征.中国科学(D辑),33(4):383-391.

郭汝泰,王建宝,高喜龙,等.2003.应用激光探针技术评价烃源岩成熟度:以东营凹陷生油岩研究为例.自然科学进展,13(6):626-630.

郭小文,何生,郑伦举,等.2011.生油增压定量模型及影响因素.石油学报,32(4):637-644.

郝芳,邹华耀,倪建华,等.2002.沉积盆地超压系统演化与深层油气成藏条件.地球科学(中国地质大学学报),27(5):610-615.

郝芳,蔡东升,邹华耀,等.2004.渤中拗陷超压-构造活动联控型流体流动与油气快速成藏.地球科学(中国地质大学学报),29(5):518-524.

何生,何治亮,杨智,等.2009.准噶尔盆地腹部侏罗系超压特征和测井响应以及成因.地球科学(中国地质大学学报),34(3):457-470.

何惠生,叶加仁,陈景阳.2009.准噶尔盆地腹部超压演化及成因.石油天然气学报,31(1):87-81.

胡圣标,汪集旸.1995.沉积盆地热体制研究的基本原理和进展.地学前缘,2(3):171-180.

姜福杰,庞雄奇,姜振学,等.2007a.东营凹陷沙三段源岩排烃特征与潜力评价.西南石油大学学报,29(4):7-11.

姜福杰,庞雄奇,姜振学,等.2007b.东营凹陷沙四上亚段烃源岩排烃特征及潜力评价.地质科技情报,26(2):60-74.

蒋启贵,李志明,张彩明,等.2008.东营凹陷烃源岩轻烃特征研究.地质科技情报,27(5):87-91.

蒋有录,刘华,张乐,等.2003.东营凹陷油气成藏期分析.石油与天然气地质.24(3):215-218.

雷振宇,解习农,孟元林,等.2012.松辽盆地齐家古龙-三肇凹陷超压对成岩作用的影响.地球科学(中国地质大学学报),37(4):833-842.

李忠,费卫红,寿建峰,等.2003.华北东濮凹陷异常高压与流体活动及其对储集砂岩成岩作用的制约.地质学报,77(1):126-134.

李丕龙.2002.陆相断陷盆地缓坡带油气运聚规律研究.兰州:中国科学院兰州地质研究所.

李昌存,韩秀丽,邹继兴.1999.栾木场金矿石英流体包裹体及成矿预测.矿物岩石,19(1):55-57.

李会军,吴泰然,吴波,等.2004.中国优质碎屑岩深层储层控制因素综述.地质科技情报,23(4):76-82.

李荣西,金奎励,廖永胜.1998.有机包裹体显微傅立叶红外光谱和荧光光谱测定及其意义.地球化学,27(3):244-245.

李善鹏,邱楠生,曾溅辉.2004.利用流体包裹体分析东营凹陷古压力.东华理工学院学报,27(3):209-212.

李善鹏,邱楠生.2003.利用盆地模拟方法分析昌潍拗陷古压力.新疆石油学院学报,15(4):5.

刘斌.1986.利用不混溶流体包裹体作为地质温度计和地质压力计.科学通报,31(18):1432-1436.

刘斌,段光贤.1987.NaCl-H_2O溶液包裹体的密度式和等容式及其应用.矿物学报,7(4):345-351.

刘斌,沈昆.1999.流体包裹体热力学.北京:地质出版社.

刘震,金博,贺维英,等.2002.准噶尔盆地东部地区异常压力分布特征及成因分析.地质科学,37(增刊):91-104.

刘福宁.1994.异常高压区的古沉积厚度和古地层压力恢复方法探讨.石油与天然气地质,15(2):180-185.

刘建章,陈红汉,李剑,等.2008.鄂尔多斯盆地伊-陕斜坡山西组2段包裹体古流体压力分布及演化.石油学报,29(2):226-230.

刘士忠,查明,曲江.2008.东营凹陷沙三段泥岩盖层超压演化及其对油气成藏的影响.油气地质与采收率,15(6):19-21.

柳少波,顾家裕.1997.包裹体在石油地质研究中的应用与问题讨论.石油与天然气地质,18(4):326-331.

罗晓容.2004.断裂成因他源高压及其地质特征.地质学报,78(5):641-648.

罗晓容,杨计海,王振峰.2000.渗透性地层超压形成机制及钻前压力预测.地质论评,46(1):22-31.

罗晓容,肖立新,李学义,等.2004.准噶尔盆地南缘中段异常压力分布及影响因素.地球科学(中国地质大学学报),29(4):404-412.

马红强,陈强路,陈红汉,等.2003.盐水包裹体在成岩作用研究中的应用:以塔河油田下奥陶统碳酸盐岩为例.石油实验地质,25(增刊):601-606.

麦碧娴,汪本善.1991.泌阳凹陷下第三系流体包裹体特征及其应用:I.流体包裹体研究.地球化学(4):331-341.

孟元林,许丞,谢洪玉,等.2013.超压背景下自生石英形成的化学动力学模型.石油勘探与开发,40(6):701-707.

米敬奎,肖贤明,刘德汉,等.2003.利用储层流体包裹体的PVT特征模拟计算天然气藏形成古压力:以鄂尔多斯盆地上古生界深盆气藏为例.中国科学(D辑),33(7):679-685.

潘长春,周中毅.1990.液体流体包裹体在准噶尔盆地油气资源评价中的应用.石油实验地质,13(4):399-407.

蒲秀刚,周立宏,王文革,等.2013.黄骅拗陷歧口凹陷斜坡区中深层碎屑岩储集层特征.石油勘探与开发,40(1):36-48.

邱楠生,苏向光,李兆影,等.2006.济阳拗陷新生代构造-热演化历史研究.地球物理学报,49(4):
　　1127-1135.

施继锡,李本超,傅家谟,等.1987.有机包裹体及其与油气的关系.中国科学(B辑)(3):318-325.

石广仁.2004.油气盆地模拟数值模拟方法.3版.北京:石油工业出版社.

石万忠,陈红汉,张希明,等.2005.阳霞凹陷超压成因及与油气成藏关系探讨.地球科学(中国地质大学
　　学报),30(2):221-227.

石万忠,陈红汉,陈长民,等.2006.珠江口盆地白云凹陷地层压力演化与油气运移模拟.地球科学(中国
　　地质大学学报),31(2):229-236.

石万忠,陈红汉,何生.2007.库车拗陷构造挤压增压的定量评价及超压成因分析.石油学报,28(6):
　　59-65.

史建南,姜建群,陈富新,等.2005.大民屯凹陷超压发育机制及其成藏意义.吉林大学学报:地球科学版,
　　35(6):745-750.

史建南,郝芳,姜建群.2006.大民屯凹陷超压演化的多因素耦合.石油勘探与开发,33(1):40-43.

苏玉山,王生朗,张联盟,等.2002.超压异常对东濮凹陷深层油气成藏的控制作用.石油勘探与开发,29
　　(2):49-52.

隋风贵.2004.东营断陷盆地地层流体超压系统与油气运聚成藏.石油大学学报:自然科学版,28(3):
　　17-21.

王良书,刘绍文,肖卫勇,等.2002.渤海盆地大地热流分布特征.科学通报,47(2):151-155.

王振峰,罗晓容.2004.莺琼盆地高温高压地层钻井压力预监测技术研究.北京:石油工业出版社.

王震亮,张立宽,施立志,等.2005.塔里木盆地克拉2气田异常高压的成因分析及其定量评价.地质论
　　评,51(1):55-62.

吴庆福.1986.准噶尔盆地发育阶段,构造单元划分及局部构造成因概论.新疆石油地质,7(1):29-37.

蒽克来,操应长,金杰华,等.2014.冀中拗陷霸县凹陷古近系中深层古地层压力演化及对储层成岩作用
　　的影响.石油学报,35(5):867-878.

夏新宇,宋岩,房德权.2001.构造抬升对地层压力的影响及克拉2气田异常压力成因.天然气工业,21
　　(1):30-34.

肖丽华,高煜婷,田伟志,等.2011.超压对碎屑岩机械压实作用的抑制与孔隙度预测.矿物岩石地球化学
　　通报,30(5):400-406.

谢文彦,姜建群,史建南,等.2004.大民屯凹陷压力场演化及其成藏意义.石油学报,25(6):48-52.

解习农,王其允,李思田.1997.低渗透泥质岩石中水力破裂与幕式压实作用.科学通报,42(19):
　　2193-2195.

徐国盛,王威,徐兴友.2007.沾化凹陷渤南洼陷沙四段—孔店组的热史及超压演化.物探化探计算技术,
　　29(6):524-529.

徐士林,吕修祥,皮学军,等.2002.新疆库车拗陷克拉苏构造带异常高压及其成藏效应.现代地质,16
　　(3):282-287.

徐思煌,何生,袁彩萍.1995.烃源岩演化与生、排烃史模拟模型及其应用.地球科学(中国地质大学学
　　报),20(3):335-341.

徐思煌,梅廉夫,袁彩萍.1998.成烃增压数值模拟.石油实验地质,20(3):287-291.

杨智,何生,武恒志,等.2006.准噶尔盆地南缘超压地球物理特征与成因响应关系研究.中国西部油气地
　　质,2(3):286-288,293.

应凤祥,罗平,何东博,等.2004.中国含油气盆地碎屑岩储集层成岩作用与成岩数值模拟.北京:石油工
　　业出版社.

张洪,庞雄奇,姜振学.2005.库车拗陷克拉2气田增压成因研究.地球学报,26(2):163-168.

张洪,姜振学,庞雄奇.2006.克拉2气田超压成因的物理模拟实验研究.石油学报,27(4):59-62.

张义杰.2003.准噶尔盆地断裂控油的流体地球化学证据.新疆石油地质,24(2):100-106.

张立新,李军,刘淑芝,等.2000.试析歧北凹陷异常压力在深层油气藏成藏过程中的控制作用.石油勘探与开发,20(5):19-21.

张庆春,石广仁,田在艺.2001.盆地模拟技术的发展现状与未来展望.石油实验地质,23(3),312-317.

张守春.2004.东营凹陷第三系烃源岩排烃机理研究.西安:西北大学.

张卫海,陈中红,查明,等.2006.秀东营凹陷烃源岩排油机理.石油学报,27(5):46-50.

张义杰,王惠民,何正怀.1999.准噶尔盆地基底结构及形成演化分析.新疆石油地质,20:568-571.

赵靖舟.2003.前陆盆地天然气成藏理论及应用.北京:石油工业出版社.

赵焕欣,高祝军.1995.用声波时差预测地层压力的方法.石油勘探与开发,22(2):80-85.

郑和荣,黄永玲,冯有良.2000.东营凹陷下第三系地层异常高压体系及其石油地质意义.石油勘探与开发,27(4):67-70.

周波,金之钧,王毅.2008.油气二次运移数值模拟分析.石油与天然气地质,29(4):527-532.

周兴熙.2003.塔里木盆地克拉2气田成藏机制再认识.天然气地球科学,14(5):354-360.

朱玉新,邵新军,杨思玉,等.2000.克拉2气田异常高压特征及成因.西南石油学院学报,22(4):9-13.

祝厚勤,庞雄奇,姜振学,等.2007.东营凹陷岩性油藏成藏期次与成藏过程.地质科技情报,26(1):65-70.

卓勤功,蒋有录,隋风贵.2006.渤海湾盆地东营凹陷砂岩透镜体油藏成藏动力学模式.石油与天然气地质,17(5):620-629.

邹海峰.2000.大港探区前第三系古流体和古温压特征及演化.长春:吉林大学.

Amyx J W, Bass D M, Whiting R L. 1960. Petroleum reservoir engineering, physical properties. New York: McGraw-Hill.

Aplin A C, MacLeod G, Larter S R, et al. 1999. Combined use of confocal laser scanning microscopy and PVT simulation for estimating the composition and physical properties of petroleum in fluid inclusions. Marine and Petroleum Geology, 16:97-110.

Athy L F. 1930. Density, porosity, and compaction of sedimentary rocks. AAPG Bulletin, 14(1):1-24.

Bachu S, Underschultz J R. 1995. Large-scale underpressuring in the Mississippian-Cretaceous succession, southwestern Alberta Basin. AAPG Bulletin, 79(7):989-1004.

Barker C. 1972. Aquathermal pressuring-role of temperature in development of abnormal-pressure zones. AAPG Bulletin, 56:2068-2071.

Barker C. 1990. Calculated volume and pressure changes during the thermal cracking of oil to gas in reservoirs. AAPG Bulletin, 74(8):1254-1261.

Bastow T P, Alexander R, Sosrowidjojo I B, et al. 1998. Pentamethylnaphthalenes and related compounds in sedimentary organic matter. Organic Geochemistry, 28(9):585-595.

Beaumont C, Boutilier R, Mackenzie A S, et al. 1985. Isomerization and aromatization of hydrocarbons and the paleothermometry and burial history of the Alberta Foreland Basin. AAPG Bulletin, 69(4):546-566.

Becker S P, Eichhubl P, Laubach S E, et al. 2010. A 48my history of fracture opening, temperature, and fluid pressure: Cretaceous Travis Peak Formation, East Texas Basin. Geological Society of America Bulletin, 122(7-8):1081-1093.

Bessis F. 1986. Some remarks on subsidence study of sedimentary basins: application to the Gulf of Lions margin (Western Mediterranean). Marine and Petroleum Geology,3:37-63.

Bjørlykke K. 2010. Petroleum geoscience: from sedimentary environments to rock physics. Berlin: Springer.

Bjørlykke K,Jahren J. 2012. Open or closed geochemical systems during diagenesis in sedimentary basins: Constraints on mass transfer during diagenesis and the prediction of porosity in sandstone and carbonate reservoirs. AAPG Bulletin,96(12):2193-2214.

Bloch S,Lander R H,Bonnell L M. 2002. Anomalously high porosity and permeability in deeply buried sandstone reservoirs:origin and predictability. AAPG Bulletin,86(2):301-328.

Brandley J F. 1975. Abnormal formation pressure. AAPG Bulletin,59:957-973.

Braun R L,Burnham A K. 1987. Analysis of chemical reaction kinetics using a distribution of activation energies and simpler models. Energy & Fuels,1(2):153-161.

Bredehoeft J D, Wesley J B, Fouch T D. 1994, Simulations of the origin of fluid-pressure, fracturegeneration, and movement of fluids in the Uinta basin, Utah. AAPG Bulletin, 78(11): 1729-1747.

Bruce C H. 1984. Smectite dehydrationits relation to structural development and hydrocarbon accumulation in northern Gulf of Mexico Basin. AAPG Bulletin,68:673-683.

Burnham A K,Braun R L,Gergg H R,et al. 1987. Comparison of methods for measuring kerogen pyrolysis rates and fitting kinetic parameters:Journal of Energy & Fuels,1(6):452-458.

Burnham A K,Sweeney J J. 1989. A chemical kinetic model of vitrinite maturation and reflectance. Geochimicaet Cosmochimica Acta,53(10):2649-2656.

Burst J F. 1969. Diagenesis of Gulf Coast clayey sediments and its possible relation to petroleum migration. AAPG Bulletin,53:73-79.

Chapman R E. 1981. Geology and water,developments in applied earth sciences. Hague: Nijhoff-Junk Publishers.

Cochran J R. 1983. Effects of finite rifting times on the development of sedimentary basins. Earth and Planetary Science Letters,66:289-302.

Colton-Bradley V A C. 1987. Role of pressure in smectite dehydration-effects on geopressure and smectite-to-illite transition. AAPG Bulletin,71:1414-1427.

Daines S R. 1982. A quathermal pressuring and geopressure evaluation. AAPG Bulletin,66(7):931-939.

Dickey P A,Cox W C. 1977. Oil and gas reservoirs with subnormal pressures. AAPG Bulletin,61(12): 2134-2142.

Dickinson G. 1953. Geological aspects of abnormal reservoir pressures in Gulf Coast Louisiana. AAPG Bulletin,37(2):410-432.

DuBow J. 1984. Temperature effects. Chong K P,Smith J W (eds). Mechanics of oil shale. London: Elsevier Applied Science Publishers:523-577.

Ehrenberg S N, Nadeau P H, Steen O. 2008. A megascale view of reservoir quality in producing sandstones from the offshore Gulf of Mexico. AAPG Bulletin,92(2):145-164.

Falvey D A,Middleton M F. 1981. Passive continental margins:evidence for a prebreakup deep crustal metamorphic subsidence mechanism. 25th international geological congress,colloque C3. 3. Geology of Continental Margins,4:103-114.

Freed R L,Peacor D R. 1989. Geopressured shale and sealing effect of smectite to illite transition. AAPG Bulletin,73(10):1223-1232.

George S C,Ruble T E,Dutkiewicz A,et al. 2001. Assessing the maturity of oil trapped in fluid inclusions using molecular geochemistry data and visually-Determined fluorescence colors. Applied Geochemistry,16(4):451-473.

Guidish T M. 1985. Basin evaluation using burial history calculation:an overview. AAPG Bulletin,69: 92-105.

Guo X W,He S,Liu K Y,et al. 2001. Quantitative estimation of overpressure caused by oil generation in petroliferous basins. Organic Geochemistry,42(11):1343-1350.

Guo X W,He S,Liu K Y,et al. 2010. Oil generation as the dominant overpressure mechanism in the Cenozoic Dongying depression,Bohai Bay Basin,China. AAPG Bulletin,94(12):1859-1881.

Guo X W,Liu K Y,He S,et al. 2016. Quantitative estimation of overpressure caused by gas generation and application to the Baiyun Depression in the Pearl River Mouth Basin,South China Sea. Geofluids,16(1),129-148.

Hagemann H W,Hollerbach A. 1986. The fluorescence behavior of crude oils with respect to their thermal maturation and degradation. Organic Geochemistry,10:473-480.

Hermanrud C,Wensaas L,Teige G M G,et al. 1998. Shale porosities from well logs on Haltenbanken (Offshore Mid-Norway) show no influence of overpressuring. Abnormal Pressures in 14ydrocarbon Environments. AAPG Memoir,70:65-85.

Hindle A D. 1997. Petroleum migration pathways and charge concentration:a three-Dimensional model. AAPG Bulletin,81(9):1451-1481.

Hsin-Yi T,Robert J P. 2002. Fluid inclusion constraints on petroleum PVT and compositional history of the Greater Alwyn-South Brent petroleum system,northern North sea. Marine and Petroleum Geology,19(7):797-809.

Hubbert M K,Rubey W W. 1959. Role of fluid pressure in mechanics of overthrust faulting I. Geological Society of American Bulletin,70:115-166.

Hunt J M. 1990. Generation and migration of petroleum fromabnormally pressured fluid compartments. AAPG Bulletin,9(3):1-12.

Hunt J M,Lewan M D. 1991. Modeling oil generation with time-temperature index graphs based on the Arrhenius equation. AAPG Bulletin,75 (4):795-807.

Jarvis G T,Mckenzie D P. 1980. Sedimentary basin formation with finite extension rates. Earth and Planetary Science Letters,48(1):42-52.

Kroeger K F,Primio R D,Horsfield B. 2009. Hydrocarbon flow modeling in complex structures (Mackenzie Basin,Canada). AAPG Bulletin,93(9):1209-1234.

Keen C E,Lewis T. 1982. Measured radiogenic heat production in sediments from continental margin of Eastern North America:Implications for petroleum generation. AAPG Bulletin,66:1402-1407.

Liu K Y,Eadington P,Coghlan D. 2003. Fluorescence evidence of polar hydrocarbon interaction on mineral surfaces and implications to alteration of reservoir wettability. Journal of Petroleum Science and Engineering,39(3-4):275-285.

Liu K Y,Eadington P. 2005. Quantitative fluorescence techniques for detecting residual oils and reconstructing hydrocarbon charge history. Organic Geochemistry,36(7):1023-1036.

Liu K Y,Eadington P,Middleton H,et al. 2007. Applying quantitative fluorescence techniques to investigate petroleum charge history of sedimentary basins in Australia and Papuan New Guinea. Journal of Petroleum Science and Engineering,57(1-2):139-151.

Khavari K G. 1987. Novel development in fluorescence microscopy of complex organic mixtures: application in petroleum geochemistry. Organic Geochemistry,11(3):157-168.

Law B E,Dickinson W W. 1985. Conceptual model of origin of abnormally pressured gas accumulations in low permeability reservoirs. AAPG Bulletin,69(8):1295-1304.

Leach W G. 1993. Fluid migration,HC concentration in south Louisiana Tertiary sands. Oil and Gas Journal,91(11):71-74.

Lee Y M,Deming D. 2002. Overpressures in the Anadarko basin,southwestern Oklahoma: static or dynamic? AAPG Bulletin,86(1):145-160.

Lerche I,Yarzab R F,Kendall C G. 1984. Determination of paleo-heat flux from vitrinite reflectance data. AAPG Bulletin,68 (11):1704-1717.

Li S M,Pang X Q,Liu K Y,et al. 2008. Formation mechanisms of heavy oils in the Liaohe Western Depression,Bohai Gulf Basin. Science in China Series D:Earth Sciences,51(2):156-169.

Liu D H,Xiao X M,Mi J K,et al. 2003. Determination of trapping pressure and temperature of petroleum inclusions using PVT simulation software a case study of Lower Ordovician carbonates from the Lunnan Low Uplift,Tarim Basin. Marine and Petroleum Geology,20(1):29-43.

Lopatin N V. 1971. Temperature and geological time as factors of carbonification. Izvestiya Akademii Nauk SSSR,Seriya gelogicheskaya,(3):95-106.

Lumb D M. 1978. Organic luminescence. In: Lumb DM（ed.）. Luminescence Spectroscopy. NewYork: Academic Press,93-148.

Luo X R,Vasseur G. 1995. Modelling of pore pressure evolution associated with sedimentation and uplift in sedimentary basin. Basin Research,7(1):35-52.

Luo X R,Wang Z M,Zhang L Q,et al. 2007. Overpressure generation and evolution in a compressional tectonic setting,the southern margin of Junggar Basin,northwestern China. AAPG Bulletin,91(8): 1123-1139.

Luo X,Vasseur G. 1992. Contributions of compaction and aquathermal pressuring to geopressure and the influence of environmental conditions. AAPG Bulletin,76(10):1550-1559.

Luo X R,Wang Z M,Zhang L Q,et al. ,2007. Overpressure generation and evolution in a compressional tectonic setting,the southern margin of Junggar basin,northwestern China. AAPG Bulletin,91(8): 1123-1139.

Magara K. 1978. Compaction and fluid migration: practical petroleum geology. New York: Elsevier Scientific Publishing Company.

Magara K. 1975. Importance of aquathermal pressuring effect in Gulf Coast. AAPG Bulletin,59 (10): 2037-2045.

McCain W D. 1990. The properties of petroleum fluids. Oklahoma:PennWell.

McKenzie D. 1978. Some remarks on the development of sedimentary basin:Earth and Planetary Science Letters,40:25-32.

McPherson B,Garven G. 1999. Hydrodynamics and overpressure:Mechanisms in the Sacramento Basin, California. American Journal of Science,299 (6):429-466.

Meissner F F. 1976. Abnormal electric resistivity and fluid pressure in Bakken Formation,Williston basin, and its relation to petroleum generation,migration,and accumulation. AAPG Bulletin,60:1403-1404.

Meissner F F. 1978. Petroleum geology of the Bakken Formation,Williston Basin,North Dakota and Montana. 24th annual conference,Williston basin symposium,Montana Geological Society:207-227.

Mudford B S,Best M E. 1989. Venture gas field,offshore Nova Scotia:case study of overpressuring in a region of low sedimentationrate. AAPG Bulletin,73:1383-1396.

Munz I A. 2001. Petroleum inclusions in sedimentary basins:Systematics,analytical methods and appications. Lithos,55:195-212.

Munz I A,Johansen H,Holm K,et al. 1999. The petroleum cheracteristics and filling history of the Fry field and the rind discovery,Norwegian north sea. Marine and petroleum Geology,16:633-651.

Nakayama K,VanSiclin D C. 1981. Simulation model for petroleum exploration. AAPG Bulletin,65:1230-1255.

Nguyen B T T,Jones S J,Goulty N R,et al. 2013. The role of fluid pressure and diagentic cements for porosity preservation in Triassic fluvial reservoirs of the central Graben North Sea. AAPG Bulletin,97(8):1273-1302.

Okubo S. 2005. Effects of thermal cracking of hydaocarbons on the homogenization temperature of fluid inclusions fromthe Niigata oil and gas fields,Japan. Applied Geocthemistry,20:255-260.

Osborne M J,Swarbrick R E. 1997. Mechanisms for generating overpressures in sedimentary basins:a reevaluation. AAPG Bulletin,81(6):1023-1041.

Osborne M J,Swarbrick R E. 1999. Diagenesis in North Sea HPHT clastic reservoirs-consequences for porosity and overpressure prediction. Marine and Petroleum Geology,16(4):337-353.

Oxtoby N H. 2002. Comments on:Assessing the maturity of oil trapped in fluid inclusions using molecular geochemistry data and visually-Determined fluorescence colours. Applied Geochemistry,17(10):1371-1374.

Pang X Q,Lerche I,Zhou H Y,et al. 2003. Hydrocarbon accumulation control by predominant migration pathways. Energy exploration and exploitation,21(3):167-186.

Perrier R,Quilbier J. 1974. Thickness changes in sedimentary layers during compaction history. AAPG Bulletin,58:507-520.

Pi X J,Xie H W,Zhang C,et al. 2002. Mechanisms of abnormal overpressure generation in Kuqa foreland thrust belt and their impacts on oil and gas reservoir formation. Chinese Science Bulletin,47:85-93.

Pironon J,Bourdet J. 2008. Petroleum and aqueous inclusions from deeply buried reservoirs:experimental simulations and consequencesfor overpressure estimates. Geochimica et Cosmochimica Acta,72(20):4916-4928.

Powers M C. 1967. Fluid-release mechanisms in compacting marine mudrocks and their importance in oil exploration. AAPG Bulletin,51(1):1240-1254.

Ramm M,Bjorlykke K. 1994. Porosity/depth trends in reservoir sandstones:assessing the quantitativeeffects of varying pore-pressure,temperature history and mineralogy,Norwegian shelf data. Clay Minerals,29(4):475-490.

Robert R B,Anthony F G,1999. Primary migration by oil-generation microfracturing in low-permeability source rocks:application to the Austin Chalk,Texas. AAPG Bulletin,83(5):727-756.

Rowley D B,Shagian D. 1986. Depth-dependentstretching:adififferent approcah. Geology,14:32-35.

Roy R F,Blackwell D D,Birch F. 1968. Heat generation of plutonic rocks and continental heat flow provinces. Earth Planet Science Letters,5:1-12.

Royden L,Keen C E. 1980a. Rifting processes and thermal evolution of eastern Canada determined from subsidence curves. Earth Plant Science Letters,51:343-361.

Royden L,Sclater J G,Von Herzen R P. 1980b. Continental margin subsidence and heat flow:important parameters in formation of petroleum hydrocarbons. AAPG Bulletin,64(2):173-187.

Russell W L. 1972. Pressure-Depth relations in Appalachian region. AAPG Bulletin,56:528-536.

Schegga R,Cornfordb C,Leu W. 1999. Migration and accumulation of hydrocarbons in the Swiss Molasse Basin:implications of a 2D basin modeling study. Marine and Petroleum Geology,16(6):511-531.

Schmidt W R,Fisher Q J. 2004. Diagenesis and reservoir quality of the Sherwood Sandstone (Triassic). Marine and Petroleum Geology,21(3):299-315.

Sibson R H. 1990. Conditions for fault valve behaviour. Knipe R J, Rutter E H (eds). Deformation mechanisms,rheology and tectonics. Geological Society Special Publication,54:15-28.

Sleep N H,Blanpied M L. 1992. Creep,compaction and the weak rheology of major faults. Nature,359: 687-692.

Song Y,Xia X Y,Hong F,et al. 2002. Abnormal overpressure distribution and natural gas accumulation in foreland basins,Western China. Chinese Science Bulletin,47:71-77.

Spencer C W. 1983. Overpressure reservoirs in Rocky Mountain region. AAPG Bulletin,67:1356-1357.

Spencer C W. 1987. Hydrocarbon generation as a mechanism for overpressing in Rocky Mountain Region. AAPG Bulletin,71(4):368-388.

Standing M B. 1952. Volumetric and Phase Behavior of Oil Field Hydrocarbon Systems. New York: Reinhold.

Stasiuk L D,Snowdon L R. 1997. Fluoresence micro-spectrometry of synthetic and natural hydrocarbon fluid inclusion: Crude oil chemistry, density and application to petroleum migration. Applied Geochemistry,12(3):229-241.

Steckler M S,Watts A B. 1982. Subsidence history and tectonic evolution of Atlantic-type continental margins. Serutton R A. (ed.). Dynamics of passive continental margins. American Geophysical Union Geodynamics Series:184-196.

Stuart C A,Kozik H G. 1977. Geopressuring mechanism of Smackover gas reservoirs,Jackson Dome area, Mississppi. Journal of Petroleum Technology,29:579-585.

Sweeney J J,Burnham A K,Braun R L. 1987. A model of hydrocarbon generation from type I kerogen: application to Uinta Basin,Utah. AAPG Bulletin,71(8):967-985.

Sweeney J J,Burnham A K. 1990. Evaluation of a simple model of vitrinite reflectance based on chemical kinetics. AAPG Bulletin,74(10):1559-1570.

Taylor T R,Giles M R,Hathon L A,et al. 2010. Sandstone diagenesis and reservoir qualityprediction: Models,myths,and reality. AAPG Bulletin,94(8):1093-1132.

Teige G M G,Hermanrud C,Wensaas L,et al. 1999. The lack of relationship between overpressure and porosity in North Sea and Haltenbanken shales. Marine and Petroleum Geology,16(4):321-335.

Teinturiera S,Pironona J,Walgenwitz F. 2002. Fluid inclusions and PVTX modeling:examples from the Garn Formation in well 6507/2-2,Haltenbanken,Mid-Norway. Marine and Petroleum Geology,19: 755-765.

Terzaghi K. 1943. Theoretical soil mechanics. New York,John Wiley and Sons:510.

Thiery R,Pironon J,Walgenwitz F,et al. 2002. Individual characterization of petroleum fluid inclusions (composition and P-T trapping conditions) by microthermometry and confocal laser scanning microscopy:inferences from applied thermodynamics of oils. Marine and Petroleum Geology,19(7): 847-859.

Tissot B P,Pelet R,Ungerer P H. 1987. Thermal history of sedimentary basin,maturation indices,and kinetics of oil and gas generation. AAPG Bulletin,71(12):1445-1466.

Ungerer P,Behar E,Discamps D. 1983. Tentative calculation of the overall volume expansion of organic matter during hydrocarbon genesis from geochemistry data:implications for primary migration. In:Bjorøy M ,et al. (eds.). Advances in organic geochemistry. Chichester:John Wiley:129-135.

Ungerer P. 1990. State of the art of research in kinetic modelling of oil formation andexplusion. Organic Geochemistry,16(1-3):1-25.

Waples D W. 1980. Time and temperature in petroleum formation:application of Lopatin's method to petroleum exploration. AAPG Bulletin,64(4):916-926.

Watts A,Ryan W B F. 1976. Flexure of the lithosphere and continental margin basins. Tectonophysics,36:25-44.

Welte D,Ykler H. 1981. Petroleum origin and accumulation in basin evolution-A quantitative model. AAPG Bulletin,65:1387-1396.

Wilkinson M D,Haszeldine R S,Couples G D. 1997. Secondary porosity generation during deep burial associated with overpressure leak-off:Fulmar Formation,United Kingdom Central Graben. AAPG Bulletin,81(5):803-813.

Wood D A. 1988. Relationships between thermal maturity indices calculated using Arrhenius equation and Lopatin method:Implications for petroleum exploration. AAPG Bulletin,72:115-134.

Xie X N,Li S T,Dong W L,et al. 1999. Overpressure development and hydrofracturing in the Yinggehai basin,South china Sea:Journal of Petroleum Geology,22:437-454.

Xie X N,Bethke C M,Li S T,et al. 2001. Overpressure and petroleum generation and accumulation in the Dongying Depression of the Bohaiwan Basin,China. Geofluids,1(4):257-271.

Yardley G S,Swarbrick R E. 2000. Lateral transfer:a source of additional overpressure? Marine and Petroleum Geology,17(4):523-537.

Yassir N A,Bell J S. 1996. Abnormal high fluid pressures and associated porosities and stress regimes in sedimentary basins. SPE Formation Evaluation,11(1):5-10.

Ye J R,Hao F,Chen J Y. 2003. Development of overpressure in the tertiary Damintun depression,Liaohe basin,northern China. ACTA Geologica Sinica,77 (3):402-412.

Zeng J H,Jin Z J. 2003. Experimental investigation of episodic oil migration along fault systems. Journal of Geochemical Exploration,78(3):493-498.

Zhang L X,Li M. 2000. Diagenesis of sandstone of Sangonghe formation of Lower Jurassic and its influence on porosity eastern Zhungaer basin. Journal of Mineralogy,20(1):61-65.

Zhang L Y,Liu Q,Zhu R F,et al. 2009. Source rocks in Mesozoic-Cenozoic continental rift basins,east China:A case from Dong ying Depression,Bohai Bay Basin:Organic Geochemistry,40:229-242.

Zhang Y G,Frantz J D. 1987. Determination of the homogenization tempera-tures and densities of supercritical fluids in the system NaCl-KCl-CaCl$_2$-H$_2$O using synthetic fluid inclusions. Chemical Geology,64(3-4):335-350.